国家科学技术学术著作出版基金资助出版

炼钢中的计算流体力学

李宝宽　刘中秋　著

U0313816

北　京

冶 金 工 业 出 版 社

2016

内 容 提 要

本书共 11 章，系统地阐述了计算流体力学在炼钢中的应用，涉及从流动理论、数值方法到应用技术等各个方面。将现代流体力学中的新理论和新方法应用于金属冶炼过程，重点介绍了作者多年来在揭示高温熔体流动规律、发展工艺过程的数学模型和改善工艺操作等方面取得的一些有价值的研究成果，包括多相流动；流场、电磁场和温度场的耦合；先进湍流模拟方法的应用及人口平衡模型在炼钢过程中的应用等。

本书可供高等院校冶金、化工和热能工程方面的教师、学生阅读，也可供广大冶金企业和科研机构的科研工作者参考。

图书在版编目(CIP)数据

炼钢中的计算流体力学/李宝宽，刘中秋著 . —北京：冶金工业出版社，2016. 9
ISBN 978-7-5024-7265-8

Ⅰ. ①炼…　Ⅱ. ①李…　②刘…　Ⅲ. ①炼钢—计算流体力学
Ⅳ. ①O35

中国版本图书馆 CIP 数据核字(2016) 第 200858 号

出 版 人　谭学余
地　　址　北京市东城区嵩祝院北巷 39 号　邮编　100009　电话　(010)64027926
网　　址　www. cnmip. com. cn　电子信箱　yjcbs@ cnmip. com. cn
责任编辑　唐晶晶　张熙莹　美术编辑　彭子赫　版式设计　彭子赫
责任校对　王永欣　责任印制　牛晓波
ISBN 978-7-5024-7265-8
冶金工业出版社出版发行；各地新华书店经销；三河市双峰印刷装订有限公司印刷
2016 年 9 月第 1 版，2016 年 9 月第 1 次印刷
787mm×1092mm　1/16；15. 75 印张；382 千字；239 页
58. 00 元
冶金工业出版社　投稿电话　(010)64027932　投稿信箱　tougao@cnmip. com. cn
冶金工业出版社营销中心　电话　(010)64044283　传真　(010)64027893
冶金书店　地址　北京市东四西大街 46 号(100010)　电话　(010)65289081(兼传真)
冶金工业出版社天猫旗舰店　yjgycbs. tmall. com
(本书如有印装质量问题，本社营销中心负责退换)

序

炼钢技术经过一百多年的发展，取得了长足的进步。但随着现代汽车工业、高层建筑、大型桥梁、航海及高速列车等行业发展需求的提高，对钢材质量与性能的要求日益严格，因此，进一步提高钢的品质仍是未来钢铁工业面临的挑战。

钢的去碳、脱硫及去除夹杂物等冶炼过程均是在金属熔融状态下进行的，钢坯凝固质量也主要取决于凝固前沿钢液的流动行为。流体流动现象广泛存在于炼钢各环节中，流动耦合传热、传质、化学反应、相变、电磁力、多相流等诸多现象形成复杂的冶炼过程。为促进产品质量的提升，冶金界投入大量人力、物力和财力研究伴随冶金过程的流动及相关的各种现象。就研究方法而言，传统的手段是模型实验和现场实测。但冶金过程原料条件复杂、装置庞大，且是在高温条件下进行的，实验室条件下无法完整地再现实际过程，只能进行冷态、局部或单元过程的实验。这不仅与实际过程差别很大，而且装置放大后的效果也很难掌握。另外，实验只能有限次进行，获得间断的有限种类的数据，加上现场测试不仅耗资巨大，而且可测试数据有限，准确性也难以保证。然而，随着计算机的发展和数值计算技术的不断成熟，利用计算机对实际过程进行数值模拟，即"数值实验"的计算流体力学方法迅速发展起来。

计算流体力学（computational fluid dynamics，CFD）是用计算机和离散化数值方法对流体力学问题进行模拟和分析的一门学科。随着计算机技术的飞速发展，CFD 学科已经居于流体动力学和热传递科学研究的前沿。在炼钢过程中，通过 CFD 流动可视，可提高冶金工作者对各反应器内流动状态的直观感受，更好地把握钢液的流动和热传递过程，深化对流动现象的理解。

作者课题组长期从事金属精炼与凝固过程热物理的基础研究，将现代流体力学中的新理论和新方法应用于金属冶炼过程。在揭示高温熔体流动规律、发展工艺过程的数学模型和改善工艺操作等方面取得了一些有价值的研究成果。主要包括：独立开发了可考虑电磁场作用的非稳态两相三维湍流流体流动及传输过程的数学模型，解决了电磁场作用下钢液流动区与导电凝固壳区磁场和流场耦合的计算；揭示了结晶器液面涡流卷渣规律，利用可视化实验捕获液面涡流，发现水口偏斜出流是产生毗邻水口涡流的原因，并观察到不稳定的对涡和相对稳定的单涡，纠正了传统的上卷流流动剪切卷渣的观点；将先进的大涡模拟方法引入欧拉双流体模型，解决了以往湍流模型无法捕捉气相对液相造成的湍流脉动压力的难题，改善了局部湍流、气液运动参数的预测精度；将人口平衡方程数值方法与双流体湍流方程、相间动量传递模型和气泡聚并破碎模型相结合，构建了双流体人口平衡模型，为建立多尺寸泡状流数值模型提供了数学框架；将有限元法和有限体积法相结合，构建了电磁、传热、流动现象耦合计算的三维非稳态数学模型，解决了非稳态下多物理场耦合计算的难题；基于凝固前沿界面理论和力的平衡原理，构建了描述非金属夹杂物/气泡在凝固前沿运动及捕捉的数学模型，为提出夹杂物/气泡在凝固前沿的捕捉判据奠定了理论基础。

作者课题组在国际杂志"Metallurgical and Materials Transaction B"和"ISIJ International"及国内《金属学报》等冶金杂志上发表了大量有价值的论文，被国内外同行广泛引用和正面评述；并承担了国家高技术研究发展计划、国家自然科学基金、宝钢课题等多项基础与应用项目。相关研究成果获得2015年高等学校科学研究优秀成果奖——自然科学奖二等奖，本著作是这些研究成果的部分集成。

该著作的最大特点是将现代计算流体力学方法应用于炼钢工艺的发展。相信该书的出版能够引领高年级本科生、研究生和广大冶金工作者利用计算流体力学方法提升我国的炼钢工艺水平，并促进炼钢技术的进步。

2016 年 1 月

前　　言

钢的冶炼是在熔融状态下进行的，故钢液的流动现象具有特别重要的意义。钢液是高温熔体，在其流动的同时也伴随着热量的传递，故可称钢液为"热流体"。普通流体力学的研究方法可以用于研究热流体流动现象，数值计算方法是可利用的最重要的方法之一。炼钢中的热流体流动现象又具有不同于普通流体力学的特点。因而，如何利用普通流体力学的计算方法模拟炼钢中的热流体流动现象是本书的特色。

冶金学在经历了热力学、动力学和反应工程学阶段后，现已发展到过程模拟阶段，即对冶炼的全过程进行直接模拟阶段。过程模拟是目前世界范围内冶金学界最活跃的研究领域之一。建立数学模型是进行过程模拟的前提，因流体流动过程往往是制约钢的冶炼效率的"瓶颈"，故描述流动过程的模型是构成全过程模型的基础，而且全过程模型方程的求解方法也是以流动方程为核心而展开的。要正确地模拟炼钢过程中的复杂现象，不但要深刻了解现象的物理本质，而且还要掌握数值计算方法，通晓计算机技术。

随着计算流体力学在炼钢领域中的快速发展，已有大量数值模拟方面的研究论文发表，但还没有一本系统介绍现代炼钢中计算流体力学方面的书，涉及从流动理论、数值方法到应用技术等各个方面。作者及其课题组长期从事炼钢领域计算流体力学研究，本书是将课题组多年来的研究成果系统化，并结合国内外专家学者在该领域的最新研究成果撰写而成，希望能够促进我国炼钢工艺理论的发展和创新。

本书共11章。可分为三大部分，即流动理论、数值方法和应用研究结果。第1~3章介绍了炼钢中的流体流动现象、模型化及湍流计算方法。第4章介绍了炼钢中计算流体力学的数值方法。第5~11章介绍了计算流体力学方法在模拟炼钢中传输现象的应用研究结果，包括多相流动模拟，流场、电磁场和温度场的耦合，先进湍流模拟方法的应用及人口平衡模型在炼钢过程中的应用等。

　　李宝宽教授进行全书的整体构思和统稿工作。书中给出的应用研究结果都是由李宝宽教授课题组完成的，其中连铸大涡模拟部分是刘中秋博士完成的，钢包精炼结果是由博士生李林敏完成的，中间包感应加热的研究是由博士生王强完成的。这些研究结果都在本课题组发表的国内外杂志论文中有所体现。

　　王国栋院士在百忙之中亲自为本书撰写了序，体现了他对炼钢中计算流体力学研究的重视和支持，在此表示衷心的感谢。同时感谢国家科学技术学术著作出版基金对本书出版的资助。

　　由于作者水平所限，文中不足之处敬请读者批评指正。

作　者

2016 年 1 月

目　　录

1 绪　　论

1.1　钢液的流动现象及冶金功能

流动现象广泛存在于钢的冶炼过程中，常常有耦合传热、传质、化学反应、相变、电磁、多相流等诸多过程，形成更复杂的流动现象[1]。为促进钢产品质量的改进和产量的提高，冶金界已投入大量人力、物力和财力研究炼钢中的热流体流动及与其相关的各种现象。

在炼钢过程中，连铸工艺是将精炼后的钢水连续铸造成钢坯的生产工序，主要设备包括钢包、中间包、结晶器等。连铸系统工艺流程如图 1-1 所示[2]，可以概括为：将经过钢包精炼好的钢水注入中间包，中间包再由水口将钢水分配到各个结晶器，最后钢液经结晶器冷却凝固成坯。在整个过程中，钢液的流动现象发挥着至关重要的作用。

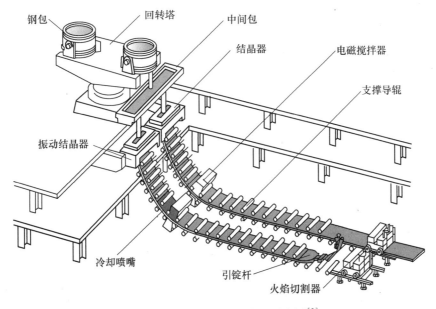

图 1-1　连续铸钢工艺的流程示意图[2]

1.1.1　钢包精炼

图 1-2 所示为底吹钢包精炼工艺。钢液被导入钢包炉后，通过设置在钢包底部的透气砖吹入氩气，利用氩气对钢包内部的钢液进行搅拌。氩气在进入钢液后既起到搅拌作用，又可以吹动渣层运动形成渣眼，从而加快渣层与钢液接触面的化学反应，达到脱硫、脱碳及去除夹杂物的效果。其冶金功能主要包括：

（1）钢液升温和保温功能。钢液经过电弧加热获得新的热能，这使得钢包精炼时可补加合金和调整成分，也可补加渣料，便于钢液深脱硫和脱氧，而且可以保证连铸要求的开浇温度。

（2）氩气搅拌功能。氩气通过装在钢包底部的透气砖向钢液中吹氩，钢液获得一定的搅拌能。其作用为：使钢液温度均匀；渣层底部对钢液有洗刷作用，可以迅速脱硫；去除钢中的夹杂物；控制夹杂物形态；便于增碳或脱碳；降低氧含量。

（3）真空脱气功能。通过钢包吊入真空罐后，采用蒸汽喷射泵进行真空脱气，

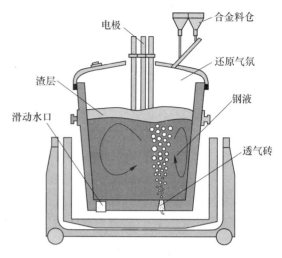

图 1-2　底吹钢包精炼示意图

同时通过包底吹入氩气搅动钢液，可以去除钢液中氢和氮，并进一步降低氧含量和硫含量，最终获得较高洁净度的钢液。

1.1.2　中间包冶金

作为连铸过程中设置在钢包和结晶器间的冶金反应器，中间包除了对钢水实施分配外，还具有稳定、满足钢水供给，均匀钢水成分和温度，促进夹杂物排出等功能。从冶金反应工程学的角度来看，钢水在中间包中存在湍流流动以及伴随湍流流动的传质、传热、夹杂物碰撞和排除等物理现象。图 1-3 所示为中间包冶金示意图，其冶金功能主要包括：

（1）分流作用。对于多流连铸机，由多水口中间包对钢液进行分流。

（2）连浇作用。在多炉连浇时，中间包存储的钢液在换钢包时起到衔接作用。

（3）稳压作用。中间包液面高度比钢包低，而且在浇注过程中钢包液位时刻变化。中间包液位在控制钢包出口流量的情况下，可以保持相对稳定，从而减轻了出流对凝固坯壳的冲刷作用。

（4）优良的钢水净化器作用。通过采取适当的措施，提高钢液洁净度。

（5）钢水调温作用。调节钢液温度，以保证连铸工艺顺行。

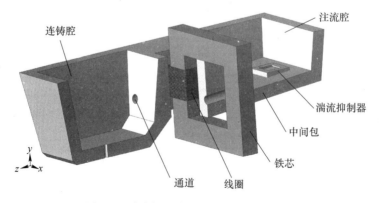

图 1-3　感应加热中间包冶金工艺示意图

1.1.3 结晶器冶金

结晶器是控制钢水洁净度的最后环节，是连铸的核心部件。其基本作用是钢液蓄积热量导出使铸坯成型。图 1-4 所示为结晶器内多种冶金现象示意图，可以将其分为渣金界面区、弯月面区、射流区、二冷区和凝固末端区，每个区域的流动现象及影响不同，构成了十分复杂的多物理场。结晶器内钢液的流动行为不仅对夹杂物的分离去除、保护渣的卷入影响很大，而且对凝固初生坯壳的均匀形成，防止注流冲刷局部凝固壳而造成拉漏或产生铸坯表面裂纹有重要影响，所以人们称结晶器是连铸的"心脏"。其冶金功能主要包括：

（1）铸坯表面质量控制器。结晶器的性能对连铸机的生产能力和铸坯质量都起着十分重要的作用。

（2）高效的传热器。把钢水的热量迅速地传给冷却水，减少铸坯的各种缺陷。

（3）钢水净化器。使钢水中的非金属夹杂物充分上浮而被保护渣吸收，以进一步净化钢液。

（4）钢水凝固成型器。把钢水凝固成规定的形状，浇注所需要的钢坯。

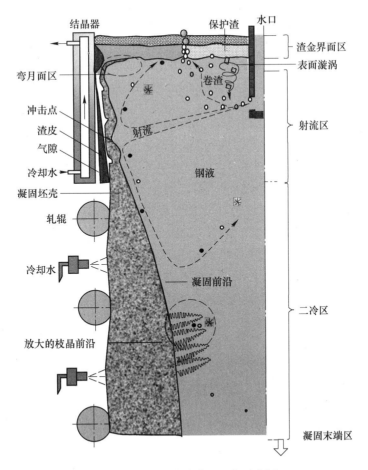

图 1-4 结晶器多种冶金现象示意图

○—氩气泡；●—夹杂物；✳—夹杂物簇

在整个炼钢过程中，钢液的流动现象发挥着至关重要的作用。但由于冶金反应器涉及多相流动、凝固、渣金反应等多种传输现象，对于部分冶金现象，人们至今尚不了解其产生机理。随着工业对钢质量要求的不断提高，深入了解和控制不同冶金反应器内的多物理场流动行为是提高连铸坯质量的关键。

1.2   流体流动的研究方法

生产高质量的钢坯要依靠炼钢工序中钢液的合理流动。因而，深入了解和控制炼钢工序中各个反应器内的钢液流动行为是解决高速连铸生产问题、保证高速连铸过程顺利进行、提高连铸坯质量的关键。目前，对于不同反应器内钢液流场行为的研究，有理论分析、物理实验和数值模拟三种方法。

理论分析研究方法的特点在于科学的抽象（近似），即能够利用数学方法直接求得所研究问题的理论结果，同时理论研究的方法可以清晰地、普遍地揭示出物质运动的内在规律，从而可以用来指导产品的设计方案。理论分析也是实验研究和数值模拟这两种研究方法的理论基础。但是，由于数学发展水平的局限性，理论研究方法只能局限于针对较简单的物理模型，而炼钢反应器内部流场的相互作用关系相当复杂，所以要想通过理论分析的方法考虑到每个因素的影响及其之间的相互作用关系几乎是不可能的。因此，仅利用理论分析的方法研究反应器内部湍流场，是不够精确甚至不可行的。

目前针对炼钢过程中钢液流动的研究，主要集中在物理实验和数值模拟两大方面。物理实验是通过物理模型并实施必要的测试手段，对所研究体系进行实时观察和测量。物理模型是建立在相似原理基础之上，利用物理模型与原型之间几何、运动、动力等方面的相似性，研究流场的实际特征。由于水和钢液的运动黏度相近，因此以水为介质的模拟研究应用最广，但也有研究人员采用低熔点合金来模拟钢液。实验研究主要分为两种：热态实验和冷态实验。考虑到熔融的钢液温度很高，而且难以实现可视化和测量，所以热态实验较难实现；相比之下冷态实验（水模型实验）较易实现，而且可以实现可视化，便于测量。但实验研究往往受到模型尺寸的限制，此外还有外界影响，直接导致了实验对流场整体的认识和分析能力非常有限，所以对反应器内部湍流场的研究有着一定的局限性。而且现场测试耗资巨大，可测试数据有限，准确性也难以保证。另外，实验只能有限次进行，获得间断的有限种类的数据。

冶金过程是一个复杂的高温过程，由于测试手段的限制，很难对其进行直接实验研究。因此，寻求一种方便、快捷、经济的研究方法对冶金过程的理论研究和工艺改造具有特别重要的意义。数值模拟研究是在特定的条件下利用计算手段把数学模型的定量关系展示出来。它以电子计算机为手段，通过数值计算和图形显示的方法，对工程问题和物理问题进行研究。相比物理模拟，数值模拟所需的时间和费用都少得多。另外，它具有很好的重复性，条件易于控制，可以重复模拟过程。数值模拟逐渐演变为计算流体力学，即 CFD（computational fluid dynamics）技术。自 20 世纪 70 年代初 J. Szekely 等人[3]采用数值模拟法对结晶器内钢液的流动进行模拟以来，流体流动的数值模拟在计算模型和方法等方面都有了较大的发展。随着计算机技术的发展，数值模拟技术也发展很快，在各个领域得到迅速推广，已经被许多研究者应用于流动预测。

图 1-5 展示了流体流动的三种研究方法。每一种方法并非完全独立，它们之间存在着密切的内在联系。过去，理论分析和物理实验方法曾被用于研究流体力学的各个方面，并协助工程师进行设备设计以及含有流体流动和热量传递的工业流设计。随着科学技术的发展和计算机能力的进步，数值计算已经成为另一种有效的方法。在工业设计中，尽管理论分析方法仍在大量使用，实验方面继续发挥着重要作用，但发展趋势明显差于数值方法，特别是在非常复杂的流动情况下更是如此。

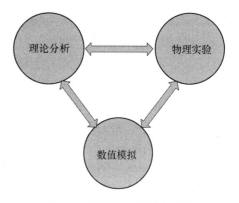

图 1-5 流体流动的研究方法

炼钢过程是一个复杂的高温过程，热流体流动现象几乎遍及炼钢过程的各个方面。虽然人们还没有完全定量地掌握炼钢过程的详细机理，但是将流体流动理论与物理实验模拟和数值模拟相结合，已极大地促进了炼钢过程的发展。

1.3　计算流体力学在炼钢中的应用概述

计算流体力学是流体力学、计算数学和计算机科学交叉的一个全新的重要学科，如图 1-6 所示[4]。流体力学主要研究流体的流动（流体动力学）和静止问题（流体静力学），而计算流体力学只研究流体力学中的前一部分，即流体动力学部分。其中，流体流动的特性通常采用数学方程（一般是偏微分方程）加以描述，这些方程控制着流动过程，所以常被称为"CFD 控制方程"。为了求解这些数学方程，计算机科学家应用高级计算机程序语言，将其转换成计算机程序或软件包，并在高速计算机上获得数值计算结果。

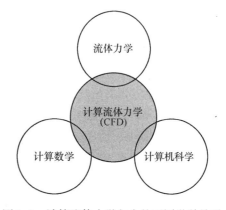

图 1-6 计算流体力学包含的不同学科关系

数学模型是计算流体力学应用于炼钢中的桥梁。在 20 世纪 60 ~ 70 年代，炼钢领域中的数学模型并不被人们接受，主要原因是那时计算机能力较差并缺乏过程知识，即一些基本的物性值或关系式难以得到，所做的数学模型对物理过程做了重大简化和假设，使得结果与实际相差甚远，直到 20 世纪 80 年代初期才有一些有成效的模拟工作。

1.3.1　钢包精炼过程数值模拟

为冶炼高洁净钢，需要向钢包内吹入氩气，利用上升的气泡搅拌钢液，加强化学反应速率、均匀温度成分、促进夹杂物的去除。钢包喷气搅拌操作的关键是在最佳的气体流量条件下达到最短的混合时间和最大的外加合金利用率。为准确地确定这些参数，过去用宏观的循环流量判定冶炼效果的方法难以做到，必须深入了解熔池内钢液的速度分布及湍流特性分布，这一问题是近年来炉外精炼领域的重要研究课题。

J. Szekely 等人[5]是首先试图模拟氩气喷吹钢包内钢液流动行为的学者，他们使用时均 Navier-Stokes 方程和 k-ε 双方程湍流模型计算流场，并假定气泡是包含在给定直径的柱形筒内，边界条件是通过测定气液界面上的速度来确定的。尽管后来发现该模型存在很大的缺点，但毕竟是首次将计算流体力学的方法引入了钢的精炼过程研究中。T. Debroy 和 A. K. Majumdar[6] 及 J. H. Grevet 等人[7]首先认识到气泡在钢液中所受的浮力是驱动钢液流动的动力，为此，他们建立了均相流动模型。在此基础上，Y. Sahai 和 R. I. L. Guthrie[8] 发展了一个代数关系式，该关系式将操作条件与气泡域参数及周围钢液流动参数关联起来。随后，M. Salcudean 等人[9]以及李宝宽等人[10,11]将均相流动模型推广到三维情况，其中李宝宽等人分别发展了保角变换技术[10]和适体坐标技术[11]处理三维情况的坐标网格，进而解决流动的边界条件问题。

在氩气喷吹过程中，气泡在钢液中逐渐上升并达到渣层的顶部，上升的气泡带动钢液流动，从而增加了渣层和钢液之间的接触面积，将渣中更多的脱硫剂带入钢液，加速了脱硫进程。但是，同时也带来了卷渣、氧化、氮化等问题，这些对钢坯质量都是有害的。因此，了解钢包炉内渣层运动机理对强化脱硫以及提高钢质量有重要意义。P. Ridenour 等人[12]指出，气泡冲破渣层是一个很复杂的多相流动过程。K. Beskow 等人[13]通过实验研究渣层和钢液的界面物理特性。在不同氩气流量、渣层厚度和钢液深度等参数条件下，K. Krishnapisharody 和 G. A. Irons[14]通过热模型实验测量渣眼尺寸，并用 Froude 数对渣眼尺寸进行描述。K. Yonezawa 和 K. Schwerdtfeger[15]研究钢包氩气喷吹中钢液自由表面处渣眼的形成过程，模型实验中采用低合金水银代替钢液，用油代替保护渣，同时用容量为 350t 钢包做现场实验。虽然很多研究者对渣层运动以及渣眼形成做过大量工作，但他们的模型忽略或者简化了渣层的影响。李宝宽建立了氩气底吹钢包三维非稳态三相流动数学模型，分析不同喷气量对渣眼尺寸、渣层运动行为的影响，为钢包炉生产操作提供理论依据[16]。

随着商业软件以及自编计算程序越来越容易得到，使用也越来越多，氩气底吹钢包过程的数值模拟得到了快速的发展。近期，李宝宽等人[17]将人口平衡模型应用到底吹钢包模拟计算当中，从这些结果可清楚地了解底吹钢包内流动的详细信息，如图 1-7 所示。仅从实验是无法得到如此大量且直观的过程信息的。

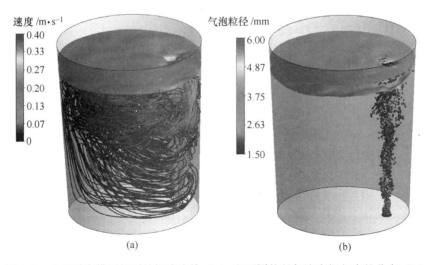

图 1-7 人口平衡模型得到的钢液迹线（a）和不同粒径气泡在钢包中的分布（b）

1.3.2 中间包冶金过程数值模拟

随着冶金科学技术的发展，对钢液洁净度要求的不断提高，中间包对钢的质量有着重要的影响。作为钢液凝固之前所经过的最后一个耐火材料容器，必须尽可能地防止钢液吸收空气以及耐火材料的氧，防止造成二次氧化，必须使钢液中的非金属夹杂物上浮并及时排除掉，这样才能使钢液满足洁净钢的技术要求。

从 20 世纪 70 年代，众多的冶金研究人员就开始用数值模拟的方法研究中间包内钢液的流动现象。S. Chakraborty 等人[18]采用数值模拟方法研究了连铸中间包在稳态和非稳态时中间包内钢液的速度场、温度场分布和夹杂物的上浮情况。M. C. Tsai 等人[19]用三维数学模型模拟连铸中间包内钢液流动和传输过程，并在现场用示踪剂方法对数值模拟结果进行了检验。A. Ramos-Banderas[20]研究了吹气对中间包内流场的影响，发现由于气泡对液相的剪切力以及气泡的浮力作用，使得中间包内钢液的流动形式得到改善。近期，李宝宽等人[21]研究了感应加热中间包内的流场分布情况，如图 1-8 所示。

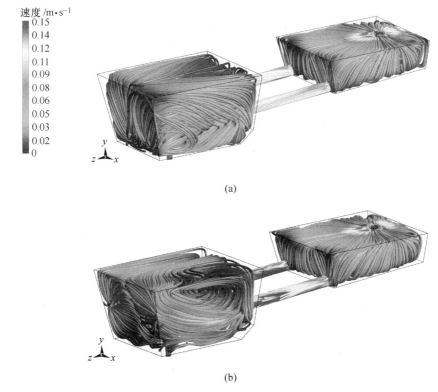

(a)

(b)

图 1-8　有无感应加热时中间包内流场分布
(a) 无感应加热；(b) 感应加热

国内外学者对中间包夹杂物去除开展了大量的应用和基础研究。1987 年，K. H. Takle 等人[22]，1993 年，B. Kaufman 等人[23]较早研究了中间包流体流动和夹杂物运动行为，他们的研究中只考虑了夹杂物的斯托克斯上浮去除方式。A. K. Sinha 等人[24]研究了中间包内夹杂物的运动，不仅考虑了上浮和碰撞聚集，还首次考虑了夹杂物的壁面吸附。S. Taniguchi 等人[25]采用数值计算方法详细地研究了无限长的圆形和方形通道在感应加热条件下夹杂物的去除率。Y. J. Miki 等人[26]采用数值模拟方法研究连铸中间包内夹杂物的运动情况，并用现场测试数据验证数值计算，文中采用了拉格朗日模型计算夹杂物运动轨迹。L. F. Zhang 等人[27]研究了连铸中间包内钢液与夹杂物的运动情况，对比了不同的堰坝结构对夹杂物去除的影响。K. Takahashi 等人[28]采用实验和数值计算研究了感应加热坩埚中夹杂物去除情况。近期，李宝宽等人[21]研究了感应加热中间包内夹杂物的运动情况。

1.3.3　结晶器冶金过程数值模拟

结晶器是控制钢水洁净度的最后环节，是连铸设备的"心脏"。结晶器内钢液的流动行为不仅对气泡和非金属夹杂物的分离去除、保护渣的卷入影响很大，而且对初生凝固坯壳的均匀生长，防止射流冲击局部初生凝固壳而造成拉漏或产生铸坯表面裂纹有重要影响。因此，对结晶器内的流体力学行为进行深入研究，可以为优化现场操作和开发设计更高效的新型结晶器提供指导，且对于促进钢产品质量的改进和产量的提高具有重要意义。

在 20 世纪 80 年代以前，由于计算机硬件水平有限，数值模拟以开发数学模型为主，并应用于二维计算。作为结晶器传输过程数值模拟的先驱，J. Szekely 等人[3]基于势流理论模拟了二维圆坯结晶器内钢液的流动和传热行为，并结合一方程湍流模型和 Splading 的离散化方法对上述传输过程进行了更为深入的研究。

在 20 世纪 80 年代至 90 年代初期，湍流模型得到发展，但受计算机运算速度和内存的限制，数值模拟以二维、三维的稳态流场计算为主。M. Yao 等人[29]采用数值模拟研究了结晶器内的三维钢液流动；B. G. Thomas 等人[30]采用标准 k-ε 湍流模型并结合壁面函数法，研究了不同水口参数和不同拉速条件下板坯结晶器内的时均流场及湍流特性。

20 世纪 90 年代后期，随着计算机技术的发展，数值模拟逐渐进入了三维多场（流动、传热、凝固、电磁场等）稳态耦合计算时代。M. R. Aboutalebi 等人[31]通过耦合流场、温度场和浓度场，求解了圆坯结晶器内的复杂流动过程，分析了结晶器内部的流动、凝固和偏析现象。A. F. Lehman 等人[32]、A. Idogawa 等人[33]及 P. Gardin 等人[34]分别耦合计算了静磁场和低频交变磁场作用下的结晶器内部的钢液流场。在国内，很多研究者[35~37]对若干种电磁制动方式下板坯或薄板坯结晶器内的钢液流场、温度场和夹杂物运动轨迹进行了数值模拟研究。李宝宽等人[38,39]采用均相流模型研究了吹氩和静磁场作用下的结晶器内部钢液流场特征。

进入 21 世纪后，冶金工作者又将目光转向非稳态计算，开始尝试利用大涡模拟研究钢液的非稳态流动。近年来，大涡模拟在结晶器流场的研究中得到越来越多的应用。Q. Yuan 等人[40]利用大涡模拟计算了结晶器内的钢液瞬态流动行为，详细分析了瞬态的流场结构，并与 PIV 实验结果进行了对比，发现流动是不对称的，并指出该不对称是由于两侧钢液的流动相互作用引起的。A. Ramos-banderas 等人[41]对结晶器内部流场进行了大涡模拟研究，结果表明结晶器内部流场具有非对称性和不定常性。李宝宽等人[42~45]采用 LES 方法对结晶器进行数值分析，获得了内部的非稳态钢液湍流特征，包括多尺度的涡量场及大涡拟序结构在近壁处的形成、发展、脱落和破碎过程，如图 1-9 所示[42]。由此可见，LES 方法在揭示湍流多尺度研究方面具有较大优势。

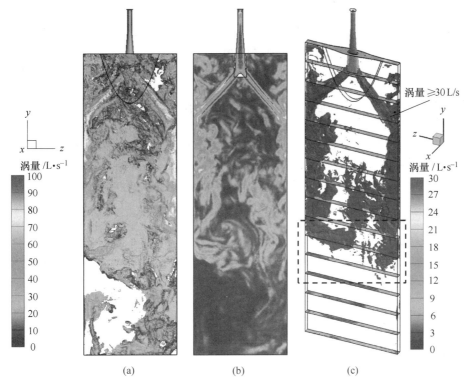

图 1-9　大涡模拟预测的结晶器内多尺度的涡量场

（a）三维涡量；（b）中间截面涡量；（c）高涡量分布

　　结晶器内流动行为的数值模拟在计算模型和方法等方面都有了较大的发展。然而，还应清楚地认识到，结晶器冶金过程的多物理场是非常复杂的，很难做到精确模拟。该过程是在高温且非等温条件下进行的，并包括放热反应、吸热反应、相变、多相流等多种现象。因此，使得对其模拟比对其他过程（如化工）更富有挑战性。

参 考 文 献

［1］舍克里. 冶金中的流体流动现象［M］. 彭一川，徐匡迪，樊养颐，译. 北京：冶金工业出版社，1985.

［2］连续铸钢流程图. http：//www. asmsteel. com/index. aspx？id＝3143&lanmuid＝65&sublanmuid＝690.

［3］Szekely J，Yadoya R T. The physical and mathematical modeling of the flow field in the mold region in continuous casting systems：Part Ⅰ. model studied with aqueous systems［J］. Metallurgical and Materials Transaction B，1972，3（5）：2673～2680.

［4］Tu J Y，Yeoh G H，Liu C Q. Computational Fluid Dynamics：A Practical Approach［M］. USA：Butterworth-Heinemann，2008.

［5］Szekely J，Wang H J，Kiser K M. Flow pattern velocity and turbulence energy measurements and prediction in a water model of an argon-stirred ladle［J］. Metallurgical and Materials Transaction B，1976，7：287～295.

［6］Debroy T，Majumdar A K. Flow phenomena in argon-stirred melts，room temperature measurements and analysis［J］. J. Met. ，1981，42～47.

［7］Grevet J H，Szekely J，El-Kaddah N. An experimental and theoretical study of gas bubble driven circulation system［J］. Int. J. Heat Mass Transfer，1982，25（4）：487～497.

［8］Sahai Y，Guthrie R I L. Hydrodynamics of gas stirred melts：part Ⅰ. gas/liquid coupling［J］. Metallurgical and Materials Transaction B, 1982, 13B: 193 ~ 202.

［9］ Salcudean M, Low C H, Hurda A, et al. Three-dimension of heat and mass flow phenomena in gas stirred re-
actor [J]. Can. J. Chem. Eng., 1985, 63: 51 ~ 61.

［10］ 李宝宽, 赫冀成, 陆钟武. 偏心底吹熔池内三维流场的数值计算 [J]. 金属学报, 1992, 28
（11）: B475.

［11］ 李宝宽, 赫冀成, 陆钟武. 底吹钢包内流动与混合过程的数学模拟 [J]. 金属学报, 1993, 29
（4）: B143.

［12］ Ridenour P, Yin H B, Balajee S R, et al. In: AISTech 2006, Proceedings of the Iron and Steel Technology
Conference, Cleveland, Ohio, 2006: 721.

［13］ Beskow K, Dayal P, Bjorkvall J, et al. A new approach for the study of slag-metal interface in steelmaking
[J]. Ironmaking Steelmaking, 2006, 33 （1）: 74 ~ 80.

［14］ Krishnapisharody K, Irons G A. Modeling of slag eye formation over a metal bath due to gas bubbling [J].
Metallurgical and Materials Transaction B, 2006, 37 （5）: 763 ~ 772.

［15］ Yonezawa K, Schwerdtfeger K. Spout eyes formed by an emerging gas plume at the surface of a slag-covered
metal melt [J]. Metallurgical and Materials Transaction B, 1999, 30 （3）: 411 ~ 418.

［16］ Li B K, He J C, Lu Z W. Mathematical modeling on three-dimensional flow in off-center gas stirred baths
[J]. Acta Metallurgical Sinica, 1993, 6B （3）: 173 ~ 175.

［17］ Li L M, Liu Z Q, Li B K, et al. Water model and CFD-PBM coupled model of gas-liquid-slag three-
phase flow in ladle metallurgy [J]. ISIJ International, 2015, 55 （7）: 1337 ~ 1346.

［18］ Chakraborty S, Sahai Y. Mathematical modeling of transport phenomena in continuous casting tundish （part
I ）[J]. Ironmaking and Steelmaking, 1992, 19 （6）: 479 ~ 487.

［19］ Mazumdar D, Guler Y, Tsai M C. Hydrodynamic performance of steelmaking tundish systems: a compara-
tive study of three diferent designs [J]. Steel Research, 1997, 68 （7）: 293 ~ 300.

［20］ Ramos-Banderas A. Mathematical simulation and modeling of steel flow with gas bubbling in trough type
tundish [J]. ISIJ International, 2003, 43 （5）: 653 ~ 662.

［21］ Wang Q, Li B K, Tsukihashi F. Modeling of a thermo electromagneto hydrodynamic problem in continuous
Casting tundish with channel type induction heating [J]. ISIJ International, 2014, 54 （2）: 311 ~ 320.

［22］ Takle K H, Ludwig J C. Steel flow and inclusion separation in continuous casting tundishes [J]. Steel Re-
search, 1987, 58 （6）: 262 ~ 269.

［23］ Kaufman B, Nledermaryr A, Sattler H, et al. Separation of nonmetallic particles in tundishes [J]. Steel
Research, 1993, 64 （4）: 203 ~ 209.

［24］ Sinha A K, Sahai Y. Mathematical modeling of inclusion transport and removal in continuous casting
tundishes [J]. ISIJ International, 1993, 33 （5）: 556 ~ 566.

［25］ Taniguchi S, Brimacombe J K. Application of pinch force to the separation of inclusion particles from liquid
steel [J]. ISIJ International, 1994, 34 （9）: 722 ~ 731.

［26］ Miki Y J, Thomas B G. Modeling of inclusion removal in a tundish [J]. Metallurgical and Materials Trans-
actions B, 1999, 30B: 639 ~ 654.

［27］ Zhang L F, Taniguchi S, Cai K K. Fluid flow and inclusion removal in continuous casting tundish [J].
Metallurgical and Materials Transactions B, 2000, 31B: 253 ~ 266.

［28］ Takahashi K, Taniguchi S. Electromagnetic separation of nonmetallic inclusion from liquid metal by imposi-
tion of high frequency magnetic field [J]. ISIJ International, 2003, 43 （6）: 820 ~ 827.

［29］ Yao M, Ichimiya M, Kiyohara S, et al. Three dimensional analysis of molten metal flow in continuous cast-
ing mould [C]//Steelmaking Conference Proceedings, Warrendale, PA: ISS, 1985: 27 ~ 34.

［30］ Thomas B G, Mika L J, Najjar F M. Simulation of fluid flow inside a continuous slab casting machine ［J］. Metallurgical and Materials Transaction B, 1990, 21 (2): 387~400.

［31］ Aboutalebi M R, Hasan M, Guthrie R I L. Coupled turbulent flow, heat and solute transport in continuous casting processes ［J］. Metallurgical and Materials Transaction B, 1995, 26 (4): 731~744.

［32］ Lehman A F, Tallback G R, Kollberg S G, et al. Fluid flow control in continuous casting using various configurations of staticmagnetic fields ［C］. Int. Symposium on EPM'94, Nagoya, ISIJ, 1994: 372~377.

［33］ Idogawa A, Tozawa H, Takeuchi S, et al. Control of molten steel flow in continuous casting mold by two staticmagnetic fields imposed on whole width ［C］. Int. Symposium on EPM'94, Nagoya, ISIJ, 1994: 378~383.

［34］ Gardin P, Galpin J M, Regnie M C, et al. Electromagnetic brake influence on molten steel and inclusion behavior in a continuous casting mold ［C］. Int. Symposium on EPM'94, Nagoya, ISIJ, 1994: 390~395.

［35］ Su Z J, Iwai K, Asai S. Characteristics of liquid metal motion driven by quasi-sinusoidal magnetic fields ［J］. ISIJ International, 1999, 39 (12): 1224~1230.

［36］ Lei Z S, Ren Z M, Deng K, et al. Amplitude-modulated magnetic field coupled with mold oscillation in electromagnetic continuous casting ［J］. ISIJ International, 2006, 46 (5): 680~686.

［37］ 李宝宽, 赫冀成, 贾光霖, 等. 薄板坯连铸结晶器内钢液流场电磁制动的模拟研究 ［J］. 金属学报, 1997, 33 (11): 1207~1214.

［38］ Li B K, Okane T, Umeda T. Modeling of molten metal flow in continuous casting process considering the effects of argon gas injection and static magnetic field application ［J］. Metallurgical and Materials Transaction B, 2000, 31 (6): 1491~1503.

［39］ Li B K, Okane T, Umeda T. Modeling of biased flow phenomena associated with effects of the static magnetic field application and argon gas injection in slab continuous casting of steel ［J］. Metallurgical and Materials Transaction B, 2001, 32 (6): 1053~1066.

［40］ Yuan Q, Sivaramakrishnan S, Vanka S P, et al. Computational and experimental study of turbulent flow in a 0.4-scale water model of a continuous steel caster ［J］. Metallurgical and Materials Transactions B, 2004, 35 (5): 967~982.

［41］ Ramos-banderas A, Sanchez-perez R, Morales R D, et al. Mathematical simulation and physical modeling of unsteady fluid flows in a water model of a slab mold ［J］. Metallurgical and Materials Transactions B, 2004, 35 (6): 449~460.

［42］ 李宝宽, 刘中秋, 齐风升, 等. 薄板坯连铸结晶器非稳态湍流大涡模拟研究 ［J］. 金属学报, 2012, 48 (1): 23~32.

［43］ 刘中秋, 李宝宽, 姜茂发, 等. 连铸结晶器内氩气/钢液两相非稳态湍流特性的大涡模拟研究 ［J］. 金属学报, 2013, 49 (5): 513~522.

［44］ Liu Z Q, Li B K, Jiang M F. Transient asymmetric flow and bubble transport inside a slab continuous casting mold ［J］. Metallurgical and Materials Transactions B, 2014, 45 (2): 675~697.

［45］ Liu Z Q, Li B K, Jiang M F, et al. Modeling of transient two-phase flow in a continuous casting mold using euler-euler large eddy simulation scheme ［J］. ISIJ International, 2013, 53 (3): 484~492.

2 炼钢中的流体流动现象及模型化

热流体流动过程所遵循的基本规律是物理学三大守恒定律，即质量守恒定律、动量守恒定律和能量守恒定律。这三大定律的数学描写就是热流体流动过程的基本方程组。要使这方程组封闭，还需加上辅助的物性关系，如密度、热容、黏性系数和热导率随温度和压力的变化关系等。在目前的科学技术发展条件下还求不出这个方程的解析解，而且在高雷诺数条件下，模拟湍流全部特征的数值解也是不可能的。尽管如此，研究这个方程组还是具有最基本的意义，因为热流体流动过程千变万化的现象毕竟是由这个方程组所规定，而且这种研究已获得了巨大的收益。本书的全部内容实质上就是在各种具体条件下用各种不同的方法求这个方程组的解，并研究解的性质。

随着计算机硬件能力和软件技术的不断发展，数学模型在冶金过程研究中的重要性不断增加，应用范围不断扩大。然而，还应清楚地认识到，控制冶金过程的物理化学现象是极其复杂的，很难精确地模拟。冶金过程是在高温且非等温条件下进行的，并包括放热、吸热反应及相变等，所有这些使得对其模拟比对其他领域（如化工领域）更富有挑战性。尽管人们在上述问题中已做了大量的工作，但仍需要更有效的子模型描述上述物理现象。本章介绍应用于炼钢过程中计算流体力学的方法、边界条件及数值方法等问题。

2.1 CFD 基本控制方程

2.1.1 连续性方程

流体的连续性方程来源于质量守恒方程[1]。在空间流场中以任意的一点 $M(x,y,z)$ 为基点，以 δx ， δy ， δz 为边长作长方体体积元为控制体，如图 2-1 所示。设流体的速度、密度均是欧拉变量 x ， y ， z ， t 的函数，现考察沿 x 方向通过控制体的质量流量。

在 δt 时间内通过控制体左侧面流入控制体的流体质量为：

$$\rho u \delta y \delta z \delta t \qquad (2\text{-}1)$$

通过右侧面流出控制体的流体质量为：

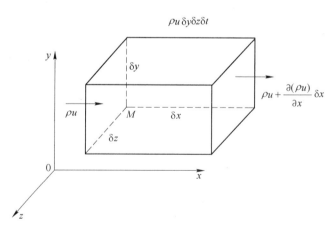

图 2-1 微元控制体内的质量流量

$$\left[\rho u + \frac{\partial(\rho u)}{\partial x}\delta x\right]\delta y \delta z \delta t \qquad (2\text{-}2)$$

对 ρu 进行泰勒级数展开，并忽略二阶以上小量。沿 x 方向净流出控制体的流体质量为：

$$\left[\rho u + \frac{\partial(\rho u)}{\partial x}\delta x\right]\delta y\delta z\delta t - \rho u\delta y\delta z\delta t = \frac{\partial(\rho u)}{\partial x}\delta x\delta y\delta z\delta t \tag{2-3}$$

同理可分别计算沿 y 方向和 z 方向静流出控制体的流体质量分别为：

$$\frac{\partial(\rho v)}{\partial y}\delta x\delta y\delta z\delta t \tag{2-4}$$

$$\frac{\partial(\rho w)}{\partial z}\delta x\delta y\delta z\delta t \tag{2-5}$$

同时，在 δt 时间内控制体内的流体质量减少了：

$$-\frac{\partial\rho}{\partial t}\delta x\delta y\delta z\delta t \tag{2-6}$$

根据守恒定律，在 δt 时间内从控制体静流出的总质量应等于在控制体内减少的质量。综合以上各式可得：

$$\left[\frac{\partial(\rho u)}{\partial x} + \frac{\partial(\rho v)}{\partial y} + \frac{\partial(\rho w)}{\partial z}\right]\delta x\delta y\delta z\delta t = -\frac{\partial\rho}{\partial t}\delta x\delta y\delta z\delta t \tag{2-7}$$

令 δx, δy, $\delta z \rightarrow 0$，$\delta t \rightarrow 0$ 并消去两端的 $\delta x, \delta y, \delta z, \delta t$ 得：

$$\frac{\partial\rho}{\partial t} + \frac{\partial(\rho u)}{\partial x} + \frac{\partial(\rho v)}{\partial y} + \frac{\partial(\rho w)}{\partial z} = 0 \tag{2-8}$$

或表示为：

$$\frac{\partial\rho}{\partial t} + \nabla\cdot(\rho\boldsymbol{v}) = 0 \tag{2-9}$$

式（2-9）的使用范围没有限制，无论是可压缩或不可压缩流体，黏性或无黏性流体，定常或非定常流体等均可适用。唯一的限制条件是必须为同种流体（即单相流体），如果是两种流体的混合物（如钢液中含有气泡）便破坏了连续性。

2.1.2 动量方程

假设一个质量为 δm 的长方体流体元在外力 δF 作用下在速度场 $v(x,y,z,t)$ 中运动，根据牛顿第二定律，运动方程为：

$$\delta F = \delta m\frac{\mathrm{d}v}{\mathrm{d}t} \tag{2-10}$$

外力包括体积力和表面力：

$$\delta F = \delta F_{b} + \delta F_{s} \tag{2-11}$$

在直角坐标系中，体积力分量为：

$$\delta F_{bx} = \delta mf_x \qquad \delta F_{by} = \delta mf_y \qquad \delta F_{bz} = \delta mf_z \tag{2-12}$$

表面力在流体元上的合力是由其梯度造成的。图 2-2 为作用在以 M 点为基点的长方体流体元上的表面应力示意图，图中仅标出沿 x 方向的表面应力分量。所有法向应力均沿平面外法线方向，切向应力在过 M 点的平面上，方向与坐标方向相反，在其余 3 个平面上切应力有增量，且方向与坐标轴方向相同。这样作用在长方体体积元上沿 x 方向的表面力合力可表示为：

$$\delta F_{sx} = \left[\left(p_{xx} + \frac{\partial p_{xx}}{\partial x}\delta x\right) - p_{xx}\right]\delta y\delta z + \left[\left(\tau_{yx} + \frac{\partial \tau_{yx}}{\partial y}\delta y\right) - \tau_{yx}\right]\delta x\delta z +$$

$$\left[\left(\tau_{zx} + \frac{\partial \tau_{zx}}{\partial z}\delta z\right) - \tau_{zx}\right]\delta x\delta y = \left(\frac{\partial p_{xx}}{\partial x} + \frac{\partial \tau_{yx}}{\partial y} + \frac{\partial \tau_{zx}}{\partial z}\right)\delta x\delta y\delta z \qquad (2\text{-}13)$$

同理可得：

$$\delta F_{sy} = \left(\frac{\partial \tau_{yx}}{\partial x} + \frac{\partial p_{yy}}{\partial y} + \frac{\partial \tau_{yz}}{\partial z}\right)\delta x\delta y\delta z \qquad (2\text{-}14)$$

$$\delta F_{sz} = \left(\frac{\partial \tau_{zx}}{\partial x} + \frac{\partial \tau_{zy}}{\partial y} + \frac{\partial p_{zz}}{\partial z}\right)\delta x\delta y\delta z \qquad (2\text{-}15)$$

将式（2-13）~式（2-15）及 $\delta m = \rho\delta x\delta y\delta z$ 代入式（2-10）的分量式中，取线尺度趋于零的极限值，并运用质点导数公式 $\mathrm{d}v/\mathrm{d}t = \partial v/\partial t + (v \cdot \nabla)v$，整理后可得：

$$\rho\left(\frac{\partial u}{\partial t} + u\frac{\partial u}{\partial x} + v\frac{\partial u}{\partial y} + w\frac{\partial u}{\partial z}\right) = \rho f_x + \frac{\partial p_{xx}}{\partial x} + \frac{\partial \tau_{xy}}{\partial y} + \frac{\partial \tau_{xz}}{\partial z} \qquad (2\text{-}16a)$$

$$\rho\left(\frac{\partial v}{\partial t} + u\frac{\partial v}{\partial x} + v\frac{\partial v}{\partial y} + w\frac{\partial v}{\partial z}\right) = \rho f_y + \frac{\partial \tau_{yx}}{\partial x} + \frac{\partial p_{yy}}{\partial y} + \frac{\partial \tau_{yz}}{\partial z} \qquad (2\text{-}16b)$$

$$\rho\left(\frac{\partial w}{\partial t} + u\frac{\partial w}{\partial x} + v\frac{\partial w}{\partial y} + w\frac{\partial w}{\partial z}\right) = \rho f_z + \frac{\partial \tau_{zx}}{\partial x} + \frac{\partial \tau_{zy}}{\partial y} + \frac{\partial p_{zz}}{\partial z} \qquad (2\text{-}16c)$$

式（2-16）为在直角坐标系中流体动量方程的微分形式，又称为流体流动一般微分方程，适用于任何流体。但为求解该方程，必须把各应力分量表示成速度和压强的函数，即补充流体的本构方程。

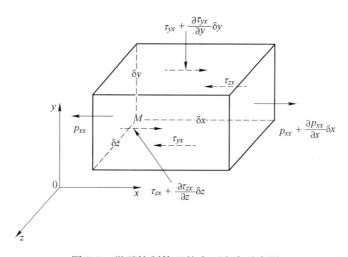

图 2-2　微元控制体上的表面应力示意图

对于牛顿流体，斯托克斯将牛顿黏性定律从一维推广到三维，提出三个假设：（1）应力与变形率呈线性关系；（2）流体是各向同性的，应力与变形率的关系与坐标系的选择无关；（3）当角变形率为零时，即流体静止时，法向应力等于静压强。根据这三个假设，可推导牛顿流体的本构关系为：

$$p_{xx} = -p + 2\mu\frac{\partial u}{\partial x} - \frac{2}{3}\mu \nabla \cdot \boldsymbol{v} \qquad (2\text{-}17a)$$

$$p_{yy} = -p + 2\mu \frac{\partial v}{\partial y} - \frac{2}{3}\mu \, \nabla \cdot \boldsymbol{v} \tag{2-17b}$$

$$p_{zz} = -p + 2\mu \frac{\partial w}{\partial z} - \frac{2}{3}\mu \, \nabla \cdot \boldsymbol{v} \tag{2-17c}$$

$$\tau_{xy} = \tau_{yx} = \mu\left(\frac{\partial v}{\partial x} + \frac{\partial u}{\partial y}\right) \tag{2-18a}$$

$$\tau_{xz} = \tau_{zx} = \mu\left(\frac{\partial u}{\partial x} + \frac{\partial w}{\partial z}\right) \tag{2-18b}$$

$$\tau_{yz} = \tau_{zy} = \mu\left(\frac{\partial w}{\partial y} + \frac{\partial v}{\partial z}\right) \tag{2-18c}$$

在法向应力表达式（2-17）中右边第一项 p 为热力学压强，第二相为流体元线应变引起的应力，第三项为流体元体积膨胀率引起的应力，后两项组成附加法向应力。切应力与角变形率的关系式是牛顿黏性定律的三维表达式。将式（2-17）和式（2-18）代入式（2-16）可得：

$$\rho \frac{\mathrm{D}u}{\mathrm{D}t} = \rho f_x - \frac{\partial p}{\partial x} + \frac{\partial}{\partial x}\left[\mu\left(2\frac{\partial u}{\partial x} - \frac{2}{3}\nabla\cdot\boldsymbol{v}\right)\right] + \frac{\partial}{\partial y}\left[\mu\left(\frac{\partial v}{\partial x} + \frac{\partial u}{\partial y}\right)\right] + \frac{\partial}{\partial z}\left[\mu\left(\frac{\partial u}{\partial z} + \frac{\partial w}{\partial x}\right)\right] \tag{2-19a}$$

$$\rho \frac{\mathrm{D}v}{\mathrm{D}t} = \rho f_y - \frac{\partial p}{\partial y} + \frac{\partial}{\partial x}\left[\mu\left(\frac{\partial v}{\partial x} + \frac{\partial u}{\partial y}\right)\right] + \frac{\partial}{\partial y}\left[\mu\left(2\frac{\partial v}{\partial y} - \frac{2}{3}\nabla\cdot\boldsymbol{v}\right)\right] + \frac{\partial}{\partial z}\left[\mu\left(\frac{\partial w}{\partial y} + \frac{\partial v}{\partial z}\right)\right] \tag{2-19b}$$

$$\rho \frac{\mathrm{D}w}{\mathrm{D}t} = \rho f_z - \frac{\partial p}{\partial z} + \frac{\partial}{\partial x}\left[\mu\left(\frac{\partial u}{\partial z} + \frac{\partial w}{\partial x}\right)\right] + \frac{\partial}{\partial y}\left[\mu\left(\frac{\partial w}{\partial y} + \frac{\partial v}{\partial z}\right)\right] + \frac{\partial}{\partial z}\left[\mu\left(2\frac{\partial w}{\partial z} - \frac{2}{3}\nabla\cdot\boldsymbol{v}\right)\right] \tag{2-19c}$$

式（2-19）称为纳维－斯托克斯方程，适用于可压缩变黏度的黏性流体的运动，实验证明它具有良好的适用性。

当流体为均质不可压缩常黏度的流体（均质不可压缩流体）时，式（2-19）可化为更简洁的形式：

$$\rho\left(\frac{\partial u}{\partial t} + u\frac{\partial u}{\partial x} + v\frac{\partial u}{\partial y} + w\frac{\partial u}{\partial z}\right) = \rho f_x - \frac{\partial p}{\partial x} + \mu\left(\frac{\partial^2 u}{\partial x^2} + \frac{\partial^2 u}{\partial y^2} + \frac{\partial^2 u}{\partial z^2}\right) \tag{2-20a}$$

$$\rho\left(\frac{\partial v}{\partial t} + u\frac{\partial v}{\partial x} + v\frac{\partial v}{\partial y} + w\frac{\partial v}{\partial z}\right) = \rho f_y - \frac{\partial p}{\partial y} + \mu\left(\frac{\partial^2 v}{\partial x^2} + \frac{\partial^2 v}{\partial y^2} + \frac{\partial^2 v}{\partial z^2}\right) \tag{2-20b}$$

$$\rho\left(\frac{\partial w}{\partial t} + u\frac{\partial w}{\partial x} + v\frac{\partial w}{\partial y} + w\frac{\partial w}{\partial z}\right) = \rho f_z - \frac{\partial p}{\partial z} + \mu\left(\frac{\partial^2 w}{\partial x^2} + \frac{\partial^2 w}{\partial y^2} + \frac{\partial^2 w}{\partial z^2}\right) \tag{2-20c}$$

其矢量式为：

$$\rho\left[\frac{\partial \boldsymbol{v}}{\partial t} + (\boldsymbol{v}\cdot\nabla)\boldsymbol{v}\right] = \rho f - \nabla p + \mu\,\nabla^2 \boldsymbol{v} \tag{2-21}$$

式（2-20）和式（2-21）称为均质不可压缩牛顿流体的 N-S 方程，其物理意义是：

$$质量 \times 加速度(惯性力) = 体积力 + 压差力 + 黏性力 \tag{2-22}$$

2.1.3 能量方程

能量守恒方程[2]是根据热力学第一定律推导出来的，即

$$能量随时间的变化率 = 热量净增加量(\sum Q) + 净做功量(\sum W) \qquad (2\text{-}23)$$

取如图 2-3 所示的直角坐标系内的微元体。运动流体微元能量的时间变化率可表示为：

$$\rho \frac{\mathrm{d}E}{\mathrm{d}t}\Delta x\Delta y\Delta z \qquad (2\text{-}24)$$

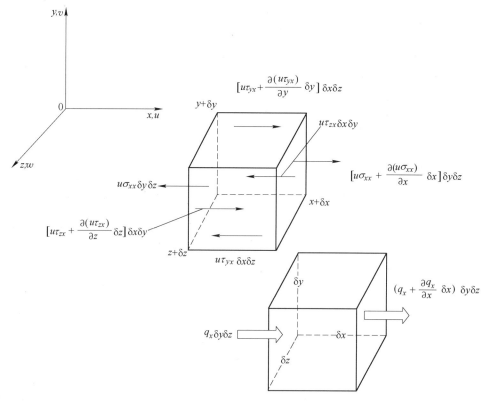

图 2-3　微元控制体上的表面力做功及微元内热量的增加

$\sum Q$ 和 $\sum W$ 两项描述控制体内流体热量的净增加率以及表面力对流体的净做功量。以图 2-3 所示的 x 方向为例，控制体上所做的功等于表面力（由法向黏性应力 σ_{xx} 以及切向黏性应力 τ_{yx} 和 τ_{zx} 产生）与速度分量 u 的乘积。

法向力在 x 方向上所做的功为：

$$\left[u\sigma_{xx} + \frac{\partial(u\sigma_{xx})}{\partial x}\Delta x \right]\Delta y\Delta z - u\sigma_{xx}\Delta y\Delta z \qquad (2\text{-}25)$$

切向力在 x 方向上所做的功分别为：

$$\left[u\tau_{yx} + \frac{\partial(u\tau_{yx})}{\partial y}\Delta y \right]\Delta x\Delta z - u\tau_{yx}\Delta x\Delta z \qquad (2\text{-}26)$$

$$\left[u\tau_{zx} + \frac{\partial(u\tau_{zx})}{\partial z}\Delta z \right]\Delta x\Delta y - u\tau_{zx}\Delta x\Delta y \qquad (2\text{-}27)$$

作用在 x 方向上的这些表面力所做的净功率除以控制体体积，可得：

$$\frac{\partial(u\sigma_{xx})}{\partial x} + \frac{\partial(u\tau_{yx})}{\partial y} + \frac{\partial(u\tau_{zx})}{\partial z} \qquad (2\text{-}28a)$$

与此相似，也可以得到表面力在 y 和 z 方向上所做的功，这些作用在流体上的附加功率为：

$$\frac{\partial(v\tau_{xy})}{\partial x} + \frac{\partial(v\sigma_{yy})}{\partial y} + \frac{\partial(v\tau_{zy})}{\partial z} \tag{2-28b}$$

$$\frac{\partial(w\tau_{xz})}{\partial x} + \frac{\partial(w\tau_{yz})}{\partial y} + \frac{\partial(w\sigma_{zz})}{\partial z} \tag{2-28c}$$

对于有热量增加的情况，如图 2-3 所示，x 方向上热流动产生的热传递速率由表面 x 的输入热量与表面 $x + \Delta x$ 的热量损失之差给出，即

$$\left(q_x + \frac{\partial q_x}{\partial x}\Delta x\right)\Delta y\Delta z - q_x\Delta y\Delta z \tag{2-29a}$$

同样，y 方向和 z 方向上的净热量传递也可以表示如下：

$$\left(q_y + \frac{\partial q_y}{\partial y}\Delta y\right)\Delta x\Delta z - q_y\Delta x\Delta z \tag{2-29b}$$

$$\left(q_z + \frac{\partial q_z}{\partial z}\Delta z\right)\Delta x\Delta y - q_z\Delta x\Delta y \tag{2-29c}$$

流体中增加的总热量除以控制体体积 $\Delta x\Delta y\Delta z$，其结果为：

$$\frac{\partial q_x}{\partial x} + \frac{\partial q_y}{\partial y} + \frac{\partial q_z}{\partial z} \tag{2-30}$$

综合考虑 x，y，z 三个方向上的表面力，并将式（2-24）中能量的时间变化率 E 代入方程式（2-23），能量守恒方程可由式（2-31）决定：

$$\rho\frac{dE}{dt} = \frac{\partial(u\sigma_{xx})}{\partial x} + \frac{\partial(v\sigma_{yy})}{\partial y} + \frac{\partial(w\sigma_{zz})}{\partial z} + \frac{\partial(u\tau_{yx})}{\partial y} + \frac{\partial(u\tau_{zx})}{\partial z} + \frac{\partial(v\tau_{xy})}{\partial x} +$$
$$\frac{\partial(v\tau_{zy})}{\partial z} + \frac{\partial(w\tau_{xz})}{\partial x} + \frac{\partial(w\tau_{yz})}{\partial y} - \frac{\partial q_x}{\partial x} - \frac{\partial q_y}{\partial y} - \frac{\partial q_z}{\partial z} \tag{2-31}$$

可以根据傅里叶热传导定律确定方程式（2-31）中的能量通量 q_x，q_y，q_z，该定律反映了热通量与当地温度梯度的相互关系：

$$q_x = -k\frac{\partial T}{\partial x} \qquad q_y = -k\frac{\partial T}{\partial y} \qquad q_z = -k\frac{\partial T}{\partial z} \tag{2-32}$$

式中，k 为热传导系数。

将式（2-32）代入式（2-31），并应用式（2-17）和式（2-18），能量方程变为：

$$\rho\frac{dE}{dt} = \frac{\partial}{\partial x}\left(k\frac{\partial T}{\partial x}\right) + \frac{\partial}{\partial y}\left(k\frac{\partial T}{\partial y}\right) + \frac{\partial}{\partial z}\left(k\frac{\partial T}{\partial z}\right) - \frac{\partial(up)}{\partial x} - \frac{\partial(vp)}{\partial y} - \frac{\partial(wp)}{\partial z} + \Phi \tag{2-33}$$

能量方程中由于黏性而产生的影响可以用耗散函数 Φ 来描述：

$$\Phi = \frac{\partial(u\tau_{xx})}{\partial x} + \frac{\partial(u\tau_{yx})}{\partial y} + \frac{\partial(u\tau_{zx})}{\partial z} + \frac{\partial(v\tau_{xy})}{\partial x} + \frac{\partial(v\tau_{yy})}{\partial y} + \frac{\partial(v\tau_{zy})}{\partial z} +$$
$$\frac{\partial(w\tau_{xz})}{\partial x} + \frac{\partial(w\tau_{yz})}{\partial y} + \frac{\partial(w\tau_{zz})}{\partial z} \tag{2-34}$$

此耗散函数代表了作用于流体上变形功产生的能量源。变形功来自使流体运动的机械能，并将其转化为热能。

在三维流动中，比能量 E 定义为：

$$E = \underset{\text{内能}}{e} + \underset{\text{动能}}{\frac{1}{2}(u^2 + v^2 + w^2)} \tag{2-35}$$

对于不可压缩流体，忽略动能的影响，则焓 h 可以简化为 $c_p T$，其中 c_p 为比定压热容，并假定为常数，则式（2-33）可以表示为：

$$\rho c_{\mathrm{p}} \frac{\mathrm{d}T}{\mathrm{d}t} = \frac{\partial}{\partial x}\left(k\frac{\partial T}{\partial x}\right) + \frac{\partial}{\partial y}\left(k\frac{\partial T}{\partial y}\right) + \frac{\partial}{\partial z}\left(k\frac{\partial T}{\partial z}\right) + \frac{\partial p}{\partial t} + \Phi \tag{2-36}$$

在大多数实际工程流体问题中，可以忽略压力对时间的偏导数 $\dfrac{\partial p}{\partial t}$ 以及耗散函数 Φ 这两项，于是式（2-36）可以简化为：

$$\rho c_{\mathrm{p}} \frac{\mathrm{d}T}{\mathrm{d}t} = \frac{\partial}{\partial x}\left(k\frac{\partial T}{\partial x}\right) + \frac{\partial}{\partial y}\left(k\frac{\partial T}{\partial y}\right) + \frac{\partial}{\partial z}\left(k\frac{\partial T}{\partial z}\right) \tag{2-37}$$

为了便于方程的理解，将推导方程式（2-37）的二维形式。假定温度沿 z 方向是不变的，热传导系数 k 是常数，二维能量守恒方程可表示为：

$$\underset{\text{瞬态项}}{\frac{\partial T}{\partial t}} + \underset{\text{对流项}}{u\frac{\partial T}{\partial x} + v\frac{\partial T}{\partial y}} = \underset{\text{扩散项}}{\frac{k}{\rho c_{\mathrm{p}}}\frac{\partial^2 T}{\partial x^2} + \frac{k}{\rho c_{\mathrm{p}}}\frac{\partial^2 T}{\partial y^2}} \tag{2-38}$$

2.1.4　湍流附加方程

工程流体问题绝大多数是湍流流动，一般认为，无论湍流运动多么复杂，连续性方程和 N-S 方程对于湍流运动都仍然适用。在连续性方程和 N-S 方程的基础上，人们不断引入新的算法，逐步发展成了多个湍流模拟方法，如图 2-4 所示。

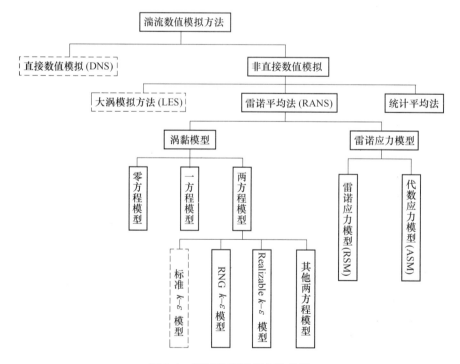

图 2-4　湍流数值模拟方法分类

概括起来，主要分为以下三类：

（1）雷诺平均方法（Reynolds averaged Navier-Stokes，RANS）。即将速度脉动的二阶关联量表示成平均速度梯度与湍流黏性系数的乘积，模型的任务就是给出计算湍流黏性系数的方法。根据建立模型所需要的微分方程的个数，分为零方程模型、一方程模型和两方程模型。

（2）直接数值模拟（direct numerical simulation，DNS）。直接建立湍流应力和其他二阶关联量的输运方程。

（3）大涡模拟（large eddy simulation，LES）。把湍流分成大尺度湍流和小尺度湍流，通过求解三维经过修正的 N-S 方程，得到大涡旋的运动特征，而小涡旋运动则采用上述以湍流的统计结构为基础对所有涡进行统计平均的模型。

实际求解时，应根据具体问题的湍流特点来决定，详细的模型介绍见第 3 章内容。

2.1.5　初始条件及边界条件

初始条件和边界条件是控制方程有确定解的前提，控制方程与相应的初始条件和边界条件构成对一个物理过程完整的数学描述。

2.1.5.1　初始条件

初始条件是所研究对象在过程开始时刻各个求解变量的空间分布情况，顾名思义，就是计算初始时刻给定的参数。如 $t = t_0$ 时，各变量的函数分布为：

$$u = u(x,y,z,t_0) = u_0(x,y,z) \tag{2-39a}$$

$$v = v(x,y,z,t_0) = v_0(x,y,z) \tag{2-39b}$$

$$w = w(x,y,z,t_0) = w_0(x,y,z) \tag{2-39c}$$

$$p = p(x,y,z,t_0) = p_0(x,y,z) \tag{2-39d}$$

$$\rho = \rho(x,y,z,t_0) = \rho_0(x,y,z) \tag{2-39e}$$

$$T = T(x,y,z,t_0) = T_0(x,y,z) \tag{2-39f}$$

对于非稳态问题，必须给定初始条件；而对于稳态问题，则不需要初始条件。

2.1.5.2　边界条件

边界条件是在求解区域的边界上所求解的变量或其导数随地点和时间的变化规律。对于任何问题，都必须给定边界条件。流体力学中常见的流体边界包括：固体壁面、出入口截面、无穷远处、两种流体的界面等。

A　固体壁面

对不可压缩流动，根据是否为流体黏性，常给出固体壁面上的速度条件。对黏性流体，必须满足固壁不滑移条件，或称为速度连续性条件。当固壁以速度 v_w 运动时，固壁上流体的速度应为：

$$v = v_w \tag{2-40}$$

结晶器壁面凝固坯壳由于存在拉速，因此与之类似。当固壁静止时，固壁上的流体也静止，即 $v = 0$。

对于无黏性流体，无论固壁是静止或运动，均不构成对流体切向速度的限制，但根据流体不脱离固壁的物理要求，可给出流体法向速度与固壁法向速度连续的要求：

$$v_\mathrm{n} = v_\mathrm{nw} \tag{2-41}$$

B　特殊的流体边界

对内流流场，通常应给出出入口截面的速度和压强（当考虑能量关系时还应包括温度）条件：

$$v = v_\mathrm{in(out)} \qquad p = p_\mathrm{in(out)} \tag{2-42}$$

出入口截面上的条件一般由实验测得。

对于外流流场，必须给出无穷远处的速度和压强条件：

$$v = v_\infty \qquad p = p_\infty \tag{2-43}$$

在物理上通常将离绕流物体足够远的有限距离处的条件作为无穷远条件。

C　两种流体交界面

常见的流体交界面有气-液界面和不相溶的液-液界面，界面两侧的黏性流体在界面上的速度、压强和切应力应连续，即：

$$v_1 = v_2 \qquad p_1 = p_2 \qquad \tau_1 = \tau_2 \tag{2-44}$$

气-液界面的典型例子是液体的自由液面，如钢包、中间包和结晶器的上表面。当液面上是大气时，整个自由液面上的压强为常值。由于大气对液面的切应力作用可忽略不计，可设液面上切应力为零。

2.2　单相流动

单相流是指经过所模拟反应器的物质仅由一个液相或一个气相组成的单相流体，在炼钢过程中是指只考虑钢液的流动，例如钢液在中间包和结晶器内的流动。雷诺平均法是目前使用最广泛的湍流数值模拟方法，但该方法抹平了湍流脉动的细节，缺乏对某些现象的预测能力，例如该方法不能模拟在浸入式水口对中条件下液面漩涡的形成。大涡模拟采用N-S方程直接计算大尺度涡的运动，通过亚格子模型计算小尺度涡对大尺度涡的影响，可以得到在浸入式水口对中条件下液面漩涡的整个动态变化过程。LES已被成功地应用于计算结晶器内钢液的瞬态流动行为。此处分别以RANS方法和LES方法为例，说明在炼钢过程中常用的单相流动数学模型。

2.2.1　RANS控制方程

采用雷诺平均法求解非稳态流场时，描述钢液在中间包和结晶器中运动有连续性方程、动量方程以及确定湍流黏性系数的 $k\text{-}\varepsilon$ 双方程模型[3]。

连续性方程：

$$\frac{\partial u_i}{\partial x_i} = 0 \tag{2-45}$$

动量方程：

$$\frac{\partial u_i}{\partial t} + \frac{\partial (u_i u_j)}{\partial x_j} = -\frac{1}{\rho}\frac{\partial p}{\partial x_i} + v\,\nabla^2 u_i + \frac{\partial \tau_{ij}}{\partial x_j} \tag{2-46}$$

湍动能方程：

$$\left[\frac{\partial(\rho k)}{\partial t} + \frac{\partial(\rho k u_i)}{\partial x_i}\right] = \frac{\partial}{\partial x_j}\left[\left(\mu + \frac{\mu_t}{\sigma_k}\right)\frac{\partial k}{\partial x_j}\right] + G_k - \rho\varepsilon \tag{2-47}$$

湍动能耗散率方程：

$$\frac{\partial(\rho\varepsilon)}{\partial t} + \frac{\partial(\rho\varepsilon u_i)}{\partial x_i} = \frac{\partial}{\partial x_j}\left[\left(\mu + \frac{\mu_t}{\sigma_\varepsilon}\right)\frac{\partial\varepsilon}{\partial x_j}\right] + \frac{C_{1\varepsilon}\varepsilon}{k}G_k - C_{2\varepsilon}\rho\frac{\varepsilon^2}{k} \tag{2-48}$$

式中，p，ρ，μ 分别代表压力、流体的密度和动力黏度；u_i 为流体的速度；G_k 是由于平均速度梯度引起的湍动能 k 的产生项；$C_{1\varepsilon}$，$C_{2\varepsilon}$ 为经验常数，$C_{1\varepsilon} = 1.44$，$C_{2\varepsilon} = 1.92$；σ_k，σ_ε 分别为与湍动能 κ 和耗散率 ε 对应的 Prandtl 数，$\sigma_k = 1.0$，$\sigma_\varepsilon = 1.3$。

2.2.2 LES 控制方程

为了将大尺度量从小尺度量中分离出来，需要对 N-S 方程进行滤波[4,5]。大尺度量可以通过滤波函数来定义：

$$\bar{f} = \int_D f(x')\bar{G}(x - x')\mathrm{d}x' \tag{2-49}$$

式中，$\bar{G}$ 为过滤函数；D 为整个计算区域；上标"‾"表示过滤。

采用盒式滤波器进行滤波：

$$\bar{G}(X) = \begin{cases} \dfrac{1}{\Delta} & |X| \leqslant \dfrac{\Delta}{2} \\ 0 & |X| > \dfrac{\Delta}{2} \end{cases} \tag{2-50}$$

利用式（2-50）对连续方程和动量方程进行滤波，得到大尺度量满足的方程组（2-51）：

$$\frac{\partial\bar{u}_i}{\partial x_i} = 0$$

$$\frac{\partial\bar{u}_i}{\partial t} + \frac{\partial(\bar{u}_i\bar{u}_j)}{\partial x_j} = -\frac{1}{\rho}\frac{\partial\bar{p}}{\partial x_i} + v\,\nabla^2\bar{u}_i + \frac{\partial\tau_{ij}}{\partial x_j} \tag{2-51}$$

式中，$\bar{p}$ 为过滤压力；$\bar{u}_i$ 为过滤速度，$\bar{u}_i(i = 1，2，3)$ 分别是空间 3 个方向上的过滤速度分量；τ_{ij} 为亚格子 Reynolds 应力，定义为：

$$\tau_{ij} = \bar{u}_i\bar{u}_j - \overline{u_iu_j} \tag{2-52}$$

产生的 Reynolds 应力项需要建立模型进行求解，本节通过涡黏模型进行求解[6]，可以将亚格子 Reynolds 应力表示为：

$$\tau_{ij} = C_s\Delta^2\,|S(\bar{u})|^2 S_{ij}(\bar{u}) \tag{2-53}$$

式中，C_s 为 Smagorinsky 常数，$C_s = 0.1$；Δ 为特征长度，$\Delta = (\Delta x\Delta y\Delta z)^{1/3}$；$\Delta x$，$\Delta y$，$\Delta z$ 为在 3 个方向上的网格宽度；$S(\bar{u})$ 为局部应变率，定义为：

$$|S(\bar{u})|^2 = \frac{1}{2}S_{ij}(\bar{u})S_{ij}(\bar{u}) \tag{2-54}$$

其中应变率张量 $S_{ij}(\bar{u})$ 定义为：

$$S_{ij}(\bar{u}) = u_{i,j} + u_{j,i} - \frac{2}{3}u_{k,k}\delta_{ij} \tag{2-55}$$

该模型简单，鲁棒性好，但在层流区耗散过大，所以在近壁区需要采用衰减函数[4]。

2.3　多相流动

多相流的"相"是指不同的热力学集态（气、固、液），也可指同一集态下不同的物理性质或力学状态（如同一地点不同尺寸和速度或不同材料密度的颗粒或气泡等）。多相流是指流相内有两种及两种以上的流体同时存在的情况，其中每相具有自己的流场。多相流广泛存在于炼钢反应器中，如底吹钢包和结晶器内气泡、钢液和保护渣构成的三相流等。

近些年来，随着计算机技术的快速发展以及流体力学相关理论的不断完善，计算流体力学（CFD）用于多相流的研究越来越多地受到关注。多相流的数值模拟研究方法大致可分为两类，即欧拉-拉格朗日（Euler-Lagrange）法和欧拉-欧拉（Euler-Euler）法。Euler-Lagrange 法在欧拉坐标系下考察连续流体的运动，直接求解 N-S 方程，同时在拉格朗日坐标系下研究离散相的运动规律，离散相和流体相之间可以有动量、质量和能量的交换。其特点是模型物理概念直观，在离散相预报中无数值扩散，但是由于 Euler-Lagrange 法在欧拉坐标系中只有连续相，即不考虑离散相所占位置的影响，故对离散相所占的体积分数要求不能过大（小于 10%）。为了获得可与实验结果相比较的离散相的详细信息，此模型需要非常大的计算机存储量和较高的计算速度，目前对于 Euler-Lagrange 模型均采用均一球形气泡假设，对于气泡大小有一定分布且发生变形时的气泡受力表征非常困难。Euler-Euler 法将不同的相处理成互相贯穿的连续介质，不单独跟踪单个气泡，认为液相和气泡相是两个不同的连续相，同时对两相的质量、动量和能量守恒方程进行描述。Euler-Euler 法描述多相流还包含多种模型，如流体体积模型（volume of fluid，VOF）、双流体模型（two-fluid model）等。

2.3.1　离散相模型

由于钢液内夹杂物的体积分数较小，同时为了跟踪每个夹杂物的运动轨迹，通常采用拉格朗日方法。悬浮颗粒沿拉格朗日轨迹遭遇的当地瞬时速度，实际由时均速度和脉动速度两部分构成，脉动速度是衡量湍流结构——涡的基本物理量。大体来说，湍流的时均速度影响颗粒的宏观轨迹，而以小涡为载体的脉动速度影响颗粒的细节运动。在边界层，由于法向时均速度等于零，法向脉动速度就成为颗粒传递、沉积的主要动力。为了考察颗粒的壁面沉积，研究中采用随机游走轨道模型。下面以夹杂物在感应加热中间包内的运动为例进行分析。

2.3.1.1　夹杂物运动方程

图 2-5 所示为夹杂物在钢液内运动受力示意图[7]。夹杂物在运动时，受到自身重力的作用。另外，由于密度差，夹杂物在钢液中还受到浮力的作用。夹杂物与钢液存在一定的速度差，这个速度差会让夹杂物运动时受到一个与流动方向相反的阻力，称为曳力。钢液流场中存在速度梯度，夹杂物在该流场中运动时上部的速度比下部的速度高，则上部的压力就比下部的低，此时，夹杂物将受到一个升力的作用，这个称为 Saffman 升力。

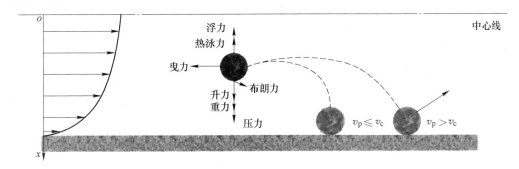

图 2-5　夹杂物受力示意图

除上述 4 个力作用外，在不同的条件下，夹杂物的受力不同。例如，在感应加热中间包内，夹杂物还将受到两个很重要的力。一个是由电磁力引起的压力，如图 2-6 所示。钢液中的感应电流和感生磁场相互作用产生指向通道内侧的电磁力，所以通道内侧的压力要小于通道外侧的压力，夹杂物受到压力的挤压将向壁面运动。另一个是由于温度梯度引起的力，夹杂物在有温度梯度的流场中，会受到来自高温区的热压力而向低温区迁移，这个力称为热泳力。热泳现象是由于夹杂物面向高温区的那一侧面，受到的热压力和速度较高的液体分子的碰撞比低温区的那一侧面来得多所引起的，即在有温度梯度的流场中，热泳力促使夹杂物由高温区向低温区运动，如图 2-7 所示。

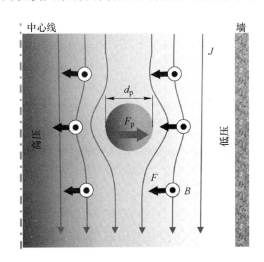

图 2-6　夹杂物受到的压力

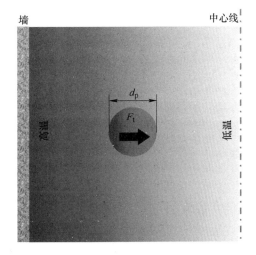

图 2-7　夹杂物受到的热泳力

当然，夹杂物在钢液中还会受到其他力的作用，例如虚拟质量力、Basset 力等。但这些力在本研究中不占主导作用，因此，在写夹杂物控制方程时，将这些力忽略。仅考虑上述 7 个力的作用。

根据牛顿第二定律，对于感应加热中间包内的夹杂物运动方程可写为：

$$\rho_p \frac{\pi}{6} d_p^3 \frac{\mathrm{d}v_p}{\mathrm{d}t} = F_g + F_f + F_d + F_L + F_p + F_t + F_b \tag{2-56}$$

式中，ρ_p，d_p，v_p 分别为夹杂物的密度、粒径和速度；F_g 为夹杂物受到的重力；F_f 为夹杂物受到的浮力；F_d 为曳力；F_L 为 Saffman 升力；F_p 为压力；F_t 为热泳力；F_b 为布朗力。

1956 年，D. Leenov 和 A. Kolin[8]推导出了球形导电颗粒在导电流体中运动时的受力情况。基于稳态电磁场和球形颗粒（小于 $100\mu m$）的假设，他们通过求解黏性流体的 Stokes 方程和静电场方程，导出了压力的一个分析解：

$$F_p = -\frac{2}{3}\frac{\sigma_f - \sigma_p}{2\sigma_f + \sigma_p}\frac{\pi d_p^3}{6}F \qquad (2\text{-}57)$$

式中，F_p 为单个颗粒受到的压力；F 为单位体积上的电磁力；d_p 为颗粒直径；σ_f，σ_p 分别为流体和颗粒的电导率。

对于非金属夹杂物而言，$\sigma_p = 0$。故式（2-57）变为：

$$F_p = -\frac{1}{3}\frac{\pi d_p^3}{6}F \qquad (2\text{-}58)$$

1870 年，J. Tyndall[9]注意到在一个充满灰尘的房间内，高温表面附近的灰尘都被排斥开了。1929 年，P. S. Epstein[10]针对一个球形胶囊在温度不均匀的气体中运动，理论上推导得到了热泳力的表达式。根据文献［11］可知，球形颗粒在温度不均匀的流体中运动时，热泳力和热泳速度为：

$$F_t = -\frac{\alpha\beta}{M}\nabla T, \; M = \frac{1}{6\pi\mu d_p} \qquad (2\text{-}59)$$

$$u_p = u - \alpha\beta\nabla T \qquad (2\text{-}60)$$

式中，F_t 为颗粒受到的热泳力；α 为热扩散率；β 为热膨胀系数；u 为当地流体速度；u_p 为颗粒热泳速度；∇T 为温差。

其余各力的表达式如下：

$$F_f + F_g = \frac{(\rho_p - \rho_l)\pi d_p^3}{6}g \qquad (2\text{-}61)$$

$$F_p = \frac{\rho_l\pi d_p^3}{6}\frac{d\boldsymbol{u}}{dt} \qquad (2\text{-}62)$$

$$F_d = \frac{1}{8}\pi d_p^2\rho_l C_D|\boldsymbol{u} - \boldsymbol{u}_p|(\boldsymbol{u} - \boldsymbol{u}_p) \qquad (2\text{-}63)$$

$$F_L = C_L\frac{6K_s\mu_{eff}}{\rho_p\pi d_p}\left(\frac{\rho_l}{\mu_{eff}}\right)^{1/2}(\boldsymbol{u} - \boldsymbol{u}_p) \qquad (2\text{-}64)$$

2.3.1.2　随机游走模型

实际钢液流动是复杂的湍流流动，钢液的速度可以分为一个平均速度和一个脉动速度。采用 Euler-Lagrange 模型计算夹杂物运动轨迹时，夹杂物的主要驱动力是钢液的平均速度，但钢液的脉动速度也会影响夹杂物的扩散，尤其是当考虑夹杂物碰撞合并时，考虑钢液脉动速度显得尤为重要。

采用随机游走模型考虑钢液脉动速度对夹杂物运动轨迹的影响。在该模型中，考虑夹杂物随流体运动时不再使用流体的平均速度，而是使用流体的脉动速度 u'：

$$u = \bar{u} + u' \qquad (2\text{-}65)$$

式中，u' 为服从高斯概率分布的流体速度脉动，对于标准双方程 $k\text{-}\varepsilon$ 湍流模型：

$$u' = \zeta\sqrt{\overline{u'^2}} \qquad (2\text{-}66)$$

$$\sqrt{\overline{u'^2}} = \sqrt{\overline{v'^2}} = \sqrt{\overline{w'^2}} = \sqrt{2k/3} \qquad (2\text{-}67)$$

式中，ζ 为 $-1\sim1$ 之间的随机数；k 为湍动能。这里隐含了一个基本的假设，即湍流是局部均匀、各向同性的，且服从高斯分布。

2.3.1.3 夹杂物碰撞长大

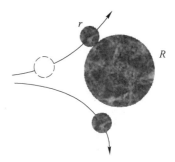

图 2-8 夹杂物碰撞长大机理

如图 2-8 所示，假设夹杂物 R 在钢液中静止不动，而其他的夹杂物 r 以相对速度与它发生碰撞，在此过程中，R 不断长大。研究单个夹杂物 R 的碰撞长大，可以有两种处理方法：一是从确定性角度，考察单位时间 dt 内，与该夹杂物发生碰撞的夹杂物个数以及由此引起的体积增加 dV，建立动力学关系，这是一种连续性的处理方法；二是从随机性角度，把一次碰撞视为随机事件，考察每次碰撞引起的体积增加及其碰撞周期，这是一种离散的处理方法。二者的主要区别是，前者不考虑碰撞细节，得到一个反映夹杂物体积（或半径）宏观变化的确定性关系；后者可以考察碰撞细节，比如刚性夹杂物的聚合形态，但体积变化率只有通过统计得到。

根据确定性模型，对于尺寸连续分布的夹杂物体系，设夹杂物 R 与半径分布在（r，$r + dr$）区间的其他夹杂物的碰撞频率为 dN，乘上其对应的体积，并对 r 积分，得到夹杂物 R 的体积生产率：

$$\frac{dV}{dt} = \int_{r_0}^{r_1} \frac{4}{3}\pi r^3 dN \qquad (2\text{-}68)$$

式中，（r_0，r_1）为钢液中夹杂物的主要尺寸分布空间。

钢液中，夹杂物 i 和夹杂物 j 的碰撞频率的离散形式一般表示为：

$$N_{ij} = \alpha\beta(r_i, r_j)n(r_i)n(r_j) \qquad (2\text{-}69)$$

式中，r，n 为夹杂物半径和数密度；下标 i，j 为夹杂物序号；$\beta(r_i, r_j)$ 为碰撞率常数，m^3/s，也被称为碰撞体积，该常数的大小是反映夹杂物间发生碰撞的难易程度，是计算夹杂物去除率的一个重要参数，夹杂物间的碰撞次数与碰撞率常数 β 有关；α 为碰撞效率。

颗粒碰撞的早期理论，是基于颗粒直线碰撞（惯性碰撞）假设推导出来的，严格地讲应该称为惯性碰撞。由于液体具有黏性，当颗粒两两接近时，其中的颗粒可能绕过另一个颗粒而使直线碰撞无效，因此需要对原有概念进行修正，这个修正系数就是所谓的碰撞效率[12,13]。夹杂物在钢液中有三种碰撞机制：布朗碰撞、湍流碰撞和斯托克斯碰撞，如图 2-9 所示。

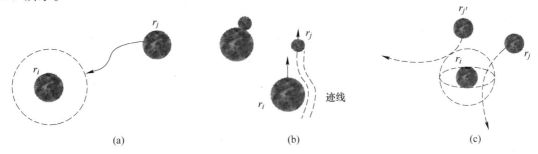

图 2-9 夹杂物碰撞模型
（a）布朗碰撞；（b）斯托克斯碰撞；（c）湍流碰撞

布朗碰撞是指夹杂物在钢液中进行布朗运动时发生的碰撞。布朗碰撞的碰撞率常数为：

$$\beta_1(r_i, r_j) = \frac{2kT}{3\mu}\left(\frac{1}{r_i} + \frac{1}{r_j}\right)(r_i + r_j) \tag{2-70}$$

式中，k 为玻耳兹曼常数；T 为钢液温度；μ 为钢液的运动黏度。

斯托克斯碰撞指在钢液中大颗粒夹杂物上浮速度大，追赶上小颗粒夹杂物并与其发生的碰撞。这种碰撞机制在云和降水物理、胶体化学和化工等领域得到较多研究。斯托克斯碰撞率常数为：

$$\beta_2(r_i, r_j) = \frac{2g\Delta\rho}{9\mu}|r_i^2 - r_j^2|\pi(r_i + r_j)^2 \tag{2-71}$$

式中，$\Delta\rho$ 为钢液与夹杂物的密度差；r_i、r_j 分别为大颗粒和小颗粒的半径。

湍流碰撞是指由于湍流漩涡的运动，夹杂物间发生的碰撞。湍流碰撞率常数为：

$$\beta_3(r_i, r_j) = 1.3(r_i + r_j)^3\sqrt{\varepsilon/\nu} \tag{2-72}$$

式中，ε 为钢液的搅拌能（即湍流耗散率）；ν 为钢液的动力黏度。

2.3.2　VOF 模型

VOF 模型是一种在固定的欧拉网格下的表面跟踪方法。其特点是将运动界面在空间网格内定义成一种流体体积函数，并构造这种流体体积函数的发展方程，随着主场的模拟过程，通过流体输运，精细确定该运动界面的位置、形状和变形方向，从而达到界面追踪的目的。VOF 模型的应用例子包括分层流、自由面流动、灌注、水坝决堤时的水流及射流破碎的预测以及求得任意气液的瞬时分界面。由于钢液和上部的保护渣之间存在明显的界面，因此该方法被广泛地应用于钢包、中间包、结晶器中的相表面波动计算[14,15]。

2.3.2.1　体积比率方程

自由液面运动轨迹的跟踪是通过计算网格同时求解每单位体内流体体积分数来实现的。以液-气（钢液-氩气）界面为例，其界面的跟踪通过求解下面的连续方程来完成：

$$\frac{\partial F_s}{\partial t} + u_i\frac{\partial F_s}{\partial x_i} = 0 \tag{2-73}$$

式中，F_s 为钢液的体积分数；u_i 为速度分量；x_i 为坐标分量。

F_s 的取值对应以下三种情况：

（1）$F_s = 0$。在单元中没有钢液都是氩气。

（2）$F_s = 1$。在单元中充满的全部是钢液。

（3）$0 < F_s < 1$。单元中包含了钢液和氩气两相，含有自由表面。

在每个单元中，钢液和氩气的体积分数之和为 1。

2.3.2.2　属性方程

引入 VOF 模型的两相 k-ε 模型与单相流的 k-ε 模型形式完全相同，只是密度 ρ 和分子黏性系数 μ 的具体表达式不同，他们是由体积分数的加权平均值给出的，即 ρ 和 μ 是体积分数的函数，而不是常数。他们可由式（2-74）和式（2-75）表示：

$$\rho = F_s\rho_s + (1 - F_s)\rho_a \tag{2-74}$$

$$\mu = F_s\mu_s + (1 - F_s)\mu_a \tag{2-75}$$

式中，ρ_s，ρ_a 分别为钢液和氩气的密度；μ_s，μ_a 分别为钢液和氩气的动力黏度。通过钢液体积分数的求解，ρ 和 μ 可由式（2-74）和式（2-75）求出。

2.3.3　双流体模型

双流体模型假设每相在局部范围内都是连续介质，不必引入其他人为假设，而且对两相流的种类和流型没有任何限制，它在逻辑上和数学推导上是目前最严密的方法。同时它不单独跟踪单个离散相，可以充分考虑离散相的不同湍流输动过程，气相和液相的控制方程具有相同的形式，求得的解中包含的信息丰富完全，可以获得离散相的详细信息与实验比较，而无需花费过多的计算存储及计算时间，是目前最全面完整的多相流模型。

推导气液两相流基本控制方程时，一般基于以下两个方面的假设：

（1）气相和液相均视为连续介质，两相之间相互渗透，共同占有空间区域，每一相具有其各自的速度、温度和相含率。

（2）相与相之间除有质量、动量和能量相互作用外，还具有自身的湍流脉动，造成质量、动量及能量湍流输动。

采用双流体模型建立的两相流方程组所用的观点和方法基本上类似。首先建立每一相瞬时的、局部的方程和相界面的间断关系。然后采用某种平均方法得到两相流方程和各种相间作用的表达式。模型基本方程主要包括连续性方程和动量守恒方程，在考虑温度变化时，还包括能量守恒方程。

2.3.3.1　双流体控制方程

采用 Euler-Euler 双流体模型研究钢液和氩气的两相流动，k 相的运动方程如下：

$$\frac{\partial(\alpha_k\rho_k)}{\partial t} + \nabla\cdot(\alpha_k\rho_k u_k) = 0 \tag{2-76}$$

$$\frac{\partial(\alpha_k\rho_k u_k)}{\partial t} + \nabla\cdot(\alpha_k\rho_k u_k u_k) = -\nabla\cdot(\alpha_k\tau_k) - \alpha_k\nabla p + \alpha_k\rho_k g + M_{1,k} \tag{2-77}$$

式中，α_k 为 k 相（代表气相 g 或液相 l）的体积分数；ρ_k 为 k 相的密度；u_k 为 k 相的速度；τ_k 为 k 相的应力；p 为压力；g 为重力加速度。

式（2-77）右侧的各项分别代表应力项、压力梯度项、重力项和相间作用力引起的动量交换项。方程中 k 相的速度 u_k 定义为：

$$u_k = \tilde{u}_k + u'_k \tag{2-78}$$

在大多数计算模型中（如 Reynolds 时均模型），$\tilde{u}_k$ 为平均速度；u'_k 为脉动速度，但在这些模型中，脉动相也被平均化处理。当采用大涡模拟[16,17]，式（2-76）、式（2-77）被过滤函数过滤后，$\tilde{u}_k$ 和 u'_k 分别代表网格速度和亚网格速度，亚网格速度采用亚格子模型计算。

k 相方程的应力项为：

$$\tau_k = -\mu_{\text{eff},k}\left[\nabla u_k + (\nabla u_k)^T - \frac{2}{3}\delta_{ij}(\nabla\cdot u_k)\right] \tag{2-79}$$

式中，δ_{ij} 为 Kronecher 符号；$\mu_{\text{eff},k}$ 为有效黏性，它由三部分构成，分别是分子黏性、湍流黏性和气泡诱导黏性。液体的有效黏性表示为：

$$\mu_{\text{eff},l} = \mu_{\text{L},l} + \mu_{\text{T},l} + \mu_{\text{BI},l} \tag{2-80}$$

气体有效黏性与液体有效黏性存在如下关系[18]：

$$\mu_{\text{eff,g}} = \frac{\rho_{\text{g}}}{\rho_{\text{l}}} \mu_{\text{eff,l}} \tag{2-81}$$

气泡诱导的湍流黏性基于 Y. Sato 和 K. Sekoguchi[19] 提出的模型，表达式为：

$$\mu_{\text{BI,l}} = \rho_{\text{l}} C_{\mu,\text{BI}} \alpha_{\text{g}} d_{\text{g}} | u_{\text{g}} - u_{\text{l}} | \tag{2-82}$$

式中，d_{g} 为气泡直径；$C_{\mu,\text{BI}}$ 为模型常数，取为 0.6。

2.3.3.2　大涡模拟方法

利用大涡模拟方法可计算湍流涡黏性。大涡模拟的关键在于亚格子模型，它决定了不可解湍流尺度的作用。采用 Smagorinsky 模型[6] 计算湍流黏性 $\mu_{\text{T,l}}$：

$$\mu_{\text{T,l}} = \rho_{\text{l}} (C_{\text{S}} \Delta)^2 | S | \tag{2-83}$$

式中，C_{S} 为 Smagorinsky 常数，取为 0.1；S 为求解尺度下的应变率张量；Δ 为过滤尺寸，$\Delta = (\Delta_i \Delta_j \Delta_k)^{1/3}$，即网格的大小。

2.3.3.3　相间作用力模型

两相间的动量交换通过相间作用力实现，包括：

$$M_{\text{I,l}} = -M_{\text{I,g}} = M_{\text{D,l}} + M_{\text{L,l}} + M_{\text{VM,l}} \tag{2-84}$$

式中，右侧的三项分别代表曳力、侧升力和虚拟质量力。

曳力定义为：

$$M_{\text{D,l}} = -\frac{3}{4} \alpha_{\text{g}} \rho_{\text{l}} \frac{C_{\text{D}}}{d_{\text{g}}} | u_{\text{g}} - u_{\text{l}} | (u_{\text{g}} - u_{\text{l}}) \tag{2-85}$$

定义相间 Reynolds 数 $Re_{\text{lg}} = \rho_{\text{l}} | u_{\text{g}} - u_{\text{l}} | d_{\text{g}} / \mu_{\text{l}}$，当它足够大的时候，曳力系数 C_{D} 是与 Reynolds 无关的量：

$$C_{\text{D}} = 0.44 \quad 1000 \leqslant Re \leqslant 2 \times 10^5 \tag{2-86}$$

气泡在有速度梯度的流场中运动，若气泡上部的速度比下部的速度高，则上部的压力就比下部的低。此时，气泡将受到一个侧升力的作用：

$$M_{\text{L,l}} = \alpha_{\text{g}} \rho_{\text{l}} C_{\text{L}} (u_{\text{g}} - u_{\text{l}}) \times \nabla \times u_{\text{l}} \tag{2-87}$$

式中，C_{L} 为模型常数，取为 0.5。

当气泡相对于流体做加速运动时，不但气泡的速度越来越大，而且在气泡周围流体的速度也会增大。推动气泡运动的力不但会增加气泡本身的动能，而且也增加了流体的动能，因此这个力将大于加速气泡本身所需的动能，好像是气泡质量增加了一样，所以加速这部分增加质量的力就称为虚拟质量力，或称表观质量效应。定义为：

$$M_{\text{VM,l}} = \alpha_{\text{g}} \rho_{\text{l}} C_{\text{VM}} \left(\frac{\text{d}u_{\text{g}}}{\text{d}t} - \frac{\text{d}u_{\text{l}}}{\text{d}t} \right) \tag{2-88}$$

式中，C_{VM} 为虚拟质量系数，$C_{\text{VM}} = 0.5$。

2.4　相　变　流　动

凝固，即自液态向固态转变的相变过程，在自然界中是一种常见的现象，在材料制备和液态成型中起着重要的作用。在钢的连铸过程中，钢液从中间包经浸入式水口进入水冷结晶器，在结晶器壁面处形成初始凝固坯壳，出结晶器进入二冷区后，经喷水冷却，液相穴内的钢液逐渐完全凝固，形成铸坯，至此完成了由液相钢液到固相钢坯的转变。

结晶器是炼钢过程中提高钢水洁净度的最后环节。钢液中除存在脱氧夹杂外，保护渣的卷入以及水口的侵蚀破坏均会导致二次夹杂的产生。由于结晶器采用吹氩操作，部分夹杂物会黏附在氩气泡表面并随其上浮至钢渣界面并最终被保护渣吸收，但一部分夹杂物却会被凝固坯壳捕捉，并最终导致铸坯内部缺陷。目前国内外许多学者都采用数值模拟的方法对钢液中的夹杂物运动进行了研究，但大多数都没有考虑钢液凝固对夹杂物运动的影响。

在铸坯凝固过程中，凝固坯壳的生长、溶质偏析和夹杂物运动行为与结晶器内钢液的流动行为密切相关，因此钢液的凝固必然涉及动量、热量和质量三种传输过程。此处建立的相变流数学模型[20]采用 LES 计算结晶器内钢液的瞬态流动行为，利用焓法计算能量输运方程（即钢液的凝固）。

2.4.1 钢液运动方程

连铸结晶器内存在着液相、糊状和固相三个区域。在液相区域，钢液的湍流采用 LES 方法求解；在糊状区域，可采用 Darcy 源项法[21]、屏蔽法[22]和变黏度法[23]来处理固液两相区内的流体流动，此处采用 Darcy 源项法；在固相区域，铸坯的运动速度等于拉坯速度。

结晶器内的钢液流动行为采用下述的连续性方程和动量方程来描述[20]：

$$\frac{\partial \rho}{\partial t} + \nabla \cdot (\rho \boldsymbol{u}) = 0 \tag{2-89}$$

$$\frac{\partial (\rho \boldsymbol{u})}{\partial t} + \nabla \cdot (\rho \boldsymbol{u}\boldsymbol{u}) = -\nabla \cdot \tau_k - \nabla P + \rho g + S_D \tag{2-90}$$

其中，应力项 τ_k 的计算式为：

$$\tau_k = -\mu_{\text{eff}} \left[\nabla \boldsymbol{u} + (\nabla \boldsymbol{u})^{\text{T}} - \frac{2}{3} I (\nabla \cdot \boldsymbol{u}) \right] \tag{2-91}$$

式中，μ_{eff} 为有效黏度，在该模型当中，它由两部分构成：分子黏度和湍流黏度，即

$$\mu_{\text{eff}} = \mu + \mu_{\text{T}} \tag{2-92}$$

在该模型当中，湍流黏度 μ_{T} 采用大涡模拟方法获得。利用 Smagorinsky 亚格子模型，可得：

$$\mu_{\text{T}} = \rho (C_{\text{S}} \Delta)^2 |S| \tag{2-93}$$

式中，C_{S} 为 Smagorinsky 亚格子模型常数，取 0.1；Δ 为特征长度，$\Delta = (\Delta x \Delta y \Delta z)^{1/3}$；$\Delta x$，$\Delta y$，$\Delta z$ 为在三个方向上的网格宽度；S 为局部应变率，定义为：

$$S = \sqrt{2 S_{ij} S_{ij}} \tag{2-94}$$

其中应变率张量 S_{ij} 定义为：

$$S_{ij} = \frac{1}{2} \left(\frac{\partial u_i}{\partial x_j} + \frac{\partial u_j}{\partial x_i} \right) \tag{2-95}$$

Darcy 源项法是采用多孔介质模型来处理糊状区。根据 Darcy 定律，在多孔介质中流体流动速度正比于压力梯度，当孔隙率趋于零时，源项对动量方程起主导作用，因此，强制相关的固液两相速度差趋于零。式（2-90）中的 Darcy 源项 S_D 可由式（2-96）来表达：

$$S_D = -\frac{\mu_1}{K_p} (\boldsymbol{u} - \boldsymbol{u}_s) \tag{2-96}$$

式中，K_p 为液相渗透系数，m^2，采用 Carman-Kozeny 公式计算：

$$K_p = \frac{\beta^3 + \xi}{D_1(1 - \beta)^2} \tag{2-97}$$

式中，ξ 为一个很小的正值，即 0.001，用于保证式（2-90）的分母不为零，从而避免由于 Darcy 源项 S_D 的引入而造成动量方程的计算发散；D_1 是系数，m^{-2}，取决于多孔介质的形貌，其值采用 S. Minakawa 等人[24]提出的关系式 $D_1 = 180/d_0^2$ 来计算，而 d_0 的数量级为 10^{-4} m；β 为液相系数，取值为：

$$\begin{cases} \beta = 1 & T > T_{liquidus} \\ \beta = \dfrac{T - T_{solidus}}{T_{liquidus} - T_{solidus}} & T_{solidus} < T < T_{liquidus} \\ \beta = 0 & T < T_{solidus} \end{cases} \tag{2-98}$$

对于液相钢液而言，K_p 应该是一个很大的值，这样可以保证 Darcy 源项 S_D 对动量方程的贡献可被忽略。对固相铸坯而言，K_p 应该是一个很小的值，这样可以保证固相速度等于拉坯速度 $\boldsymbol{u}_s$。

2.4.2　凝固过程能量方程

根据钢液凝固理论，在凝固过程中需要释放热量，其来源包括 3 个方面：

（1）钢液物理显热。在钢液从浇注温度冷却至液相线温度过程中释放的热量。此过程不涉及物质相态的变化，其实质是钢液过热度的消除。

（2）凝固潜热。处于液相线温度的钢液冷却至固相线温度过程中释放的热量。此过程涉及物质相态的改变。

（3）钢坯物理显热。钢坯从固相线温度冷却到室温所释放的热量。此过程不涉及物质相态的变化。

在对结晶器内钢液及铸坯进行传热模拟过程中，考虑到液相穴内对流换热及凝固过程中释放的潜热的影响，目前模拟凝固过程的能量方程有三种形式，包括焓法[20, 21]、等效比热法[25]和焓与温度的混合法[26]。本模型采用焓法进行计算。

在有相变的体系中，物质的总焓 H 为显焓 h 和潜热 ΔH 的和：

$$H = h + \Delta H \tag{2-99}$$

其中，显焓和潜热可分别表示为：

$$h = h_{ref} + \int_{T_{ref}}^{T} c_p \mathrm{d}T \qquad \Delta H = \beta L \tag{2-100}$$

式中，h_{ref} 为参考焓；T_{ref} 为参考温度；c_p 为常压下比热容；L 为物质潜热。

相应的能量方程为：

$$\frac{\partial(\rho H)}{\partial t} + \nabla \cdot (\rho \boldsymbol{u} H) = \nabla \cdot (k \nabla T) + S_e \tag{2-101}$$

式中，k 为热传导系数；S_e 为能量源项，可表达为：

$$S_e = \rho L \boldsymbol{u}_s (1 - \beta) - \rho L \frac{\partial \beta}{\partial t} \tag{2-102}$$

焓法以介质的焓作为输运变量，对包括液相区、糊状区和固相区在内的整个研究区域建立统一的能量守恒方程。求出热焓后，再由焓和温度的关系式得到节点处的温度值。

2.5 电 磁 场

电磁场在连铸中的应用是从利用电磁力进行电磁搅拌开始的。通过电磁搅拌可使铸锭内二冷区柱状晶转变为等轴晶，并能减轻中心偏析。此后电磁搅拌技术又应用到结晶器内钢液的搅拌，并希望铸坯表面质量得到改善。接着又出现利用直流磁场的电磁制动技术，直流磁场具有的控制流动的作用可使水口射流被抑制和分散，并能促进钢液中夹杂物的上浮和去除。

目前，电磁力在连铸工艺中的应用已经从电磁搅拌、电磁制动的初期发展到现在的复合钢坯生产技术，通过软接触凝固来改善表面质量以及新的夹杂物去除技术的新阶段。对电磁力的作用下流体运动进行理论解析时，必须把电磁力场控制方程，即麦克斯韦（Maxwell）方程和欧姆定律以及流动控制方程 N-S 方程联立求解[27~32]。

2.5.1 磁场的计算

麦克斯韦（Maxwell）方程组是宏观电动力学的基本方程组，利用它们可以解决各种宏观电磁场问题。而且不管材料的属性如何，它们在工程上都是适用的。

在电磁流体力学领域内，Maxwell 方程可写成：

$$\nabla \times \boldsymbol{E} = -\frac{\partial \boldsymbol{B}}{\partial t} (\text{Faraday 定律}) \tag{2-103}$$

$$\nabla \times \boldsymbol{B} = \mu \boldsymbol{J} (\text{Ampere 定律}) \tag{2-104}$$

$$\nabla \cdot \boldsymbol{B} = 0 (\text{磁场的连续条件}) \tag{2-105}$$

式中，$\boldsymbol{E}$ 为电场强度；$\boldsymbol{B}$ 为磁感应强度；$\boldsymbol{J}$ 是电流密度。

在有介质流动的时候（如钢液），欧姆定律可写成如下表达式：

$$\boldsymbol{J} = \sigma(\boldsymbol{E} + \boldsymbol{V} \times \boldsymbol{B}) \tag{2-106}$$

式中，σ 为电导率，$\boldsymbol{V}$ 为介质流动速度。

2.5.2 流场的计算

钢液流动的计算方程组包括连续性方程和动量守恒方程：

$$\nabla \cdot (\rho \boldsymbol{u}) = 0 \tag{2-107}$$

$$\boldsymbol{u} \cdot \nabla(\rho \boldsymbol{u}) = -\nabla P + \mu_{\text{eff}} \nabla \boldsymbol{u}^2 + \boldsymbol{F}_{\text{em}} + \rho \boldsymbol{g} \tag{2-108}$$

式中，有效黏性采用标准 k-ε 双方程模型来确定，即 $\mu_{\text{eff}} = \mu + C_\mu \rho \dfrac{k^2}{\varepsilon}$。

湍动能 k 方程及其耗散率 ε 可由 Launder 和 Spalding 提出的双方程湍流模型（见第3章）得出[33]。该模型适用于高雷诺数情况，对凝固前沿处低湍流度情况难于恰当描述，为此可引入壁面函数处理流动参量变化剧烈的近壁区。

2.5.3 电磁力的计算

动量方程中的 $\boldsymbol{F}_{\text{em}}$ 是流动的钢液和外加磁场作用所产生的感应电流 $\boldsymbol{J}$ 与磁场 $\boldsymbol{B}$ 作用产

生的电磁力。由式（2-109）计算：

$$F_{em} = J \times B \qquad (2\text{-}109)$$

电流密度 J 需采用磁流体力学理论计算：

$$\nabla \cdot J = 0 \qquad (2\text{-}110)$$

$$E = -\nabla \Phi \qquad (2\text{-}111)$$

$$J = \sigma(E + u \times B) \qquad (2\text{-}112)$$

由式（2-110）～式（2-112）可推得电位 Φ 方程如下：

$$\nabla \cdot (\sigma \nabla \Phi) = \nabla \cdot \sigma(u \times B) \qquad (2\text{-}113)$$

　　在方程中出现了流体流动速度，也就是说流体流动速度对电位 Φ 有影响。而电位分布又对电流密度 J 有影响，电流密度 J 则通过电磁力 F 对流场发生作用。故需要将电位方程与流场耦合求解。

参 考 文 献

［1］丁祖荣. 流体力学［M］. 北京：高等教育出版社，2003.

［2］Tu J Y，Yeoh G H，Liu C Q. Computational Fluid Dynamics：A Practical Approach［M］. USA：Butterworth-Heinemann，2008.

［3］Liu Z Q，Li B K，Jiang M F，et al. Euler-Euler-Lagrangian modeling for two-phase flow and particle transport in continuous casting mold［J］. ISIJ International，2014，54（6）：1314～1323.

［4］李宝宽，刘中秋，齐凤升，等. 薄板坯连铸结晶器非稳态湍流大涡模拟研究［J］. 金属学报，2012，48（1）：23～32.

［5］Liu Z Q，Li B K，Jiang M F. Transient asymmetric flow and bubble transport inside a slab continuous-casting mold［J］. Metallurgical and Materials Transactions B，2014，45（2）：675～697.

［6］Smagorinsky J. General circulation experiments with the primitive equations［J］. Monthly Weather Review，1963，91：99～164.

［7］王强. 感应加热中间包电磁热流耦合模型及夹杂物运动分析［D］. 沈阳：东北大学，2013.

［8］Leenov D，Kolin A. Theory of electromagneto phoresis. I. magnetohydrodynamic forces experienced by spherical and symmetrically oriented cylindrical particles［J］. The Journal of Chemical Physics，1954，22（4）：683.

［9］Tyndall J. Three Scientific Addresses［M］. USA，1870.

［10］Epstein P S. Zur theorie des radiometers［J］. Zeitsehrigt Fur Physic，1929，54：537.

［11］Parola A，Piazza R. Particle thermophoresis in liquids［J］. The European Physical Journal E，2004，15：255～263.

［12］Zhang L F，Taniguchi S，Cai K K. Fluid flow and inclusion removal in continuous casting tundish［J］. Metallurgical and Materials Transactions B，2000，31B：253～266.

［13］Lei H，Wang L Z，Wu Z N，et al. Collision and coalescence of alumina particles in the vertical bending continuous caster［J］. ISIJ International，2002，42（7）：717～725.

［14］齐凤升，杨柳，李宝宽，等. 铝电解阳极炭块析出气体引起的电解质/铝液界面波动［J］. 东北大学学报，2012，33（7）：1009～1012.

［15］Zhang Y F，Qi F S，Li B K，et al. Modeling of multiphase flow and interfacial behavior between slag and steel in the gas stirring ladle［C］. Asia Steel International Conference Beijing，China，2012：29.

［16］Liu Z Q，Li B K，Jiang M F，et al. Modeling of transient two-phase flow in a continuous casting mold using Euler-Euler large eddy simulation scheme [J]. ISIJ International, 2013, 53 (3): 484~492.

[17] 刘中秋, 李宝宽, 姜茂发, 等. 连铸结晶器内氩气/钢液两相非稳态湍流特性的大涡模拟研究[J]. 金属学报, 2013, 49 (5): 513~522.

[18] Jakobsen H A, Sannaes B H, Grevskott S, et al. Modeling of vertical bubble-driven flows [J]. Industrial and Engineering Chemistry Research, 1997, 36 (10): 4052~4074.

[19] Sato Y, Sekoguchi K. Liquid velocity distribution in two-phase bubble flow original research article [J]. International Journal of Multiphase Flow, 1975, 2 (1): 79~95.

[20] Liu Z Q, Li L M, Li B K, et al. Large eddy simulation of transient flow, solidification, and particle transport processes in continuous-casting mold [J]. JOM, 2014, 66 (7): 1184~1196.

[21] Aboutalebi M R, Guthrie R I L, Seyedein S H. Mathematical modeling of coupled turbulent flow and solidification in a single belt caster with electromagnetic brake [J]. Applied Mathematical Modelling, 2007, 31 (8): 1671~1689.

[22] Morgan K. A numerical analysis of freezing and melting with convection [J]. Computer Methods in Applied Mechanics and Engineering, 1981, 28 (3): 275~284.

[23] Gupta M, Sahai Y. Mathematical modeling of fluid flow, heat transfer, and solidification in two-roll melt drag thin strip casting of steel [J]. ISIJ International, 2000, 40 (2): 144~152.

[24] Minakawa S, Samarasekera I V, Weinberg F. Centerline porosity in plate castings [J]. Metallurgical and Materials Transactions B, 1985, 16 (4): 823~829.

[25] Lei H, Geng D Q, He J C. A continuum model of solidification and inclusion collision-growth in the slab continuous casting caster [J]. ISIJ International, 2009, 49 (10): 1575~1582.

[26] Kang K G, Ryou H S, Hur N K. Coupled turbulent flow, heat and solute transfer mathematical model for the analysis of a continuous slab caster [J]. ISIJ International, 2007, 47 (3): 433~442.

[27] Li B K, Zhang Y J, He J C. Numerical Prediction on the flow field of molten steel and the trajectory of inclusion in continuous casting mold effected by electro magnetic field [J]. Journal of Iron and Steel Research, International, 1999, 6 (1): 1~7.

[28] Li B K, He J C. Electromagnetic control on flow field of molten steel in thin-slab continuous casting mold [C]. Int. Congress on Electromagnetic Processing of Materials, 1997: 26~29.

[29] 李宝宽, 赫冀成, 贾光霖, 等. 薄板坯连铸结晶器内流场电磁制动的模拟研究 [J]. 金属学报, 1997, 33 (11): 1207~1214.

[30] 李宝宽, 赫冀成. 电磁制动法缩短钢坯过渡段的数值模拟 [J]. 东北大学学报, 1997, 18 (5): 541~546.

[31] 张炯明, 赫冀成, 李宝宽. 吹入气体对连铸结晶器内流场的影响 [J]. 金属学报, 1995, 31 (6): B269~274.

[32] 李宝宽, 张永杰, 赫冀成. 电磁场作用下连铸结晶器内钢液流谱和夹杂物轨迹的数值预测 [J]. 北京科技大学学报, 1995 (17s): 22~27.

[33] Launder B E, Spalding D B. The numerical computation of turbulent flow [J]. Computer Methods Appl. Mech. Eng., 1974 (13): 269~289.

3 炼钢中的湍流模型

湍流是工程领域中十分普遍的流动现象，对湍流的正确认识和模化直接影响到对工程问题的预报和设计。湍流是多尺度、有结构的不规则运动。Richardson 是第一个发现湍流运动具有多尺度输运特性的学者，并提出了湍动能串级过程[1]：大尺度湍流脉动好似一个很大的湍动能蓄能池，它不断地输出能量；小尺度湍流脉动好似一台耗能机器，把从大尺度湍流输送来的动能在这里全部耗散掉；其中流体的惯性犹如一台传送机械，把大尺度脉动动能输送给小尺度脉动。近代湍流研究的又一重大进展是发现了湍流中的拟序结构[2]，即湍流脉动不是完全不规则的随机运动，而是在不规则脉动中包含可辨认的有序大尺度运动。湍流中的大涡拟序结构对于湍流的生成和发展有主宰作用。

3.1 湍流数值模拟方法

随着计算机性能的不断提高、数值计算方法的不断改进，湍流的数值模拟日益得到重视，已经成为预测工程流动问题的主要手段之一，其发展如图 3-1 所示。目前主流的湍流数值模拟方法有三种：直接数值模拟（direct numerical simulation，DNS）、大涡模拟（large eddy simulation，LES）和雷诺时均模拟（Reynolds averaged Navier-Stokes，RANS）。表 3-1 给出了三种湍流数值模拟方法的基本方程和基本特点[3]。

图 3-2 所示为在不同湍流数值模拟方法下的" u-t "曲线，即流场中某一点流体速度

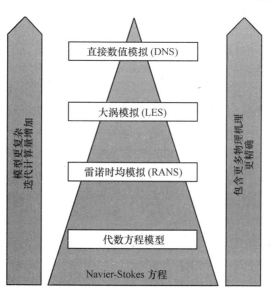

图 3-1　湍流计算方法发展示意图

表 3-1　三种湍流数值模拟方法的基本方程和基本特点[3]

模拟方法	直接数值模拟	大涡数值模拟	雷诺平均模拟
运动方程	$\dfrac{\partial u_i}{\partial t} + u_j \dfrac{\partial u_i}{\partial x_j} =$ $-\dfrac{1}{\rho}\dfrac{\partial p}{\partial x_j} + \nu \dfrac{\partial^2 u_i}{\partial x_j \partial x_j} + f_i$	$\dfrac{\partial \bar{u}_i}{\partial t} + \dfrac{\partial \overline{u_i u_j}}{\partial x_j} =$ $-\dfrac{1}{\rho}\dfrac{\partial \bar{p}}{\partial x_j} + \nu \dfrac{\partial^2 \bar{u}_i}{\partial x_j \partial x_j} + \bar{f}_i$	$\dfrac{\partial <u_i>}{\partial t} + \dfrac{\partial <u_i u_j>}{\partial x_j} =$ $-\dfrac{1}{\rho}\dfrac{\partial <p>}{\partial x_j} + \nu \dfrac{\partial^2 <u_i>}{\partial x_j \partial x_j} + <f_i>$
连续性方程	$\dfrac{\partial u_i}{\partial x_i} = 0$	$\dfrac{\partial \bar{u}_i}{\partial x_i} = 0$	$\dfrac{\partial <u_i>}{\partial x_i} = 0$
分辨率	完全分辨	只分辨大尺度脉动	只分辨平均运动
模型	不需要模型	小尺度脉动动量输运模型	所有尺度动量输运模型
存储量	巨大	大	小
计算量	巨大	大	小

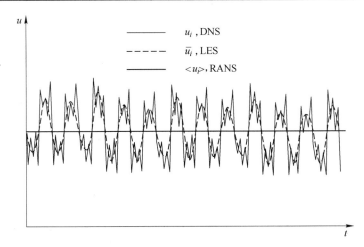

图 3-2　不同数值计算方法的 u-t 曲线

随时间的变化曲线。由图可知，DNS 方法可以获得湍流场的全部信息，既可分辨所有大尺度的运动，也可分辨小尺度脉动的所有信息。而 RANS 方法将控制方程对时间做平均，所以得到的是稳定态的平均结果。在 LES 方法中，湍流速度场经过过滤后，小尺度脉动被过滤掉，剩下大尺度的脉动，更容易反映出大尺度流动随时间的变化规律。

3.2　直接数值模拟

　　人们普遍认为，包括脉动运动在内的湍流瞬时运动仍服从 N-S 方程，而 N-S 方程本来就是封闭的，不需要建立模型。由此提出一种想法，是否可以不引入任何湍流模型，而数值求解完整的三维非定常的 N-S 方程，对湍流的瞬时运动进行直接的数值模拟，感兴趣的各种平均统计量可以通过再做平均运算获得。这样做有很多优点：第一，方程本身是精确的，仅有的误差只是由数值方法所引入的误差；第二，直接数值模拟可以提供每一瞬时所有流动量在流场中的全部信息；第三，在直接数值模拟中流动条件可得到精确的控制，可以对各种因素单独的或交互作用的影响进行系统的研究。

直接数值模拟是数值求解 N-S 方程[3]：

$$\frac{\partial u_i}{\partial t} + u_j \frac{\partial u_i}{\partial u_j} = -\frac{1}{\rho}\frac{\partial p}{\partial x_i} + \nu \frac{\partial^2 u_i}{\partial x_i \partial x_j} + f_i \qquad (3\text{-}1)$$

$$\frac{\partial u_i}{\partial x_i} = 0 \qquad (3\text{-}2)$$

以上方程无量纲化后，$\rho = 1$；$\nu = 1/Re$；雷诺数 $Re = UL/\nu$（U 为流动的特征速度；L 为流动的特征长度）。

给定流动的边界条件和初始条件后，数值求解上述方程就得到一个样本流动。

初始条件：

$$u_i(x,0) = V_i(x) \qquad (3\text{-}3)$$

边界条件：

$$u_i\big|_{\Sigma} = U_i(x,t) \quad p(x_0) = p_0 \qquad (3\text{-}4)$$

式中，$V_i(x)$，$U_i(x,t)$，p_0 为已知函数或常数；Σ 为流动的已知边界；x_0 为流场中给定的坐标。

理论上，直接数值模拟可以获得湍流场的全部信息，实际上，湍流的直接数值模拟一直受到计算机速度与容量的限制。主要困难在于湍流脉动运动中包含着大大小小不同尺度的涡运动，其最大尺度 L_m 可与平均运动的特征长度相比，而最小尺度则取决于黏性耗散速度，即为 Komorgov 定义的内尺度 $\eta = (\nu^3/\varepsilon)^{1/4}$。这大小尺度的比值随着高雷诺数的增加而迅速增大。在湍流统计理论中已经证明了：

$$\frac{L_m}{\eta} \approx Re^{3/4}, \quad Re = \frac{uL_m}{\nu} \qquad (3\text{-}5)$$

为了模拟湍流流动，一方面计算区域的尺寸应大到足以包含最大尺度的涡；另一方面计算网格的尺寸应小到足以分辨最小涡的运动。于是在一个空间方向上的网格数目应至少不小于这一量阶。因此整个计算区域上的网格总数至少为：

$$N = Re^{9/4} \qquad (3\text{-}6)$$

计算要模拟的时间长度应大于大涡的时间尺度 L_m/u，而计算的时间步长又应小于小涡的时间尺度 η/u。因此需要计算的时间步数应不小于 $L_m/\eta = Re^{3/4}$。故总的计算量正比于 Re^3。假定计算中对每个时间步的每一个节点需要执行 100 条计算机指令，则对于 $R_L = 10^5$ 的问题就需要执行约 10^{17} 条指令，这就意味着在运算速度为每秒百万次量级的计算机上需要运行 3000 年，显然是不可行的。

所以在目前计算机条件下，它只能用于求解低 Re 数和理想边界条件下的流动，以槽道流为例，目前能够实现直接数值模拟的流动 Re 数在 10^4 左右，且多用来研究湍流的基本理论，目前尚难以应用于工程计算。

3.3 雷诺时均模拟

传统意义上对湍流运动的研究是将湍流分解成平均运动与脉动运动两部分，其中脉动运动是完全不规则的随机运动。有时人们感兴趣的主要是湍流的平均量以及一些与平均运动有联系的脉动运动的统计性质。雷诺时均模拟就是将非恒定的 N-S 方程对时间做平均，得到一组以时均物理量和脉动量乘积的时均值等为未知量的方程。

雷诺时均模拟是在给定平均运动的边界条件和初始条件下数值求解雷诺方程：

$$\frac{\partial <u_i>}{\partial t} + <u_j> \frac{\partial <u_i>}{\partial x_j} = -\frac{1}{\rho} \frac{\partial <p>}{\partial x_i} + \nu \frac{\partial^2 <u_i>}{\partial x_i \partial x_j} - \frac{\partial <u_i' u_j'>}{\partial x_j} + <f_i> \quad (3-7)$$

$$\frac{\partial <u_i>}{\partial x_i} = 0 \quad (3-8)$$

初始条件：

$$<u_i>(x,0) = V_i(x) \quad (3-9)$$

边界条件：

$$<u_i>\big|_{\Sigma} = U_i(x,t) \quad <p>(x_0) = p_0 \quad (3-10)$$

式中，$u_i' u_j'$ 为未知量，必须附加封闭方程才能数值求解雷诺方程。

自从 20 世纪 20 年代 L. Z. Prandtl 提出混合长度模型[4]以来，已经有许多雷诺应力的封闭模型，它们可以分为两类：代数方程形式和微分方程形式。而微分方程形式又可分为涡黏形式的微分方程模式和雷诺应力的微分方程模式。涡黏模式是将雷诺应力表示为类似牛顿流体的黏性应力形式，具体表达式为：

$$-<u_i' u_j'> = 2\nu_t <S_{ij}> - \frac{1}{3}<u_k' u_k'>\delta_{ij} \quad (3-11)$$

式中，ν_t 为湍流涡黏系数；$<S_{ij}>$ 为平均运动的变形率，$<S_{ij}> = \frac{1}{2}\left(\frac{\partial u_i}{\partial x_j} + \frac{\partial u_j}{\partial x_i}\right)$。

雷诺应力的微分封闭模式，是数值求解雷诺应力输运方程，对再分配项 Φ_{ij}、扩散项 D_{ij} 和耗散相 E_{ij} 建立封闭模式。

由于湍流运动的随机性和 N-S 方程的非线性，平均的结果必然导致方程的不封闭。为了求得一组有限的封闭方程组，人们不得不借助于经验数据、物理类比，甚至直觉想象构造湍流模型。这也是湍流模式理论所遵循的途径。

3.3.1 标准 k-ε 模型

最简单的完整湍流模型是两方程模型，标准 k-ε 模型自从被 B. E. Launder 和 D. B. Spalding[5]提出之后，就变成工程流场计算中主要的工具了。其适用范围广、经济、精度合理，这也是为什么它在工业流场和热交换模拟中有如此广泛的应用的原因。标准 k-ε 模型是个半经验公式，主要是基于湍流动能和扩散率。k 方程是个精确方程，ε 方程是个由经验公式导出的方程。k-ε 模型假定流场完全是湍流，分子之间的黏性可以忽略。标准 k-ε 模型因而只对完全是湍流的流场有效。对于不可压缩流体而言，湍流动能方程 k 和扩散方程 ε 如下：

$$\frac{\partial(\rho k)}{\partial t} + \frac{\partial(\rho k u_i)}{\partial x_i} = \frac{\partial}{\partial x_j}\left[\left(\mu + \frac{\mu_t}{\sigma_k}\right)\frac{\partial k}{\partial x_j}\right] + G_k + G_b - \rho\varepsilon + S_k \quad (3-12)$$

$$\frac{\partial(\rho\varepsilon)}{\partial t} + \frac{\partial(\rho\varepsilon u_i)}{\partial x_i} = \frac{\partial}{\partial x_j}\left[\left(\mu + \frac{\mu_t}{\sigma_\varepsilon}\right)\frac{\partial\varepsilon}{\partial x_j}\right] + C_{1\varepsilon}\frac{\varepsilon}{k}(G_k + C_{3\varepsilon}G_b) - C_{2\varepsilon}\rho\frac{\varepsilon^3}{k} + S_\varepsilon \quad (3-13)$$

式中，G_k 为由层流速度梯度而产生的湍流动能，$G_k = -\rho \overline{u'_i u'_j} \frac{\partial u_j}{\partial x_i}$；$G_b$ 为由浮力产生的湍流动能，$G_b = \beta g_i \frac{\mu_t}{Pr_t} \frac{\partial T}{\partial x_i}$；$C_{1\varepsilon}$，$C_{2\varepsilon}$，$C_{3\varepsilon}$ 为常量，$C_{3\varepsilon} = \tanh \left| \frac{v}{u} \right|$；$\sigma_k$，$\sigma_\varepsilon$ 为 k 方程和 ε 方程的湍流 Prandtl 数；S_k，S_ε 为用户定义的产生项。

湍流黏度由式（3-14）确定：

$$\mu_t = \rho C_\mu \frac{k^2}{\varepsilon} \tag{3-14}$$

模型中涉及的模型常数取值为：$C_{1\varepsilon} = 1.44$，$C_{2\varepsilon} = 1.92$，$C_\mu = 0.09$，$\sigma_k = 1.0$ 和 $\sigma_\varepsilon = 1.3$。这些常量是从实验中得来的，包括空气、水的基本湍流。虽然这些常量对于大多数情况是适用的，但研究者还是可以改变它们的。

3.3.2　RNG k-ε 模型

RNG k-ε 模型来源于严格的统计技术。它和标准 k-ε 模型很相似，但是有以下改进：

（1）RNG 模型在 ε 方程中加了一个条件，有效地改善了精度。

（2）考虑到了湍流漩涡，提高了在这方面的精度。

（3）RNG 理论为湍流 Prandtl 数提供了一个解析公式，然而标准 k-ε 模型使用的是用户提供的常数。

（4）标准 k-ε 模型是一种高雷诺数的模型，RNG 理论提供了一个考虑低雷诺数流动黏性的解析公式。

这些特点使得 RNG k-ε 模型比标准 k-ε 模型在更广泛的流动中有更高的可信度和精度。

RNG k-ε 模型对应的湍流动能方程 k 和扩散方程 ε 如下：

$$\frac{\partial(\rho k)}{\partial t} + \frac{\partial(\rho k u_i)}{\partial x_i} = \frac{\partial}{\partial x_j}\left(\alpha_k \mu_{\text{eff}} \frac{\partial k}{\partial x_j}\right) + G_k + G_b - \rho\varepsilon + S_k \tag{3-15}$$

$$\frac{\partial(\rho\varepsilon)}{\partial t} + \frac{\partial(\rho\varepsilon u_i)}{\partial x_i} = \frac{\partial}{\partial x_j}\left(\alpha_\varepsilon \mu_{\text{eff}} \frac{\partial\varepsilon}{\partial x_j}\right) + C_{1\varepsilon}\frac{\varepsilon}{k}(G_k + C_{3\varepsilon}G_b) - C_{2\varepsilon}\rho\frac{\varepsilon^2}{k} - R_\varepsilon + S_\varepsilon$$

$$\tag{3-16}$$

式中的各项参数与标准 k-ε 类似。区别在于模型常数：$C_{1\varepsilon} = 1.42$，$C_{2\varepsilon} = 1.68$。

3.3.2.1　有效速度模型

在 RNG k-ε 模型中，消除尺度的过程由以下方程决定：

$$d\left(\frac{\rho^2 k}{\sqrt{\varepsilon\mu}}\right) = 1.72 \frac{\hat{v}}{\sqrt{\hat{v}^3 - 1 + C_v}} d\hat{v} \tag{3-17}$$

$$\hat{v} = \mu_{\text{eff}}/\mu \tag{3-18}$$

式中，$C_v \approx 100$。式（3-17）是一个完整的方程，从中可以得知湍流变量怎样影响雷诺数，使得模型对低雷诺数和近壁流有更好的表现。

在高雷诺数下，由式（3-17）可以得到：

$$\mu_t = \rho C_\mu \frac{k^2}{\varepsilon} \tag{3-19}$$

式中，$C_\mu = 0.0845$，来自于 RNG 理论。有趣的是这个值和标准 k-ε 模型的取值很接近。

所以，高雷诺数下，采用式（3-19）计算，低雷诺数下采用式（3-17）计算。

3.3.2.2 计算 Prandtl 数的反面影响

Prandtl 数的反面影响 α_k 和 α_ε 由以下公式计算：

$$\left| \frac{\alpha - 1.3929}{\alpha_0 - 1.3929} \right|^{0.6321} \left| \frac{\alpha + 2.3929}{\alpha_0 + 2.3929} \right|^{0.3679} = \frac{\mu_{mol}}{\mu_{eff}} \tag{3-20}$$

式中，$\alpha_0 = 1.0$；在大雷诺数下，$\alpha_k = \alpha_\varepsilon \approx 1.393$。

3.3.2.3 ε 方程中的 R_ε

RNG k-ε 模型和标准 k-ε 模型的区别在于：

$$R_\varepsilon = \frac{C_\mu \rho \eta^3 (1 - \eta / \eta_0) \varepsilon^2}{1 + \beta \eta^3} \frac{\varepsilon^2}{k} \tag{3-21}$$

式中，$\eta \equiv Sk / \varepsilon$；$\eta_0 = 4.38$；$\beta = 0.012$。

这一项的影响可以通过重新排列方程清楚地看出。利用式（3-21），式（3-16）右侧的三、四项可以合并，方程可以写成：

$$\frac{\partial (\rho \varepsilon)}{\partial t} + \frac{\partial (\rho \varepsilon u_i)}{\partial x_i} = \frac{\partial}{\partial x_j} \left(\alpha_\varepsilon \mu_{eff} \frac{\partial \varepsilon}{\partial x_j} \right) + C_{1\varepsilon} \frac{\varepsilon}{k} (G_k + C_{3\varepsilon} G_b) - C_{2\varepsilon}^* \rho \frac{\varepsilon^2}{k} \tag{3-22}$$

这里 $C_{2\varepsilon}^*$ 由式（3-23）给出：

$$C_{2\varepsilon}^* = C_{2\varepsilon} + \frac{C_\mu \rho \eta^3 (1 - \eta / \eta_0)}{1 + \beta \eta^3} \tag{3-23}$$

当 $\eta < \eta_0$ 时，第二项为正，$C_{2\varepsilon}^*$ 要大于 $C_{2\varepsilon}$。对于适度的应力流，RNG k-ε 模型算出的结果要大于标准 k-ε 模型。当 $\eta > \eta_0$ 时，第二项为负，$C_{2\varepsilon}^*$ 要小于 $C_{2\varepsilon}$。和标准 k-ε 模型相比较，ε 变大而 k 变小，最终影响到黏性。结果在 rapidly strained 流中，RNG k-ε 模型产生的湍流黏度要低于标准 k-ε 模型。因而，RNG k-ε 模型相比于标准 k-ε 模型对瞬变流和流线弯曲的影响能做出更好的反应，这也可以解释 RNG k-ε 模型在某类流动中有很好的表现。

3.3.3 标准 k-ω 模型

标准 k-ω 模型是基于 Wilcox k-ω 模型的，它是为考虑低雷诺数、可压缩性和剪切流传播而修改的。Wilcox k-ω 模型预测了自由剪切流传播速率，像尾流、混合流动、平板绕流、圆柱绕流和放射状喷射，因而可以应用于墙壁束缚流动和自由剪切流动。

标准 k-ω 模型是一种经验模型，基于湍流能量方程和扩散速率方程。

$$\frac{\partial (\rho k)}{\partial t} + \frac{\partial (\rho k u_i)}{\partial x_i} = \frac{\partial}{\partial x_j} \left(\Gamma_k \frac{\partial k}{\partial x_j} \right) + G_k - Y_k + S_k \tag{3-24}$$

$$\frac{\partial (\rho \omega)}{\partial t} + \frac{\partial (\rho \omega u_i)}{\partial x_i} = \frac{\partial}{\partial x_j} \left(\Gamma_\omega \frac{\partial \omega}{\partial x_j} \right) + G_\omega - Y_\omega + S_\omega \tag{3-25}$$

式中，G_k 为由于层流速度梯度而产生的湍流动能；G_ω 为由 ω 方程产生的湍流动能；Γ_k，Γ_ω 为 k 和 ω 的扩散率；Y_k，Y_ω 为由于扩散产生的湍流；S_k，S_ω 为用户定义的产生项。

3.3.3.1 模型扩散的影响

对 k-ω 模型，扩散的影响有：

$$\Gamma_k = \mu + \frac{\mu_t}{\sigma_k} \tag{3-26}$$

$$\Gamma_\omega = \mu + \frac{\mu_t}{\sigma_\omega} \tag{3-27}$$

式中，σ_k，σ_ω 为 k 和 ω 方程的湍流能量普朗特数。

湍流黏度表示为：

$$\mu_t = \alpha^* \frac{\rho k}{\omega} \tag{3-28}$$

系数 α^* 使得湍流黏度产生低雷诺数修正。其表达式如下：

$$\alpha^* = \alpha_\infty^* \left(\frac{\alpha_0^* + Re_t/R_k}{1 + Re_t/R_k} \right) \tag{3-29}$$

其中

$$Re_t = \frac{\rho k}{\mu \omega} \tag{3-30}$$

3.3.3.2　湍流动能的产生项

G_k 是由层流速度梯度而产生的湍流动能。其表达式如下：

$$G_k = - \rho \overline{u_i' u_j'} \frac{\partial u_j}{\partial x_i} \tag{3-31}$$

G_ω 是由 ω 方程产生的湍流动能。其表达式如下：

$$G_\omega = \alpha \frac{\omega}{k} G_k \tag{3-32}$$

其中

$$\alpha = \frac{\alpha_\infty}{\alpha^*} \left(\frac{\alpha_0 + Re_t/R_\omega}{1 + Re_t/R_\omega} \right) \tag{3-33}$$

式中，$R_\omega = 2.95$；在高雷诺数下，$\alpha = \alpha_\infty = 1.0$。

3.3.3.3　湍流发散模型

Y_k 和 Y_ω 是由于扩散产生的湍流。对于 k 方程有：

$$Y_k = \rho \beta^* f_{\beta^*} k \omega \tag{3-34}$$

其中

$$f_{\beta^*} = \begin{cases} 1 & \chi_k \leqslant 0 \\ \dfrac{1 + 680 \chi_k^2}{1 + 400 \chi_k^2} & \chi_k > 0 \end{cases} \qquad \chi_k \equiv \frac{1}{\omega^3} \frac{\partial k}{\partial x_j} \frac{\partial \omega}{\partial x_j} \tag{3-35}$$

$$\beta^* = \beta_i^* \left[1 + \zeta^* F(M_t) \right] \tag{3-36}$$

$$\beta_i^* = \beta_\infty^* \left[\frac{4/15 + (Re_t/R_\beta)^4}{1 + (Re_t/R_\beta)^4} \right] \tag{3-37}$$

式中，模型常量取值为：$\zeta^* = 1.5$；$R_\beta = 8$；$\beta_\infty^* = 0.09$。

对于 ω 方程有：

$$Y_\omega = \rho \beta f_\beta \omega^2 \tag{3-38}$$

$$f_\beta = \frac{1 + 70 \chi_\omega}{1 + 80 \chi_\omega} \tag{3-39}$$

$$\chi_\omega = \left| \frac{\Omega_{ij} \Omega_{jk} \Omega_{ki}}{(\beta_\infty^* \omega)^3} \right| \tag{3-40}$$

$$\Omega_{ij} = \frac{1}{2} \left(\frac{\partial u_i}{\partial x_j} - \frac{\partial u_j}{\partial x_i} \right) \tag{3-41}$$

$$\beta = \beta_i \left[1 - \frac{\beta_i^*}{\beta_i} \zeta^* F(M_t) \right] \qquad (3-42)$$

3.3.3.4 对可压缩性的修正

$F(M_t)$ 的表达式为：

$$F(M_t) = \begin{cases} 0 & M_t \le M_{t0} \\ M_t^2 - M_{t0}^2 & M_t > M_{t0} \end{cases} \qquad (3-43)$$

式中，$M_t^2 \equiv \dfrac{2k}{a^2}$；$M_{t0} = 0.25$；$a = \sqrt{\gamma RT}$。

在高雷诺数的 k-ω 模型中，$\beta^* = \beta_\infty^* = 0.09$。在不可压缩的流体计算当中，$\beta^* = \beta_i^*$。其余的模型常数项为：$a_\infty^* = 1$，$a_\infty = 0.52$，$a_0 = 1/9$，$\beta_\infty^* = 0.09$，$\beta_i = 0.072$，$R_\beta = 8$，$R_k = 6$，$R_\omega = 2.95$，$\zeta^* = 1.5$，$M_{t0} = 0.25$，$\sigma_k = 2.0$，$\sigma_\omega = 2.0$。

3.3.4 SST k-ω 模型

SST k-ω 模型在广泛的领域中可以独立于 k-ω 模型，使得在近壁自由流中 k-ω 模型有广泛的应用范围和精度。为了达到此目的，k-ω 模型变成了 k-ω 公式。SST k-ω 模型和标准 k-ω 模型相似，但有以下改进：

（1）SST k-ω 模型和 k-ω 模型的变形增长于混合功能和双模型加在一起。混合功能是为近壁区域设计的，这个区域对标准 k-ω 模型有效，还有自由表面，这对 k-ω 模型的变形有效。

（2）SST k-ω 模型合并了来源于 ω 方程中的交叉扩散。

（3）湍流黏度考虑到了湍流剪应力的传波。

这些改进使得 SST k-ω 模型比标准 k-ω 模型在广泛的流动领域中有更高的精度和可信度。

SST k-ω 模型的湍流能量方程和扩散速率方程为：

$$\frac{\partial(\rho k)}{\partial t} + \frac{\partial(\rho k u_i)}{\partial x_i} = \frac{\partial}{\partial x_j}\left(\Gamma_k \frac{\partial k}{\partial x_j}\right) + G_k - Y_k + S_k \qquad (3-44)$$

$$\frac{\partial(\rho \omega)}{\partial t} + \frac{\partial(\rho \omega u_i)}{\partial x_i} = \frac{\partial}{\partial x_j}\left(\Gamma_\omega \frac{\partial \omega}{\partial x_j}\right) + G_\omega - Y_\omega + D_\omega + S_\omega \qquad (3-45)$$

式中，与标准 k-ω 模型的区别在于 ω 方程中的 D_ω 项，它代表正交发散项。

3.3.4.1 模型扩散的影响

对 k-ω 模型，扩散的影响有：

$$\Gamma_k = \mu + \frac{\mu_t}{\sigma_k} \qquad (3-46)$$

$$\Gamma_\omega = \mu + \frac{\mu_t}{\sigma_\omega} \qquad (3-47)$$

式中，σ_k，σ_ω 为 k 和 ω 方程的湍流能量普朗特数。

湍流黏度表示为：

$$\mu_t = \frac{\rho k}{\omega} \frac{1}{\max\left(\dfrac{1}{\alpha^*}, \dfrac{\Omega F_2}{a_1 \omega}\right)} \qquad (3-48)$$

式中，$\Omega \equiv \sqrt{2\Omega_{ij}\Omega_{ij}}$；$\Omega_{ij}$ 为旋率；α^{*} 见式(3-29)。

$$\sigma_k = \frac{1}{F_1/\sigma_{k,1} + (1 - F_1)/\sigma_{k,2}} \tag{3-49}$$

$$\sigma_\omega = \frac{1}{F_1/\sigma_{\omega,1} + (1 - F_1)/\sigma_{\omega,2}} \tag{3-50}$$

其中，F_1，F_2 定义为：

$$F_1 = \tanh(\Phi_1^4) \tag{3-51}$$

$$\Phi_1 = \min\left[\max\left(\frac{\sqrt{k}}{0.09\omega y}, \frac{500\mu}{\rho y^2 \omega} \right), \frac{4\rho k}{\sigma_{\omega,2} D_\omega^+ y^2} \right] \tag{3-52}$$

$$D_\omega^+ = \max\left(2\rho \frac{1}{\sigma_{\omega,2}} \frac{1}{\omega} \frac{\partial k}{\partial x_j} \frac{\partial \omega}{\partial x_j}, 10^{-20} \right) \tag{3-53}$$

$$F_2 = \tanh(\Phi_2^2) \tag{3-54}$$

$$\Phi_2 = \min\left(\frac{2\sqrt{k}}{0.09\omega y}, \frac{500}{\rho y^2 \omega} \right) \tag{3-55}$$

式中，y 为到另一个面的距离；D_ω^+ 为正交扩散项中的正值。

3.3.4.2　湍流动能产生项

SST k-ω 模型中 k 项与标准 k-ω 模型相同。ω 项中 G_ω 是由 ω 方程产生的湍流动能。其表达方式如下：

$$G_\omega = \frac{\alpha_\infty}{\nu_t} G_k \tag{3-56}$$

这个公式与标准 k-ω 模型不同，区别在于标准 k-ω 模型中，α_∞ 为一个常数；而 SST k-ω 模型中，α_∞ 方程如下：

$$\alpha_\infty = F_1\alpha_{\infty,1} + (1 - F_1)\alpha_{\infty,2} \tag{3-57}$$

$$\alpha_{\infty,2} = \frac{\beta_{i,2}}{\beta_\infty^*} - \frac{\kappa^2}{\sigma_{\omega,2}\sqrt{\beta_\infty^*}} \tag{3-58}$$

式中，$\kappa = 0.41$。

3.3.4.3　湍流发散模型

Y_k 代表湍流动能的发散，与标准 k-ω 模型类似，不同在于标准 k-ω 模型中，f_{β^*} 是一个分段函数，而在 SST k-ω 模型中，f_{β^*} 为常数 1.0，从而：

$$Y_k = \rho\beta^* k\omega \tag{3-59}$$

Y_ω 代表 ω 方程的发散项，定义类似标准 k-ω 模型，不同在于标准 k-ω 模型中，β_i 为常数，f_β 为非常数。而在 SST k-ω 模型中，f_β 为常数 1.0，因此有：

$$Y_k = \rho\beta\omega^2 \tag{3-60}$$

β_i 定义如下：

$$\beta_i = F_1\beta_{i,1} + (1 - F_1)\beta_{i,2} \tag{3-61}$$

式中，$\beta_{i,1} = 0.075$；$\beta_{i,2} = 0.0828$。

3.3.4.4　正交发散项修正

SST k-ω 模型建立在标准 k-ω 模型和 k-ε 模型基础上。综合考虑，得到正交发散项

D_ω。其方程为：

$$D_\omega = 2(1 - F_1)\rho\sigma_{\omega,2} \frac{1}{\omega} \frac{\partial k}{\partial x_j} \frac{\partial \omega}{\partial x_j} \tag{3-62}$$

其余的模型常数项为：$\sigma_{k,1} = 1.176$，$\sigma_{\omega,1} = 2.0$，$\sigma_{k,2} = 1.0$，$\sigma_{\omega,2} = 1.168$，$a_1 = 0.31$，$\beta_{i,1} = 0.075$，$R_{i,2} = 0.0828$。

3.3.5 雷诺压力模型

放弃等方性边界速度假设，RSM 使得雷诺平均 N-S 方程封闭，解决了关于方程中的雷诺压力，还有耗散速率。这意味着在二维流动中加入了 4 个方程，而在三维流动中加入了 7 个方程。由于 RSM 比单方程和双方程模型更加严格地考虑了流线型弯曲、漩涡、旋转和张力快速变化，它对于复杂流动有更高的精度预测的潜力。但是这种预测仅仅限于与雷诺压力有关的方程。压力张力和耗散速率被认为是使 RSM 模型预测精度降低的主要因素。

雷诺应力模型包括用不同的流动方程计算雷诺压力，$\overline{u_i' u_j'}$，从而封闭动量方程组，准确的雷诺压力流动方程要从准确的动量方程中得到，其方法是：在动量方程中乘以一个合适的波动系数，从而得到雷诺平均数，但是在方程中还有几项不能确定，必须做一些假设，使方程封闭。

雷诺应力流动方程：

$$\underbrace{\frac{\partial}{\partial t}(\rho \overline{u_i' u_j'})}_{} + \underbrace{\frac{\partial}{\partial x_k}(\rho u_k \overline{u_i' u_j'})}_{C_{ij}} = \underbrace{-\frac{\partial}{\partial x_k}\left[\rho \overline{u_i' u_j' u_k'} + \overline{p(\delta_{kj} u_i' + \delta_{ik} u_j')}\right]}_{D_{\mathrm{T},ij}} +$$

$$\underbrace{\frac{\partial}{\partial x_k}\left[\mu \frac{\partial}{\partial x_k}(\overline{u_i' u_j'})\right]}_{D_{\mathrm{L},ij}} - \underbrace{\rho\left(\overline{u_i' u_k'} \frac{\partial u_j}{\partial x_k} + \overline{u_j' u_k'} \frac{\partial u_j}{\partial x_k}\right)}_{p_{ij}} - \underbrace{\rho\beta(g_i \overline{u_j' \theta} + g_j \overline{u_i' \theta})}_{G_{ij}} +$$

$$\underbrace{\overline{p\left(\frac{\partial u_i'}{\partial x_j} + \frac{\partial u_j'}{\partial x_i}\right)}}_{\phi_{ij}} - \underbrace{2\mu \overline{\frac{\partial u_i'}{\partial x_k} \frac{\partial u_j'}{\partial x_k}}}_{\varepsilon_{ij}} - \underbrace{2\rho\Omega_k(\overline{u_j' u_m'}\varepsilon_{jkm} + \overline{u_i' u_m'}\varepsilon_{jkm})}_{F_{ij}} + S_{\mathrm{user}} \tag{3-63}$$

式中，C_{ij} 为对流项，$D_{\mathrm{L},ij}$ 为分子黏性扩散项，p_{ij} 为剪切力产生项，F_{ij} 为系统旋转产生项，不需要模型；$D_{\mathrm{T},ij}$ 为湍流扩散项，ϕ_{ij} 为压力应变项，G_{ij} 为浮力产生项，ε_{ij} 为黏性耗散项，需要建立模型方程使方程组封闭。

3.3.5.1 湍流扩散模型

Dily-Harlow 建立了如下的梯度发散模型：

$$D_{\mathrm{T},ij} = \frac{\partial}{\partial x_k}\left[\frac{\mu_\mathrm{t}}{\sigma_k} \frac{\partial(\overline{u_i' u_j'})}{\partial x_k}\right] \tag{3-64}$$

Lien 和 Leschziner 用此方程在类似的平面剪切流动中得到 σ_k 值为 0.82。

3.3.5.2 应力应变项模型

线形应力应变模型为：

$$\phi_{ij} = \phi_{ij,1} + \phi_{ij,2} + \phi_{ij,\omega} \tag{3-65}$$

式中，$\phi_{ij,1}$ 为慢压力应变项；$\phi_{ij,2}$ 为快应力应变项；$\phi_{ij,\omega}$ 为壁面反射项。

其中

$$\phi_{ij,1} = -C_1 \rho \frac{\varepsilon}{k} \left(\overline{u_i' u_j'} - \frac{2}{3} \delta_{ij} k \right) \tag{3-66}$$

式中，$C_1 = 1.8$。

$$\phi_{ij,2} = -C_2 \left[(p_{ij} + F_{ij} + G_{ij} - C_{ij}) - \frac{2}{3} \delta_{ij} (p + G - C) \right] \tag{3-67}$$

式中，$C_2 = 0.60$；$p = \frac{1}{2} p_{kk}$；$G = \frac{1}{2} G_{kk}$；$C = \frac{1}{2} C_{kk}$。

壁面反射项 $\phi_{ij,\omega}$ 主要为壁面处应力再分配，抑制应力的垂直分量，而加强平行壁面的分量，其方程为：

$$\phi_{ij,\omega} \equiv C_1' \frac{\varepsilon}{k} \left(\overline{u_k' u_m'} n_k n_m \delta_{ij} - \frac{3}{2} \overline{u_i' u_k'} n_j n_k - \frac{3}{2} \overline{u_j' u_k'} n_i n_k \right) \frac{k^{3/2}}{C_\zeta \varepsilon d} +$$

$$C_2' \left(\phi_{km,2} n_k n_m \delta_{ij} - \frac{3}{2} \phi_{ik,2} n_j n_k - \frac{3}{2} \phi_{jk,2} n_i n_k \right) \frac{k^{3/2}}{C_\zeta \varepsilon d} \tag{3-68}$$

式中，$C_1' = 0.5$；$C_2' = 0.3$；n_k 为壁面处的一个单元；d 为到壁面的距离；$C_\zeta = C_\mu^{3/4} / \kappa$，$C_\mu = 0.09$，$\kappa$ 为常数 0.4187。

3.3.5.3　线性压力-张力模型的低雷诺数修正

当 RSM 用于采用强化措施的近壁面流动时，模型需要修正，采用 C_1、C_2、C_1'、C_2' 这几个函数进行修正。

$$C_1 = 1 + 2.58 A \sqrt{A_2} \{ 1 - \exp[- (0.0067 Re_t)^2] \} \tag{3-69}$$

$$C_2 = 0.75 \sqrt{A} \tag{3-70}$$

$$C_1' = -\frac{2}{3} C_1 + 1.67 \tag{3-71}$$

$$C_2' = \max \left(\frac{2C_2/3 - 1/6}{C_2}, 0 \right) \tag{3-72}$$

式中，湍流雷诺数定义为 $Re_t = \rho k^2 / (\mu \varepsilon)$；各参数定义为：

$$A \equiv 1 - \frac{9}{8} (A_2 - A_3) \tag{3-73}$$

$$A_2 \equiv \alpha_{ik} \alpha_{ki} \tag{3-74}$$

$$A_3 \equiv \alpha_{ik} \alpha_{kj} \alpha_{ji} \tag{3-75}$$

α_{ij} 为雷诺应力各向异性张量，定义为：

$$\alpha_{ij} = - \left(\frac{- \rho \overline{u_i' u_j'} + \frac{2}{3} \rho k \delta_{ij}}{\rho k} \right) \tag{3-76}$$

以上修正项在平板流动壁面强化处理时才实用。

3.3.5.4　二次压力-张力模型

二次压力-张力模型实用于许多基本的流动，包括平面流、漩涡流和轴对称流，其准确性很高，很适合工程中复杂的流动情况，也可用于黏性表面流动。其方程为：

$$\phi_{ij} = - (C_1 \rho \varepsilon + C_1^* p) b_{ij} + C_2 \rho \varepsilon \left(b_{ik} b_{kj} - \frac{1}{3} b_{mn} b_{mn} \delta_{ij} \right) + (C_3 - C_3^* \sqrt{b_{ij} b_{ij}}) \rho k S_{ij} +$$

$$C_4 \rho k \left(b_{ik} S_{jk} + b_{jk} S_{ik} - \frac{2}{3} b_{mn} S_{mn} \delta_{ij} \right) + C_5 \rho k \left(b_{ik} \Omega_{ik} + b_{jk} \Omega_{ik} \right) \tag{3-77}$$

式中，b_{ij} 为雷诺各向异性张量，定义为：

$$b_{ij} = - \left(\frac{- \rho \overline{u'_i u'_j} + \frac{2}{3} \rho k \delta_{ij}}{2 \rho k} \right) \tag{3-78}$$

平均应变率张量 S_{ij} 定义为：

$$S_{ij} = \frac{1}{2} \left(\frac{\partial u_j}{\partial x_i} + \frac{\partial u_i}{\partial x_j} \right) \tag{3-79}$$

平均张量旋率 Ω_{ij} 定义为：

$$\Omega_{ij} = \frac{1}{2} \left(\frac{\partial u_i}{\partial x_j} - \frac{\partial u_j}{\partial x_i} \right) \tag{3-80}$$

式中，常数 $C_1 = 3.4$；$C_1^* = 1.8$；$C_2 = 4.2$；$C_3 = 0.8$；$C_3^* = 1.3$；$C_4 = 1.25$；$C_5 = 0.4$。

二次压力-张力模型用于壁面反射时不需要修正，但应注意，它不适用于黏性平面流动中强化壁面处理时的情况。

3.3.5.5 湍流的浮力影响

浮力的方程为：

$$G_{ij} = \beta \frac{\mu_t}{Pr_t} \left(g_i \frac{\partial T}{\partial x_j} - g_j \frac{\partial T}{\partial x_i} \right) \tag{3-81}$$

式中，Pr_t 为湍流的普朗特数，其值为 0.85；β 为热膨胀系数，$\beta = -\frac{1}{\rho} \frac{\partial \rho}{\partial T}$。

3.3.5.6 湍流动量模型

在建立动量模型时，可由雷诺压力-张量中得到：

$$k = \frac{1}{2} \overline{u'_i u'_i} \tag{3-82}$$

为了获得边界条件，必须要求解出流动方程，其方程为：

$$\frac{\partial (\rho k)}{\partial t} + \frac{\partial}{\partial x_i} (\rho k u_i) = \frac{\partial}{\partial x_j} \left[\left(\mu + \frac{\mu_t}{\sigma_k} \right) \frac{\partial k}{\partial x_j} \right] + \frac{1}{2} (p_{ii} + G_{ii}) -$$
$$\rho \varepsilon (1 + 2 Ma_t^2) + S_k \tag{3-83}$$

式中，$\sigma_k = 0.82$；S_k 为用户自定义项。

3.3.5.7 发散率模型

发散张量 ε_{ij} 定义为：

$$\varepsilon_{ij} = \frac{2}{3} \delta_{ij} (\rho \varepsilon + Y_M) \tag{3-84}$$

式中，根据 SARKAR 模型，Y_M 为一个附加的扩散项，$Y_M = 2 \rho \varepsilon Ma_t^2$，湍流 MACH 数定义为：

$$Ma_t = \sqrt{\frac{k}{\alpha^2}} \tag{3-85}$$

式中，α 为声速，$\alpha \equiv \sqrt{\gamma R T}$。

发散率 ε 的计算类似于标准 $k\text{-}\varepsilon$ 方程：

$$\frac{\partial}{\partial t}(\rho\varepsilon) + \frac{\partial}{\partial x_i}(\rho\varepsilon u_i) = \frac{\partial}{\partial x_j}\Big[\Big(\mu + \frac{\mu_t}{\sigma_\varepsilon}\Big)\frac{\partial \varepsilon}{\partial x_j}\Big] + C_{\varepsilon 1}\frac{1}{2}(p_{ii} + C_{\varepsilon 3}G_{ii})\frac{\varepsilon}{k} - C_{\varepsilon 2}\rho\frac{\varepsilon^2}{k} + S_\varepsilon$$

(3-86)

式中，$\sigma_\varepsilon = 1.0$；$C_{\varepsilon 1} = 1.44$；$C_{\varepsilon 2} = 1.92$；对于可压缩流体的流动计算，$C_{\varepsilon 3}$ 为与浮力相关的系统，当主流方向与重力方向平行时，有 $C_{\varepsilon 3} = 1$，当主流方向与重力方向垂直时，有 $C_{\varepsilon 3} = 0$；S_ε 为用户定义项。

3.3.5.8　湍流黏性方程

湍流黏性力 μ_t 的方程为：

$$\mu_t = \rho C_\mu \frac{k^2}{\varepsilon}$$

(3-87)

式中，$C_\mu = 0.09$。

3.3.6　模型的缺陷

湍流模式理论在解决工程实际问题中已经发挥了很大的作用，而模型化过程带有很多人为的因素，封闭雷诺时均方程的各类湍流模型对复杂精细的湍流结构，如绕流体的流动分离、尾涡脱落、流线弯曲、旋转和压缩运动等流动现象的模拟过程中会遇见难以克服的困难。主要缺陷包括：

（1）通过平均运算将脉动运动的细节一律抹平，丧失了包含在脉动运动中的大量信息。通过近 30 年的研究，人们认识到在湍流运动中除了存在许多随机性很强的小尺度涡运动外，还存在着一些有序的大尺度涡结构，它们有比较规则的旋涡运动结构，其形态和尺度对于同一类型的湍流运动具有普遍性，对湍流的雷诺应力和各种物理量的湍流输运过程起着重要的作用，然而所有的湍流模式理论对此都无能为力。

（2）各种湍流模型都有一定的局限性，对经验数据的依赖和预报程度较差。这一方面是由于在构造模型时，对许多未知项知之甚少，有很多量至今根本没有直接的测量数据可作参考，所做的假设主观臆测程度很大。另一方面，在构造模型时将所有大小不同尺度的涡均同等对待，不加区分，且认为都是各向同性的，而实际上大小涡之间除了尺度上的明显差别以外还有很大的区别。大涡与平均流之间有强烈的相互作用，它直接由平均运动或湍流发生装置提供能量，对于流动的初始条件和边界形态与性质有强烈的依赖性，其形态与强度因流动边界的不同而不同，具有高度各向异性。反过来，它由于对平均流动有强烈的影响，大部分质量、动量和能量的输运是由大涡引起的。而小涡主要是通过大涡之间的非线性相互作用而产生，它与平均运动或流场边界形状几乎没有关系，因而近似各向同性的，主要起黏性耗散作用。如将大小涡混在一起，很难找到一种湍流模型能把对不同的流动并具有不同结构的大涡特征统一考虑进去。所以，现在很多人都相信根本就不存在一种普适的湍流模型。然而，单独对小涡运动则有较多的希望可以找到较普遍适用的模型。

3.4　大　涡　模　拟

LES 方法最早是由气象学家 J. Smagorinsky[6] 于 1963 年提出的，他所研究的问题是全球天气预报问题。作为介于直接数值模拟与雷诺平均方法之间的折中方法，LES 技术是近年来蓬勃发展的湍流数值模拟方法，在湍流的数值研究中有着重要的发展前景，被认为是今后可应用于工程湍流问题研究最有希望的数值方法。

3.4.1　基本思想

如图 3-3 所示，大涡模拟的基本思想是：把包括脉动运动在内的湍流瞬时运动通过某种滤波方法分解成大尺度运动和小尺度运动两部分，大尺度量要通过数值求解运动微分方程直接计算出来；小尺度运动对大尺度运动的影响将在运动方程中表现为类似于雷诺应力一样的应力项，称之为亚格子雷诺应力，它们要通过建立模型来模拟。

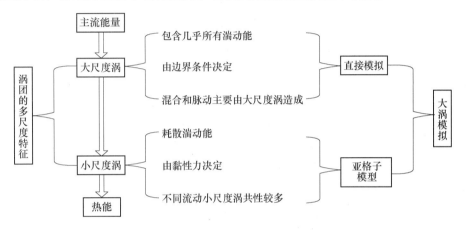

图 3-3　大涡模拟的基本思想

所以要实现大涡模拟，有两个重要环节的工作必须完成。第一个环节是建立一种数学滤波函数，从湍流瞬时运动方程中将尺度比滤波函数的尺度小的涡滤掉，从而分解出描写大涡流场的运动方程，而被滤掉的小涡对大涡运动的影响则通过在大涡流场的运动方程中引入附加应力项来体现，该附加应力称为亚格子尺度应力。第二个环节就是建立亚格子尺度应力的数学模型。

3.4.2　滤波

大涡模拟采用过滤方法去除湍流中的小尺度脉动，采用的滤波函数主要有三种[2, 7]。

3.4.2.1　谱空间的低通滤波

过滤运算既可以在物理空间进行，也可以在谱空间进行。谱空间的过滤比较容易理解，就是令高波数的脉动等于零，相当于对脉动信号做低通滤波，低通滤波的最大波数称为截断滤波，记作 k_c。如果物理空间的湍流脉动在谱空间的投影为 $\hat{f}(k)$，则在谱空间过滤后，$k > k_c$ 的高波数部分等于零，谱空间过滤后的脉动用 $\hat{f}^<(k)$ 表示（上标"<"表示低通部分），则

$$\hat{f}^<(k) = G_l(k)\hat{f}(k) \tag{3-88}$$

各向同性（在波数空间的各个方向上用相同的滤波器）低通滤波的数学表达式为：

$$G_l(k) = \theta(k_c - |k|) \tag{3-89}$$

式中，$\theta(x)$ 为台阶函数，当 $x < 0$ 时，$\theta(x) = 0$，当 $x > 0$ 时，$\theta(x) = 1$；截断波数用 $k_c = \pi/l$ 表示，l 是物理空间滤波尺度。

一维谱空间的滤波器如图 3-4 所示。

3.4.2.2　物理空间的盒式滤波器

对于复杂流动，不可能在谱空间进行数值模拟，这时需要在物理空间将湍流脉动进行过滤。物理空间的过滤实质上是施加某种平均运算，在尺度 l 上进行的滤波函数记作 $G_l(x)$，则以湍流脉动 $f(x)$ 的过滤为：

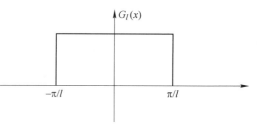

图 3-4　一维低通滤波器

$$\bar{f}(x) = \int G_l(x - y) f(y) \, \mathrm{d}y \qquad (3\text{-}90)$$

式中，$\bar{f}(x)$ 为 $f(x)$ 过滤后的函数。

物理空间的滤波器必须满足正则条件：

$$\int_{\Omega} G(\eta) \, \mathrm{d}\eta = 1 \qquad (3\text{-}91)$$

式中，Ω 为过滤的空间体积。

正则条件（式（3-91））保证过滤体内物理量的守恒性，任何常数在过滤过程中仍是常数。

在物理空间常用的过滤器有各向同性的盒式过滤器（又称平顶帽过滤器）和高斯过滤器。各向同性盒式过滤器的过滤函数可写作：

$$G(|x - x'|) = \begin{cases} \dfrac{1}{\Delta x_1 \Delta x_2 \Delta x_3} & |x'_i - x_i| \leq \dfrac{\Delta x_i}{2}(i = 1,2,3) \\ 0 & |x'_i - x_i| > \dfrac{\Delta x_i}{2}(i = 1,2,3) \end{cases} \qquad (3\text{-}92)$$

一维盒式过滤器如图 3-5 所示。

3.4.2.3　高斯过滤器

将过滤函数 $G(x)$ 取作高斯函数，称为高斯过滤器。各向同性三维高斯过滤器数学表达式为：

$$G(|x - x'|) = \prod_{i=1}^{3} \left(\frac{6}{\pi\Delta}\right)^{1/2} \exp\left[-\frac{6(x_i - x'_i)^2}{\Delta^2}\right] \qquad (3\text{-}93)$$

一维情况下，高斯过滤器的图形如图 3-6 所示。

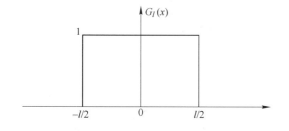

图 3-5　物理空间盒式滤波器

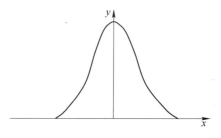

图 3-6　物理空间高斯过滤器

上述过滤器的函数形式和过滤尺度在全空间不变，属于物理空间均匀过滤器。均匀多维过滤器可以用乘积方法构成。

3.4.2.4 谱空间滤波和物理空间滤波的变换

根据滤波公式，物理空间各向同性滤波器可以用 Fourier 积分变换到谱空间的过滤函数，反之亦然。式（3-90）是卷积形式，将它做 Fourier 变换，可以得到谱空间的过滤公式如下：

$$\hat{f}^<(k) = \int G_l(k)\hat{f}(k)\,\mathrm{d}k \tag{3-94}$$

式中，$\hat{f}^<(k)$ 为物理空间中 $\bar{f}(x)$ 的 Fourier 变换；$G_l(k)$ 为物理空间过滤函数 $G_l(x)$ 的 Fourier 变换。

表 3-2 列出了 3 种基本的过滤函数在物理空间和谱空间的对应表达式，其中 $r = |x|$，$\eta = \pi r/l, \xi = |k|l/2$。

表 3-2　过滤函数的表达式

过滤函数	物理空间	谱空间
谱截断	$[\sin(\eta) - \eta\cos(\eta)]/(2\pi^2 r^3)$	$G_l(k) = \theta(\pi/l - |k|)$
盒式	$G_l(x) = \dfrac{6}{\pi l^3}\theta(1/2 - r)$	$G_l(k) = 3[\sin(\xi) - \xi\cos(\xi)]/\xi^3$
高斯	$G_l(\eta) = \left(\dfrac{6}{\pi l^2}\right)^{3/2}\exp(-6r^2/l^2)$	$G_l(k) = \exp(-\xi^2/24)$

由表 3-2 可见，只有高斯滤波器在 Fourier 积分变换时保持高斯函数形式，物理空间的盒式滤波器变换到谱空间时并不是"干净"的谱截断，在 $k > \pi/l$ 的高波数区有微小的泄漏。同理，谱空间的盒式过滤器变换到物理空间并不是盒式过滤器，而在 $|l| > \pi/k$ 的盒子以外，过滤函数仍有微小的震荡。这种情况在研究大涡模拟的亚格子模式时应当考虑，也就是说，在谱空间过滤得到的亚格子应力不能简单地等同于在物理空间过滤得到的亚格子应力，只有高斯滤波器除外。在数值模拟中物理空间的过滤尺度 l 可以等于离散网格长度，也可以大于离散网格长度。

经过过滤后，湍流速度可以分解为低通脉动速度 $\bar{u_i}$ 和剩余脉动速度 u_i' 之和：

$$u = \bar{u_i} + u_i' \tag{3-95}$$

低通脉动将由大涡数值模拟方法解出，因此成为可解尺度脉动；剩余脉动成为不可解尺度脉动或亚格子尺度脉动。

一般情况下，只有均匀过滤过程存在过滤运算的可交换性，在非均匀过滤时，需要设计专门的过滤器才能保证过滤和求导的可交换性。

3.4.3　大涡模拟控制方程

经滤波函数过滤后，可得大涡数值模拟的控制方程如下：

$$\frac{\partial \bar{u_i}}{\partial t} + \frac{\partial \overline{u_i u_j}}{\partial x_j} = -\frac{1}{\rho}\frac{\partial \bar{p}}{\partial x_i} + \nu\frac{\partial^2 \bar{u_i}}{\partial x_i \partial x_j} + \bar{f_i} \tag{3-96}$$

$$\frac{\partial \overline{u_i}}{\partial x_i} = 0 \tag{3-97}$$

不可压缩牛顿流体湍流大涡模拟的未知量是 $\overline{u_i}$ 和 $\overline{p}$，而式（3-96）左边还有新的未知量 $\overline{u_i u_j}$，它是样本流动中单位质量流体动量通量的过滤值，由于大涡模拟不能获得全部的样本流量，因此 $\overline{u_i u_j}$ 是未知量。需要对 $\overline{u_i u_j}$ 构造模型，以封闭大涡模拟方程。简单考察一下大涡数值模拟的待封闭量 $\overline{u_i u_j}$ 的性质，就可以看出它们和过滤掉的小尺度脉动有关。利用滤波函数，可以将湍流样本流动分解为大尺度运动和小尺度运动，即

$$u_i(x,t) = \overline{u_i}(x,t) + u_i''(x,t) \tag{3-98}$$

式中，$\overline{u_i}(x,t)$ 为湍流样本流动中的大尺度部分；$u_i''(x,t)$ 为样本流动中的小尺度脉动部分。

根据式（3-98），式（3-96）中的未知量 $\overline{u_i u_j}$ 可以表达为：

$$
\begin{aligned}
\overline{u_i u_j} &= \overline{[\overline{u_i}(x,t) + u''_i(x,t)][\overline{u_j}(x,t) + u''_j(x,t)]} \\
&= \overline{\overline{u_i}(x,t)\,\overline{u_j}(x,t)} + \overline{\overline{u_i}(x,t)u''_j(x,t)} + \overline{\overline{u_j}(x,t)u''_i(x,t)} + \overline{u''_i(x,t)u''_j(x,t)}
\end{aligned}
$$

$$\tag{3-99}$$

给定过滤器运算后，式（3-99）右端第一项可以由大尺度项直接计算，不需要用模型封闭，而右端第二、三、四项含有小尺度脉动项，在大涡数值模拟方法中是不可分辨的，都需要用模型封闭，即亚格子尺度模型。

3.4.4　亚格子模型

大涡模拟常用的亚格子尺度模型[8~12]包括：Smargorinsky-Lilly 涡黏模式、动力模式、WALE 模式（wall-adapting local eddy-viscosity model）及动能传输动力模式（kinetic-energy transport dynamic model）。

3.4.4.1　Smargorinsky-Lilly 模式

假定用各向同性滤波器过滤掉的小尺度湍动局部平衡，即由可解尺度向不可解尺度的能量传输率等于湍动能耗散率，则可用涡黏形式的亚格子尺度雷诺应力模式：

$$\overline{\tau}_{ij} = (\overline{u_i} \overline{u_j} - \overline{u_i u_j}) = (C_s \Delta)^2 \overline{S}_{ij}(2\overline{S}_{ij}\overline{S}_{ij})^{1/2} - \frac{1}{3}\overline{\tau}_{kk}\delta_{ij} \tag{3-100}$$

式中，$C_s \Delta$ 为混合长度的涡黏模式；C_s 为 Smagorinsky 常数。

利用高雷诺数各向同性湍流的能谱可以确定 Smagorinsky 常数。给定过滤尺度在惯性子区，则由可解尺度向不可解尺度的能量传输率的平均值等于湍动能量耗散率，即有等式：

$$\varepsilon = 2\langle \nu_t \overline{S}_{ij}\overline{S}_{ij} \rangle = 2(C_s \Delta)^2 \langle 2(\overline{S}_{ij}\overline{S}_{ij})^{3/2} \rangle \tag{3-101}$$

其中涡黏性系数为：

$$\nu_t = (C_s \Delta)^2 (\overline{S}_{ij}\overline{S}_{ij})^{1/2} \tag{3-102}$$

Lilly（1987 年）利用-5/3 湍动能谱，并假定 $\langle (\overline{S}_{ij}\overline{S}_{ij})^{3/2} \rangle = \langle \overline{S}_{ij}\overline{S}_{ij} \rangle^{3/2}$，得到 Smagorinsky 系数：

$$C_s = \frac{1}{\pi}\left(\frac{2}{3C_K}\right)^{3/4} \tag{3-103}$$

式中，C_K 为 Kolmogorov 常数，$C_K = 1.4$，于是 $C_s \approx 0.18$。

涡黏式亚格子模式是耗散型的，在各向同性滤波的情况下，它满足模式方程的约束条件。Smagorinsky 模式和黏性流体运动的计算程序有很好的适用性，但是它在计算中耗散过大，尤其是近壁区和层流到紊流的过渡阶段。在近壁区，湍流脉动等于零，亚格子应力也应该等于零，但是式（3-101）给出的壁面亚格子应力等于有限值，这与物理实际不符。为克服这一缺点，采用近壁阻尼公式进行修正，即用式（3-104）中的 l_s 取代 $C_s\Delta$：

$$l_s = C_s\Delta[1 - \exp(-y^+/A^+)] \tag{3-104}$$

式中，$y^+ = yu_*/v$，y 为离壁面的距离，剪切速度 $u_* = \sqrt{\tau_0/\rho}$；常数 A^+ 常取 26。

l_s 的计算式为：

$$l_s = \min(\kappa y, C_s V^{1/3}) \tag{3-105}$$

式中，κ 为卡门常数；V 为计算网格的体积；$C_s = 0.1$，对大部分流动来说是理想的值。

式（3-101）中的亚格子涡黏模式只适用于各向同性滤波器，对于非均匀网格的滤波，Lilly（1987 年）建议如下的当量网格长度：对于 $\Delta_1/\Delta_3 \approx 1$ 和 $\Delta_2/\Delta_3 \approx 1$ 的近似各向同性网格，可将式（3-102）中的 Δ 用 $\Delta_{eq} = (\Delta_1\Delta_2\Delta_3)^{1/3}$ 取代；对于长宽比较大的网格，建议将 Δ^2 用式（3-106）代替：

$$\Delta_{eq}^2 = f(a_1, a_2)(\Delta_1\Delta_2\Delta_3)^{2/3} \tag{3-106}$$

式中，$a_1 = \Delta_1/\Delta_3$；$a_2 = \Delta_2/\Delta_3$；$f(a_1, a_2) = \cosh\left\{\frac{4}{27}[(\ln a_1)^2 - \ln a_1 \ln a_2 + (\ln a_2)^2]\right\}^{1/2}$。

目前，Smgaorinsky 模式被广泛应用于气象和工程湍流模拟中，但它存在一些重要缺陷，如：Smgaorinsky 常数需事先给定，因此往往无法适应各种复杂流动。同时，该模式在壁面附近没有正确的渐近行为，其涡黏性不会在壁面附近的层流区中趋于零，而在转捩区中又过于耗散。另外，该模式具有所有涡黏模式的共同缺点，即无法反映能量从小尺度涡向大尺度转换的逆向传输过程，而这一物理现象在转捩区中十分重要。

3.4.4.2 动力模式

基于 Bardina 等人的尺度相似概念[13]，M. Germano 等人[14] 提出动力学亚网格模式。动力模式是动态确定模式系数的方法。动力模式本身并不提出新的模式，它需要一个基准模式，然后用动态的方法确定基准模式中的系数。

现在以 Smagorinsky 涡黏模式作为基准模式，导出模式系数。

动力模式方法需要对湍流场进行多次过滤，下面以二次过滤为例说明动力模式方法。在计算网格尺度 Δ 上的过滤结果用上标"→"表示，相应的亚格子应力用 τ_{ij}^Δ 表示，$\tau_{ij}^\Delta = \overrightarrow{u_i u_j} - \overrightarrow{u_i}\,\overrightarrow{u_j}$。在实验网格 $\alpha\Delta(\alpha > 1)$ 上再做一次过滤，结果用上标"—"表示，相应的亚格子应力用 $\tau_{ij}^{\alpha\Delta}$ 表示，$\tau_{ij}^{\alpha\Delta} = \overline{\overrightarrow{u_i}\,\overrightarrow{u_j}} - \overline{\overrightarrow{u_i u_j}}$。Germano（1991 年）假定：

$$L_{ij}(x, t) = \overline{\overrightarrow{u_i}\,\overrightarrow{u_j}} - \overline{\overrightarrow{u_i u_j}} = \tau_{ij}^{\alpha\Delta} - \overline{\tau_{ij}^\Delta} \tag{3-107}$$

式（3-107）称为 Germano 等式。其物理意义是二次过滤后的亚格子应力 $\overline{\overrightarrow{u_i}\,\overrightarrow{u_j}} - \overline{\overrightarrow{u_i u_j}}$ 等于粗、细网格上的亚格子应力差。Germano 假定的思想类似于尺度相似模式，实验网格上过滤的亚格子应力 $\overline{\overrightarrow{u_i}\,\overrightarrow{u_j}} - \overline{\overrightarrow{u_i u_j}}$ 是由粗网格（$\alpha\Delta(\alpha > 1)$）上的最小脉动产生，假定粗细网格中湍流脉动具有相似性，由粗网格上的最小脉动产生的应力等于粗细网格分别过滤产生的亚格子应力之差。

　　注意到 Germano 等式的左边 $L_{ij}(x,t) = \overline{\overline{u_i}\,\overline{u_j}} - \overline{\overline{u_i u_j}}$ 是已知量，只要在计算出的一次过滤结果上再做一次过滤运算就能得到。如果在式（3-107）右边用 Smagorinsky 模式代入，最后得到：

$$L_{ij} - \frac{1}{3}L_{kk}\delta_{ij} = (C_s)^2 M_{ij} \tag{3-108}$$

其中

$$M_{ij} = 2\Delta^2\left[\alpha^2\left(\frac{C_s^{\alpha\Delta}}{C_s^{\Delta}}\right)^2 |\overline{\overline{S}}|\overline{\overline{S}}_{ij} - |\overline{S}|\overline{S}_{ij}\right] \tag{3-109}$$

　　假设大涡模拟的网格 Δ 和 $\alpha\Delta$ 都足够细，模式系数和网格无关，即 $C_s^{\alpha\Delta} = C_s^{\Delta}$，另有 $|\overline{\overline{S}}|\overline{\overline{S}}_{ij} = |\overline{S}|\overline{S}_{ij}$，得：

$$M_{ij} = 2\Delta^2(\alpha^2 - 1)|\overline{S}|\overline{S}_{ij} \tag{3-110}$$

　　式（3-108）中 L_{ij}，M_{ij} 都是已知量，只有一个未知量 C_s^{Δ}。该式中有 5 个独立代数方程（在不可压缩流体中 $M_{ij} = 0$），因此式（3-108）做张量收缩后是恒等式。

　　有几种方法可以克服超定性，所有的方案都是用张量收缩式（3-109）简化为一个标量方程。

　　第一种方法是用 S_{ij} 乘以式（3-109），得：

$$(C_s^{\Delta})^2 = \frac{L_{ij}S_{ij}}{M_{ij}S_{ij}} \tag{3-111}$$

　　由于 L_{ij}，M_{ij} 和 S_{ij} 都是不规则量，用式（3-111）确定的系数 C_s^{Δ} 在空间分布上是不规则的，从而导致涡黏系数 v_t 在空间上有剧烈变化，这种剧烈变化往往会导致数值计算的不稳定。可以用统计平均法使系数光滑化。

　　第二种方法是用 S_{ij} 乘以式（3-109），然后在统计均匀方向做平均（Germano（1991年）），得：

$$(C_s^{\Delta})^2 = \frac{\langle L_{ij}S_{ij}\rangle}{\langle M_{ij}S_{ij}\rangle} \tag{3-112}$$

　　第三种方法是最小二乘法，或最优化方法，平均误差为：

$$\varepsilon = \langle[L_{ij} - (C_s^{\Delta})M_{ij}]^2\rangle \tag{3-113}$$

　　令平均误差为最小（Lilly（1992年）），由此可得：

$$(C_s^{\Delta})^2 = \frac{\langle L_{ij}M_{ij}\rangle}{\langle M_{ij}M_{ij}\rangle} \tag{3-114}$$

　　实际计算结果表明，平均方法得到的亚格子应力涡黏系数有相当好的适应性。特别是其近壁涡黏系数：

$$v_t = (C_s^{\Delta})^2 \sim (y^+)^3 \tag{3-115}$$

这是湍流脉动近壁渐进行为的准确结果。

3.4.4.3　WALE 模式

WALE 模式中黏性系数定义为：

$$v_t = l_s^2 \frac{(S_{ij}^d M_{ij}^d)^{3/2}}{(\overline{S}_{ij}\overline{S}_{ij})^{5/2} + (S_{ij}^d S_{ij}^d)^{5/4}} \tag{3-116}$$

其中

$$l_s = \min(\kappa y, C_\omega V^{1/3}) \tag{3-117}$$

$$S_{ij}^{d} = \frac{1}{2}(\overline{g_{ij}^2} + \overline{g_{ji}^2}) - \frac{1}{3}\delta_{ij}\overline{g_{kk}^2}, \quad \overline{g}_{ij} = \frac{\overline{\partial u_i}}{\partial x_j} \quad (3-118)$$

WALE 模式的常数 $C_\omega = 0.325$。目前，WALE 模式可适用于多种流动情况，它可以很好地解决近壁流动的问题。

3.4.4.4　动能传输动力模式

Smagorinsky-Lilly 模式及动力模式实质上是参数化的亚格子应力代数模型，动能传输动力模型是假设亚格子过滤产生的动能与细网格尺度的动能相平衡。

亚格子动能定义为：

$$k_{\rm S} = \frac{1}{2}(\overline{u_k^2}) - \overline{u}_k^2 \quad (3-119)$$

涡黏系数 $\nu_{\rm t}$ 由 $k_{\rm S}$ 计算得到：

$$\nu_{\rm t} = \frac{1}{\rho}C_k k_{\rm S}^{1/2}\Delta f \quad (3-120)$$

式中，过滤尺度为：

$$\Delta f \equiv V^{1/3} \quad (3-121)$$

则亚格子应力为：

$$\tau_{ij} - \frac{2}{3}k_{\rm S} = -2C_k k_{\rm S}^{1/2}\Delta f \overline{S}_{ij} \quad (3-122)$$

$k_{\rm S}$ 由传输方程解出，其中输运方程为：

$$\frac{\partial \overline{k}_{\rm S}}{\partial t} + \frac{\partial \overline{u}_j \overline{k}_{\rm S}}{\partial x_j} = -\tau_{ij}\frac{\partial \overline{u}_i}{\partial x_j} - C_\varepsilon \frac{k_{\rm S}^{3/2}}{\Delta f} + \frac{\partial}{\partial x_j}\left(\frac{\mu_{\rm t}}{\sigma_k}\frac{\partial k_{\rm S}}{\partial x_j}\right) \quad (3-123)$$

式中，$\sigma_k = 0.1$；C_k, C_ε 由动力模式方法解出。

参 考 文 献

[1] Richardson L F. Weather Prediction by Numerical Process [M]. Cambridge：Cambridge University Press, 1922.

[2] 是勋刚. 湍流 [M]. 天津：天津大学出版社，1994.

[3] 张兆顺，崔桂香，许春晓. 湍流大涡数值模拟的理论与应用 [M]. 北京：清华大学出版社，2008.

[4] Prandtl L Z. Anwendungsbeispiele zu eintm henckyschen satz über das plastische gleichgewicht [J]. Angew. Math. , 1925, 3：401~406.

[5] Launder B E, Spalding D B. The numerical computation of turbulent flows [J]. Computer Methods in Applied Mechanics and Engineering, 1974, 32：269~289.

[6] Smagorinsky J. General circulation experiments with the primitive equation. I. the basic experiment [J]. Mort. Wea. Rev. , 1963, 91：99~165.

[7] Herring J R. Some contributions of two-point closure to turbulence [J]. In Frontiers in Fluid Mechanics, 1984：68~86.

[8] Horiuti K. Anisotropic representation of the Reynolds stress in large eddy simulation of turbulent channel flow [J]. Fluid Dynamics, Nagoya, 1989, 8：233~241.

[9] Horiuti K, Yoshizawa A. Large eddy simulation of turbulent channel flow by 1-equation model [J]. In Finite Approximations in Fluid Mech. , 1985：119~134.

［10］Chang Y K, Vakilli A D. Dynmaics of vortex rings in crossflow ［J］. Phys Fluids, 1995, 7: 1583 ~ 1597.

［11］Yakhot A, Orszag S A. Renormalization group analysis of thrbulenee. I. basic theory ［J］. J. Sci. Compu-ting, 1986: 3 ~ 51.

［12］Moin P, Squires K, Cabot W H, et al. A dynamic subgrid-scale model for compressible turbulence and scalar transport ［J］. Phys. Fluids, 1991, A3 (11): 2746 ~ 2757.

［13］Bardina J, Ferziger J H, Reynolds W C. Improved subgrid scale models for large eddy simulation ［J］. AA-IA, 1980: 80 ~ 135.

［14］Germano M, Pimoelli U, Moin P, et al. A dynamic subgrid-scale eddy viscosity model ［J］. Phys. Fluids, 1991, A3: 1760 ~ 1765.

4 计算流体力学的数值方法

数值求解过程包含两个步骤：第一步包括偏微分方程及其辅助（边界和初始）条件转换为离散代数方程组，即离散阶段；第二步是用数值方法来求解代数方程组。图 4-1 所示为常规离散过程和计算求解步骤的总体框图。目前 CFD 中有三种主要的离散方法[1~5]，分别是有限差分法、有限体积法、有限元法。还有其他可用的有效离散方法，如谱方法。谱方法与有限差分法和有限元法相同，只是用截断级数代替控制方程的未知部分，区别在于后两种方法进行局部

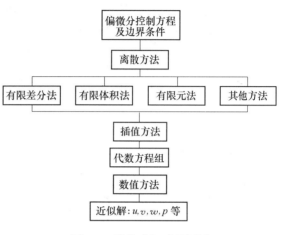

图 4-1 数值求解过程框图

逼近，而谱方法则在整个流动区域内通过 Fourier 级数或用 Chebyshev 分段级数进行整体逼近，用加权残差来衡量近似解与真实解的偏差，这一点与有限元法相似。一般而言，有限元法和有限体积法有很多共同之处。区别在于有限元法在局部单元上采用简单的分段多项式来描述未知流动变量的变化关系。引入加权残差的概念来检测逼近函数的误差，残差最终达到最小。求解一组含有未知项的非线性代数方程组的逼近函数，于是就得到了流动的解。尽管大量商业和研究软件采用有限元法，但该方法在 CFD 中并没有得到更广泛的应用。有限元法的突出优点在于能够处理任意几何形状的流动问题。但与有限体积法相比，有限元法需要更大的计算资源和更强的计算机处理能力，因此其使用受到限制。

4.1 常用的数值求解方法

4.1.1 有限差分法

有限差分法（finite difference method）是最早用来解决流体力学问题的离散化方法，也是目前流体力学教学的主要方法。网格上每一个节点都用来描述流体流动区域，通过泰勒级数展开生成控制方程偏导数的有限差分逼近方程，而后用有限差分逼近方程代替这些导数方程，得到每个节点上的代数方程，在理论分析方面有着其他方法不可比拟的优势。

有限差分法数值求解的第一步就是对几何区域进行离散，因此必须定义一个数值网格。在该方法中，通常是局部结构化网格，这就意味着网格每一个节点必须与原局部坐标系一一对应，坐标轴必须与网格线一致。这也意味着任意两条网格线在其他地方不相

交，不同区域内任意一对网格线只能在节点处相交一次。在三维坐标系中，三条网格线在每一个节点处相交，任意两条网格线在其他节点处都不相交。图 4-2 所示为有限差分法中广泛应用的等距一维及二维直角坐标网格。在这两种网格系统中，每个节点都由一组坐标唯一确定，二维网格空间的网格线交点值用 (i, j) 表示，而三维空间则用 (i, j, k) 表示。相邻节点的坐标值在此节点的基础上加减一个单位即可得到。

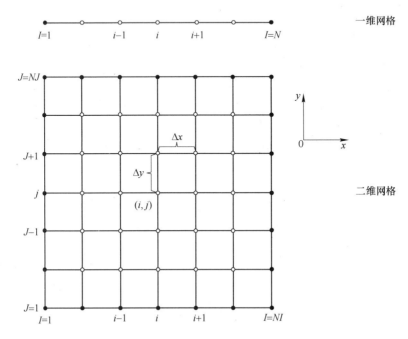

图 4-2 有限差分法中等距一维和二维直角网格

偏微分的解析解是封闭形式的表达式，它提供了流场中流动变量的连续变化值。而数值解只能提供几何区域内的离散值，例如图 4-2 网格系统中网格节点（空心点）上的值。为了便于说明有限差分法，假定 x 轴上网格间距相等，用 Δx 表示，y 轴上网格间距也相等，用 Δy 表示。Δx 或 Δy 的间隔也可以不等。我们可以容易地处理两轴方向上完全不等距的网格问题。这种单一间距不必与物理 x-y 空间相对应。CFD 通常采用这样的处理方法：数值计算可以在转换的空间中进行，而自变量在转换空间中是等间距的，转换空间的等间距与实际空间的不等间距相对应。在任何情况下，我们均假设有限差分方法中所描述的每一坐标方向上的网格都是等间距的。

描述控制方程偏导数的基础是泰勒级数展开。根据图 4-2，如果在点 (i, j) 存在流动变量 ϕ，那么变量在点 $(i+1, j)$ 的值可以用点 (i, j) 的泰勒级数展开来表示：

$$\phi_{i+1, j} = \phi_{i, j} + \left(\frac{\partial \phi}{\partial x}\right)_{i, j} \Delta x + \left(\frac{\partial^2 \phi}{\partial x^2}\right)_{i, j} \frac{\Delta x^2}{2} + \left(\frac{\partial^3 \phi}{\partial x^3}\right)_{i, j} \frac{\Delta x^3}{6} + \cdots \tag{4-1}$$

相似地，变量在点 $(i-1, j)$ 的值也可以用点 (i, j) 的泰勒级数展开来表示：

$$\phi_{i-1, j} = \phi_{i, j} - \left(\frac{\partial \phi}{\partial x}\right)_{i, j} \Delta x + \left(\frac{\partial^2 \phi}{\partial x^2}\right)_{i, j} \frac{\Delta x^2}{2} + \left(\frac{\partial^3 \phi}{\partial x^3}\right)_{i, j} \frac{\Delta x^3}{6} + \cdots \tag{4-2}$$

如果泰勒级数展开式的项数无限大，并且当 $\Delta x \to 0$ 时级数收敛，则式（4-1）和式（4-2）就是变量 $\phi_{i+1,j}$ 和 $\phi_{i-1,j}$ 的精确数学表达式。将上述两式相减，就得到 ϕ 的一阶偏导数的近似表达式：

$$\frac{\partial \phi}{\partial x} = \frac{\phi_{i+1,j} - \phi_{i-1,j} + (\Delta x^3/3)(\partial^3 \phi/\partial x^3)}{2\Delta x}$$

或

$$\frac{\partial \phi}{\partial x} = \frac{\phi_{i+1,j} - \phi_{i-1,j}}{2\Delta x} + o(\Delta x^2)（中心差分）\tag{4-3}$$

式中，$o(\Delta x^n)$ 为有限差分近似的截断误差，用来衡量近似的准确度以及确定当节点间距减小时误差的减少速率。

因为式（4-3）的截断误差为二阶，因此称为二阶精度。这是主要的简化方法，其近似精度取决于 Δx 的取值大小。Δx 越小，近似精度越高。因为该方程与节点 x 相邻两侧的节点值有关，故称为中心差分。当然，也可以调用式（4-1）和式（4-2），得到一阶导数的其他差分形式，即：

$$\frac{\partial \phi}{\partial x} = \frac{\phi_{i+1,j} - \phi_{i,j}}{\Delta x} + o(\Delta x)（向前差分）\tag{4-4}$$

或

$$\frac{\partial \phi}{\partial x} = \frac{\phi_{i,j} - \phi_{i-1,j}}{\Delta x} + o(\Delta x)（向后差分）\tag{4-5}$$

上述两个方程分别称为向前差分和向后差分。它们代表各自的偏差，并且这两种差分形式均为一阶近似精度。一般来说，对于给定 Δx 的值，向前和向后差分的精度要低于中心差分的精度。

可以从导数的定义进一步探讨有限差分近似的意义。图 4-3 给出了式（4-3）～式（4-5）的几何解释。在节点 i 处，x 方向上一阶偏导数 $\partial \phi/\partial x$ 就是曲线 $\phi(x)$ 上该点的切线，即图中标出的"精确线"。节点 i 处的切线可以用通过曲线上临近点 $i+1$ 和 $i-1$ 的连线近似。向前差分可以通过节点 i 和 $i+1$ 的连线 BC 来确定，而向后差分则可以通过节点 $i-1$ 和 i 的连线 AB 来确定。线 AC 则表示中心差分得到的近似。可见，曲线 AC 表示的中心差分更接近于精确线；如果函数 $\phi(x)$ 是一个二阶多项式且节

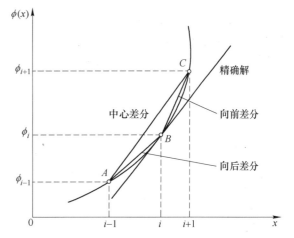

图 4-3 采用有限差分法表示一阶导数 $\partial \phi/\partial x$

点在 x 方向是等距离划分的，那么近似斜线与精确线完全一致。在节点 i 附近增加一些节点时，近似精度得到改进，即网格细化可以提高近似精度。

同一阶导数类似，二阶导数也可以通过泰勒级数展开获得。将式（4-1）和式（4-2）求和后可得：

$$\frac{\partial^2 \phi}{\partial x^2} = \frac{\phi_{i+1,j} - 2\phi_{i,j} + \phi_{i-1,j}}{\Delta x^2} + o(\Delta x^2) \tag{4-6}$$

式（4-6）即为关于 x 的二阶导数在节点 (i, j) 处的中心差分表达式，为二阶精度。

与泰勒级数在空间上的展开式（4-1）类似，泰勒级数在时间上的展开方程也可以用类似的方法获得。由于数值解很可能与离散时间间隔 Δt 同步变化，因此对空间的一阶导数进行的有限差分同样适用于对时间的一阶导数。对时间的向前差分近似方程为：

$$\frac{\partial \phi}{\partial t} = \frac{\phi_{i,j}^{n+1} - \phi_{i,j}^{n}}{\Delta t} + o(\Delta t) \text{（向前差分）} \tag{4-7}$$

式（4-7）引入了时间的一阶截断误差 $o(\Delta t)$。对时间导数更精确的近似可通过考虑时间项中 $\phi_{i,j}$ 的其他离散值来获得。

有限差分法最主要的优点是便于构造高精度格式，编写程序非常简单。但是有限差分法也有显著的缺点，通常用于结构化网格，难以用于非结构化网格。节点之间的网格步长不必一致，但是为了保证计算精度，变形或扭曲网格的总量必须加以限制。所以处理复杂几何边界的问题比较欠缺。

4.1.2　有限体积法

有限体积法又称有限容积法，是将计算区域划分为一系列控制体积，每个控制体积都有一个节点代表，通过将控制方程对控制体积做积分得出离散方程。在积分过程中，需要对控制体积界面上的被求函数本身（对流通量）及其一阶导数（扩散通量）的构成做出假定，这就形成了不同的格式。由于扩散项多是采用相当于二阶精度的线性插值，因为格式的区别主要体现在对流项上。用有限体积法导出的离散方程可以保证具有守恒特性，而且离散方程系数物理意义明确，计算量相对较小，是目前流动与传热问题的数值计算中应用最广泛的一种方法。

考虑到流体控制方程较多，为研究方便，可以用通用方程进行表示，即：

$$\frac{\partial(\rho\phi)}{\partial t} + \nabla \cdot (\rho\phi\boldsymbol{u}) = \nabla \cdot (\varGamma \cdot \mathrm{grad}\phi) + S_\phi \tag{4-8}$$

式中，ϕ 为广义变量，可以为速度、温度或浓度等一些待求解物理量；$\varGamma$ 为相对于 ϕ 的广义扩散系数；S_ϕ 为广义源项。

写成通用变量的形式，是为下一步离散做准备，这样只需要离散一个通用变量方程即可。各项的意义如下：

$$\phi \text{ 随时间的变化率} + \phi \text{ 由于对流引起的流出率}$$
$$= \phi \text{ 由于扩散引起的增加率} + \phi \text{ 由于源项引起的增加} \tag{4-9}$$

采用有限体积法对方程进行离散，即将微分方程式（4-8）在控制体内进行积分：

$$\int_V \frac{\partial(\rho\phi)}{\partial t} \mathrm{d}V + \int_V \nabla \cdot (\rho\phi\boldsymbol{u}) \mathrm{d}V = \int_V \nabla \cdot (\varGamma \cdot \mathrm{grad}\phi) \mathrm{d}V + \int_V S_\phi \mathrm{d}V \tag{4-10}$$

利用高斯定律，式（4-10）可转化为：

$$\frac{\partial}{\partial t}\left(\int_V \rho\phi \mathrm{d}V\right) + \int_A \boldsymbol{n} \cdot (\rho\phi\boldsymbol{u}) \mathrm{d}A = \int_A \boldsymbol{n} \cdot (\varGamma \cdot \mathrm{grad}\phi) \mathrm{d}A + \int_V S_\phi \mathrm{d}V \tag{4-11}$$

对于稳态问题，由于时间相关项等于零，式（4-11）成为：

$$\int_A \boldsymbol{n} \cdot (\rho\phi\boldsymbol{u})\,\mathrm{d}A = \int_A \boldsymbol{n} \cdot (\varGamma \cdot \mathrm{grad}\phi)\,\mathrm{d}A + \int_V S_\phi\,\mathrm{d}V \tag{4-12}$$

对于非稳态问题，还需在时间间隔 Δt 内进行积分，式（4-11）成为：

$$\int_{\Delta t}\frac{\partial}{\partial t}\Big(\int_V \rho\phi\,\mathrm{d}V\Big)\mathrm{d}t + \int_{\Delta t}\!\!\int_A \boldsymbol{n} \cdot (\rho\phi\boldsymbol{u})\,\mathrm{d}A\mathrm{d}t = \int_{\Delta t}\!\!\int_A \boldsymbol{n} \cdot (\varGamma \cdot \mathrm{grad}\phi)\,\mathrm{d}A\mathrm{d}t + \int_{\Delta t}\!\!\int_V S_\phi\,\mathrm{d}V\mathrm{d}t \tag{4-13}$$

下面以三维对流扩散问题为例，介绍有限体积法的离散过程。三维对流扩散问题的控制方程为：

$$\int_{\Delta V}\frac{\partial}{\partial x}(\rho u\phi)\,\mathrm{d}V + \int_{\Delta V}\frac{\partial}{\partial y}(\rho v\phi)\,\mathrm{d}V + \int_{\Delta V}\frac{\partial}{\partial z}(\rho w\phi)\,\mathrm{d}V$$

$$= \int_{\Delta V}\frac{\partial}{\partial x}\Big(\varGamma\frac{\partial\phi}{\partial x}\Big)\mathrm{d}V + \int_{\Delta V}\frac{\partial}{\partial y}\Big(\varGamma\frac{\partial\phi}{\partial y}\Big)\mathrm{d}V + \int_{\Delta V}\frac{\partial}{\partial z}\Big(\varGamma\frac{\partial\phi}{\partial z}\Big)\mathrm{d}V + \int_{\Delta V}S\mathrm{d}V \tag{4-14}$$

以内部节点（P 点）为例，研究其控制方程的离散形式，W、E 分别为 P 点左右两侧邻近节点，N、S 分别为 P 节点前后两侧邻近节点，T、B 分别为 P 节点上下两侧邻近节点，如图4-4所示。对于结构化网格，控制体积的边界面积：$A_w = A_e = \Delta y\Delta z, A_n = A_s = \Delta x\Delta z, A_t = A_b = \Delta x\Delta y$，于是由奥氏公式，式（4-14）可写成：

$$\big[(\rho u\phi A)_e - (\rho u\phi A)_w\big] + \big[(\rho v\phi A)_n - (\rho v\phi A)_s\big] + \big[(\rho w\phi A)_t - (\rho w\phi A)_b\big]$$

$$= \Big(\varGamma A\frac{\partial\phi}{\partial x}\Big)_e - \Big(\varGamma A\frac{\partial\phi}{\partial x}\Big)_w + \Big(\varGamma A\frac{\partial\phi}{\partial y}\Big)_n - \Big(\varGamma A\frac{\partial\phi}{\partial y}\Big)_s + \Big(\varGamma A\frac{\partial\phi}{\partial z}\Big)_t - \Big(\varGamma A\frac{\partial\phi}{\partial z}\Big)_b + \bar{S}\Delta x\Delta y\Delta z$$

$$\tag{4-15}$$

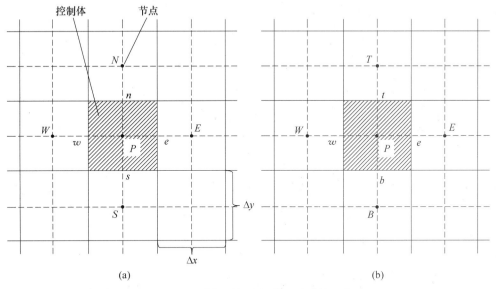

图4-4 三维问题的有限体积法计算网格

（a）XOY 面；（b）XOZ 面

采用线性差值（中心差分）可得：

$$(\rho u\phi A)_e = (\rho u)_e A_e\phi\,\big|_e = (\rho u)_e A_e\frac{\phi_E + \phi_P}{2} \tag{4-16a}$$

$$(\rho u\phi A)_w = (\rho u)_w A_w\phi\,\big|_w = (\rho u)_w A_w\frac{\phi_P + \phi_W}{2} \tag{4-16b}$$

$$(\rho u \phi A)_n = (\rho u)_n A_n \phi \big|_n = (\rho v)_n A_n \frac{\phi_N + \phi_P}{2} \tag{4-16c}$$

$$(\rho v \phi A)_s = (\rho v)_s A_s \phi \big|_s = (\rho v)_s A_s \frac{\phi_P + \phi_S}{2} \tag{4-16d}$$

$$(\rho w \phi A)_t = (\rho w)_t A_t \phi \big|_t = (\rho w)_t A_t \frac{\phi_T + \phi_P}{2} \tag{4-16e}$$

$$(\rho w \phi A)_b = (\rho w)_b A_b \phi \big|_b = (\rho w)_b A_b \frac{\phi_P + \phi_B}{2} \tag{4-16f}$$

$$\left(\Gamma A \frac{\partial \phi}{\partial x}\right)_e = \Gamma_e A_e \frac{\partial \phi}{\partial x}\bigg|_e = \Gamma_e A_e \frac{\phi_E - \phi_P}{\delta x_{PE}} \tag{4-16g}$$

$$\left(\Gamma A \frac{\partial \phi}{\partial x}\right)_w = \Gamma_w A_w \frac{\partial \phi}{\partial x}\bigg|_w = \Gamma_w A_w \frac{\phi_P - \phi_W}{\delta x_{WP}} \tag{4-16h}$$

$$\left(\Gamma A \frac{\partial \phi}{\partial y}\right)_n = \Gamma_n A_n \frac{\partial \phi}{\partial y}\bigg|_n = \Gamma_n A_n \frac{\phi_N - \phi_P}{\delta y_{NP}} \tag{4-16i}$$

$$\left(\Gamma A \frac{\partial \phi}{\partial y}\right)_s = \Gamma_s A_s \frac{\partial \phi}{\partial y}\bigg|_s = \Gamma_s A_s \frac{\phi_P - \phi_S}{\delta y_{SP}} \tag{4-16j}$$

$$\left(\Gamma A \frac{\partial \phi}{\partial z}\right)_t = \Gamma_t A_t \frac{\partial \phi}{\partial z}\bigg|_t = \Gamma_t A_t \frac{\phi_T - \phi_P}{\delta z_{PT}} \tag{4-16k}$$

$$\left(\Gamma A \frac{\partial \phi}{\partial z}\right)_b = \Gamma_b A_b \frac{\partial \phi}{\partial z}\bigg|_b = \Gamma_b A_b \frac{\phi_P - \phi_B}{\delta z_{BP}} \tag{4-16l}$$

其中源项也可用线性化处理得：

$$\bar{S}\Delta V = S_u + S_p \phi_P \tag{4-16m}$$

令 $F_e = (\rho u)_e A_e$，$F_w = (\rho u)_w A_w$，$F_n = (\rho u)_n A_n$，$F_s = (\rho u)_s A_s$，$F_t = (\rho u)_t A_t$，$F_b = (\rho u)_b A_b$，$D_e = \dfrac{\Gamma_e A_e}{\delta x_{PE}}$，$D_w = \dfrac{\Gamma_w A_w}{\delta x_{WP}}$，$D_n = \dfrac{\Gamma_n A_n}{\delta y_{PN}}$，$D_s = \dfrac{\Gamma_s A_s}{\delta y_{SP}}$，$D_t = \dfrac{\Gamma_t A_t}{\delta z_{PT}}$，$D_b = \dfrac{\Gamma_b A_b}{\delta y_{BP}}$，代入式 (4-15) 后，可得：

$$\frac{F_e}{2}(\phi_E + \phi_P) - \frac{F_w}{2}(\phi_P + \phi_W) + \frac{F_n}{2}(\phi_N + \phi_P) - \frac{F_s}{2}(\phi_P + \phi_S) + \frac{F_t}{2}(\phi_T + \phi_P) - \frac{F_b}{2}(\phi_P + \phi_B)$$

$$= D_e(\phi_E - \phi_P) - D_w(\phi_P - \phi_W) + D_n(\phi_N - \phi_P) - D_s(\phi_P - \phi_S) + D_t(\phi_T - \phi_P) -$$

$$D_b(\phi_P - \phi_B) + S_u + S_p \phi_P \tag{4-17}$$

整理节点变量，有：

$$\left[\left(D_w - \frac{F_w}{2}\right) + \left(D_e + \frac{F_e}{2}\right) + \left(D_s - \frac{F_s}{2}\right) + \left(D_n + \frac{F_n}{2}\right) + \left(D_b - \frac{F_b}{2}\right) + \left(D_t + \frac{F_t}{2}\right) - S_p\right]\phi_P$$

$$= \left(D_w + \frac{F_w}{2}\right)\phi_W + \left(D_e - \frac{F_e}{2}\right)\phi_E + \left(D_s + \frac{F_s}{2}\right)\phi_S + \left(D_n - \frac{F_n}{2}\right)\phi_N + \left(D_b + \frac{F_b}{2}\right)\phi_B +$$

$$\left(D_t - \frac{F_t}{2}\right)\phi_T + S_u \tag{4-18}$$

这时，需要在 ϕ_P 系数中引入 $F_e - F_e + F_w - F_w + F_s - F_s + F_n - F_n + F_t - F_t + F_b - F_b$，则式 (4-18) 变为：

$$\left[\left(D_w + \frac{F_w}{2} \right) + \left(D_e - \frac{F_e}{2} \right) + \left(D_s + \frac{F_s}{2} \right) + \left(D_n - \frac{F_n}{2} \right) + \left(D_b + \frac{F_b}{2} \right) + \left(D_t - \frac{F_t}{2} \right) + \right.$$

$$\left. \left(F_e - F_w \right) + \left(F_n - F_s \right) + \left(F_t - F_b \right) - S_p \right] \phi_P$$

$$= \left(D_w + \frac{F_w}{2} \right) \phi_W + \left(D_e - \frac{F_e}{2} \right) \phi_E + \left(D_s + \frac{F_s}{2} \right) \phi_S + \left(D_n - \frac{F_n}{2} \right) \phi_N +$$

$$\left(D_b + \frac{F_b}{2} \right) \phi_B + \left(D_t - \frac{F_t}{2} \right) \phi_T + S_u \tag{4-19}$$

设 $a_W = D_w + F_w/2$，$a_E = D_e - F_e/2$，$a_S = D_s + F_s/2$，$a_N = D_n - F_n/2$，$a_B = D_b + F_b/2$，$a_T = D_t - F_t/2$。$\Delta F = F_e - F_w + F_n - F_s + F_t - F_b$，$a_P = a_W + a_E + a_S + a_N + a_B + a_T + \Delta F - S_P$，则式（4-19）可转化为：

$$a_P \phi_P = a_W \phi_W + a_E \phi_E + a_S \phi_S + a_N \phi_N + a_T \phi_T + a_B \phi_B + S_u \tag{4-20}$$

式（4-20）就是三维对流扩散问题的离散方程格式，适用于三维问题计算区域所有内部节点的离散方程构造。

有限体积法除了采用上述的中心差分格式离散外，还有多种离散格式，此处给出统一的离散方程为：

$$a_P \phi_P = a_w \phi_w + a_{ww} \phi_{ww} + a_E \phi_E + a_{EE} \phi_{EE} \tag{4-21}$$

式中，a_P 的取值决定于问题的阶数，对于一阶问题，$a_P = a_w + a_E + (F_e - F_w)$；对于二阶问题，$a_P = a_w + a_E + a_{ww} + a_{EE} + (F_e - F_w)$，其中 a_w、a_{ww}、a_E 和 a_{EE} 取决于所用的离散格式，这将在 4.3 节做详细介绍。

有限体积法是针对控制体而非网格节点而言的，所以可以适应任何类型的网格。用非结构化网格代替结构化网格，可以定义各种控制体的形状和位置。因为网格只对控制体的边界进行定义，所以，只要面积分与控制体采用相同的边界，这种方法就是守恒的。与有限差分法相比，有限体积法的缺点之一是难于建立二阶以上的三维高阶差分近似，这是因为需要进行积分和插值两级近似。尽管如此，有限体积法具有更多的优点。该方法的一个重要特性是能够应用有限元网格形式。对于二维问题，有限元类型可以采用三角形或四边形的网格组合；对于三维问题，则可以采用四面体或六面体网格。这种非结构化网格更适合处理复杂几何结构的问题。与有限差分法不同的是，有限体积法不需要在适体坐标系下对方程进行变换。

4.1.3　有限元法

有限元法（finite element method）是求解数学物理问题的一种数值计算方法。在力学领域，有限元的思想早在 20 世纪 40 年代就已经提出，到了 20 世纪 50 年代开始用于飞机设计。在 20 世纪 60 年代末至 70 年代初，有限单元法在理论上已基本成熟，并陆续应用在商业的有限元分析软件上被广泛应用到了结构分析、流体力学、电磁场计算等物理和工程问题中。

有限元方法的主要思想是把连续的物体离散成有限个单元，在每一个单元内设立有限个节点，把连续体看成是在节点处相连接的单元集合体，与此同时选择场函数的节点值作为基本的未知量，并在每一个单元内设立一个近似插值函数用来表示单元中场函数的分布情况，并且利用变分原理，建立求解节点未知量的有限元方程，把一个连续区域内的无限自由度问题转化为离散域中的有限自由度问题。求解结束，就可以利用解得来的节点值和设定的插值函数来确定单元上以及整个物体的场函数。

有限元法已被用于求解线性和非线性问题，并建立了各种有限元模型，如协调、不协调、混合、杂交、拟协调元等。有限元法十分有效、通用性强、应用广泛，已有许多大型或专用程序系统供工程设计使用。结合计算机辅助设计技术，有限元法也被用于计算机辅助制造中。

它与有限体积法的区别主要在于：

（1）要选定一个形状函数（如线性函数），并通过单元体中节点上的被求变量值来表示该形状函数。在积分之前将该形状函数代入到控制方程中去，这一形状函数在建立离散方程及求解后结果的处理上都要应用。

（2）控制方程在积分之前要乘上一个权函数，要求在整个计算区域上控制方程余量的加权平均值等于零，从而得出一组关于节点上的被求变量的代数方程组。

有限元法的最大优点是对不规则区域的适应性好。但计算的工作量一般较有限体积法大，而且在求解流动与换热问题时，对流项的离散处理方法及不可压流体原始变量法求解方面没有有限体积法成熟。

4.2　计算区域的划分

计算区域的划分是网格划分，又称连续空间的离散化。它是建立计算模型的一个重要环节，要求考虑的问题较多，需要的工作量较大，所划分的网格形式对计算精度和计算规模将产生直接影响。网格数量的多少将影响计算结果的精度和计算规模的大小，一般来讲，网格较少时增加网格数量可以使计算精度明显提高，而计算时间不会有大的增加；当网格数量增加到一定程度后，再继续增加网格时精度提高甚微，而计算时间却有大幅度增加。所以应注意增加网格的经济性。实际应用时可以比较两种网格划分的计算结果，如果两次计算结果相差较大，可以继续增加网格，相反则停止计算。

下面简单介绍一下网格划分的几种基本处理方法：

（1）贴体坐标法。贴体坐标是利用曲线坐标，并使其坐标线与计算区域的边界重合，这样所有边界点能够用网格点来表示，不需要任何插值。一旦贴体坐标生成通过变换，偏微分方程求解可以不在任意形状的物理平面上，而在矩形或矩形的组合转换平面上进行。这样计算与几何外形无关，也与在物理平面上网格间隔无关，而是把边界条件复杂的问题转换成一个边界条件简单的问题。这样不仅可避免因几何外形与坐标网格线不一致带来计算误差，而且还可节省计算时间和内存，使流场计算较准确，同时方便求解，较好地解决了复杂形状流动区域的计算，在工程上比较广泛应用。

（2）区域法。虽然贴体坐标系可以使坐标线与计算区域外形相重合，从而解决复杂流动区域计算问题。但有时实际流场是一个复杂的多通道区域，很难用一种网格来模拟，生成单域贴体网格，即使生成了也不能保证网格质量，影响流场数值求解的效果。因此，目前常采用区域法或分区网格，其基本思想是，根据外形特点把复杂的物理域或复杂拓扑结构的网格分成若干个区域，分别对每个子区域生成拓扑结构简单的网格。根据实际数值模拟计算的需要，把整个区域分成几个不同的子区域，并分别生成网格，这样不仅可提高计算精度，而且还可节省计算机内存，提高收敛精度。区域法能合理解决网格生成问题，已被大量用来计算复杂形状区域流动。

（3）非结构网格法。上述各方法所生成的网格均属于结构化网格，其共同特点是网格中各节点排列有序，每个节点与邻点之间关系是固定的，在计算区域内网格线和平面保持连续。特别是其中分区结构网格生成方法已积累了较多经验，计算技术也较成熟，目前被广泛用来构造复杂外形区域内网格。但是，若复杂外形稍有改变，则将需要重新划分区域和构造网格，耗费较多人力和时间。为此，近年来又发展了另一类网格——非结构网格。此类网格的基本特点是：任何空间区域都被以四面体为单元的网格所划分，网格节点不受结构性质限制，能较好地处理边界，每个节点的邻点个数也可不固定，因此易于控制网格单元的大小、形状及网格的位置。与结构网格相比，此类网格具有更大的灵活性和对复杂外形的适应性。虽然非结构网格容易适合复杂外形，但与结构网格相比还存在一些缺点：

1）需要较大内存记忆单元节点之间关联信息。

2）需要更多 CPU 时间，这不仅是因为网格结构不规则而增加寻址时间，而且因网格不具备方向性，导致计算工作量增大。

3）结构网格中成熟流场计算方法不能简单地用于非结构网格，离散时所形成代数方程求解过程收敛性差。

（4）多重网格法。多重网格法是一种具有快速收敛特点的计算技术。该法在求解偏微分方程时用一系列逐步加密或减疏的网格去离散求解区域，不同粗细网格可以消除不同波长的误差，从而加快收敛。该法的基本思想是在粗细不同的网格上用迭代法求解差分方程，在每层网格上求出的解包括两部分：一是上一层的解在该层网格上的插值，另一个是该层网格消除的误差。将该层所消的误差（上一层未能消除）插值到上一层网格上，作为对上一层原有解的修正，从而得出差分方程在该层上的解。多重网格法可把现有计算程序的计算速度提高 1~2 个数量级，因此近年来得到迅速发展，已推广应用于可压缩反应流和非结构网格、贴体网格系统等。随着计算问题越来越复杂，需求解方程数目越来越多，形式也越来越复杂，为了提高计算速度把多重网格应用于各种工程技术问题显得格外重要。

4.3　对流–扩散方程的离散格式

对流–扩散方程是守恒定律控制方程的一种模型方程：它既是能量方程的表示方式，同时也可以认为是把压力梯度项隐含到源项中去的动量方程的代表。从数学的观点来看，对流项是一阶导数项，是比较容易进行离散处理的；但从物理过程来看，这是最难进行离散化处理的导数项，因为其对流作用带有强烈的方向性；从数值计算及其计算结果来看，对流项离散方式的构造会影响数值解的准确性、稳定性和经济性。下面将主要介绍一些常用的对流–扩散方程的离散格式，包括对流项的中心差分和迎风格式，对流–扩散方程的混合格式、指数格式及乘方格式，以及二阶迎风格式和 QUICK 格式。

4.3.1 中心差分和迎风差分

4.3.1.1 中心差分

一维稳态无内热源的对流-扩散方程的守恒形式为:

$$\frac{\mathrm{d}}{\mathrm{d}x}(\rho u \phi) = \frac{\mathrm{d}}{\mathrm{d}x}\left(\Gamma \frac{\mathrm{d}\phi}{\mathrm{d}x}\right) \tag{4-22}$$

图 4-5 所示为一维均分网格系统,$(\delta x)_e = (\delta x)_w = \Delta x$。当采用有限体积法积分时,中心差分相当于界面上取分段线性的型线。将式(4-22)对图中的 P 点控制体做积分,取分段线性型线,对均分网格可得下列离散方程:

$$\phi_P\left[\frac{\Gamma_e}{(\delta x)_e} + \frac{1}{2}(\rho u)_e + \frac{\Gamma_w}{(\delta x)_w} - \frac{1}{2}(\rho u)_w\right]$$

$$= \phi_E\left[\frac{\Gamma_e}{(\delta x)_e} + \frac{1}{2}(\rho u)_e\right] + \phi_W\left[\frac{\Gamma_w}{(\delta x)_w} + \frac{1}{2}(\rho u)_w\right] \tag{4-23}$$

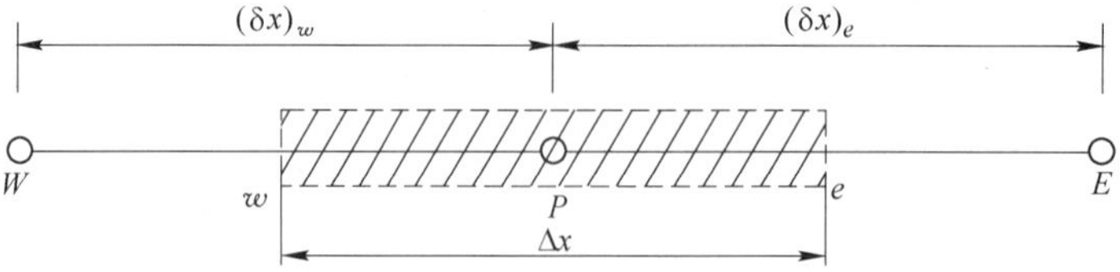

图 4-5 一维均分网格系统

把通过界面的流量 ρu 记为 F,界面上单位面积扩散阻力的倒数 $\Gamma/\delta x$ 记为 D,则式(4-23)化为:

$$a_P \phi_P = a_E \phi_E + a_W \phi_W \tag{4-24}$$

$$a_E = D_e - \frac{1}{2}F_e, \ a_W = D_w + \frac{1}{2}F_w, \ a_P = a_E + a_W + (F_e - F_w) \tag{4-25}$$

式(4-25)表明,如果在数值计算过程中,连续性方程始终得到满足,则 a_P 仍等于各邻点系数之和。

需要指出的是,系数 a_E、a_W 包括了扩散与对流作用的影响,式(4-25)中的 D_e、D_w 部分是由扩散项的中心差分所形成,代表了扩散过程的影响,与流量有关的部分则是界面上的分段线性型线在均匀网格下的表现,体现了对流的作用。所谓不同的格式就具体表现在这两部分表达形式的不同上。对于本书中的介绍,如无特殊说明,扩散项均取中心差分。

注意到 $F/D = \rho u \delta x/\Gamma$,这是以 δx 为特性尺度的 Pe 数,称为网格 Pe 数,记为 P_Δ。则在常物性条件下式(4-24)可写成:

$$\phi_P = \frac{(1 - 1/2P_\Delta)\phi_E + (1 + 1/2P_\Delta)\phi_W}{2} \tag{4-26}$$

式(4-26)为规定了如何由两端点之值来决定中点值的中心差分方式。

4.3.1.2 迎风差分

为了克服由于对流项采用中心差分而引起的上述困难,人们提出了迎风差分,迎风差分又称为"上风差分",它充分考虑了流动方向对导数的差分计算式及界面上函数的取值方法的影响。迎风差分可以分为第一类迎风与第二类迎风两种。第一类迎风差分相应于用

Taylor 展开法来导出离散方程时所采用的格式，它规定：当流速大于零时，对流项的一阶导数用向后差分，当流速小于零时则用向前差分。以流动方向而言，它永远是该方向上的向后差分，即永远从上游方向去获得为构成一阶导数所必需的信息，如图 4-6 所示。

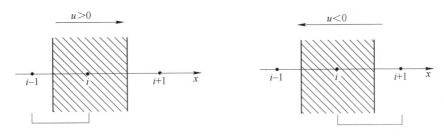

图 4-6   迎风差分的构成

按此定义，节点 i 上的对流项 $u\mathrm{d}\phi/\mathrm{d}x$ 可以表示为：

$$u\frac{\mathrm{d}\phi}{\mathrm{d}x} = \begin{cases} u_i\dfrac{\phi_i - \phi_{i-1}}{\delta x} & u_i > 0 \\[2mm] u_i\dfrac{\phi_{i+1} - \phi_i}{\delta x} & u_i < 0 \end{cases} \tag{4-27}$$

可以证明，对于多维问题，只有当速度在所求解的区域内不发生逆向时，第一类迎风差分才具有守恒特性。

第二类迎风差分是相应于控制容积方法的格式。它对于控制容积界面上变量 ϕ 的取值法则做如下规定：

在 e 界面上　　　　$u_e > 0,\ \phi = \phi_P$；$u_e < 0,\ \phi = \phi_E$

在 w 界面上　　　　$u_w > 0,\ \phi = \phi_W$；$u_w < 0,\ \phi = \phi_P$

即界面上的未知量恒取上游节点的值，而中心差分则取上下游节点的算术平均值，这是两种格式间的基本区别。

为了表达上的简洁及便于编制程序，把按第二类迎风差分写出的界面上的对流通量表示成以下紧凑形式：

$$(\rho u\phi)_e = F_e\phi_e = \phi_P\max(F_e,0) - \phi_E\max(-F_e,0)$$
$$= \phi_P[\,|\,F_e,0\,|\,] - \phi_E[\,|\,-F_e,0\,|\,] \tag{4-28}$$

这里符号 $[\,|\quad|\,]$ 表示取各量之中最大值。类似地有：

$$(\rho u\phi)_w = \phi_W[\,|\,F_w,0\,|\,] - \phi_P[\,|\,-F_w,0\,|\,] \tag{4-29}$$

在迎风差分格式中，二阶导数的扩散项仍按分段线性的型线来离散（即采用中心差分）。把对流项的迎风差分及扩散项的中心差分代入式（4-22），最后仍可得形如式（4-24）的离散方程，但其中系数应按以下公式计算：

$$a_E = D_e + [\,|\,-F_e,0\,|\,],\ a_W = D_w + [\,|\,F_w,0\,|\,],\ a_P = a_E + a_W + (F_e - F_w) \tag{4-30}$$

第二类迎风差分除了守恒性这一点较第一类更优外，在离散方程的截差等级方面也有一定的优越性。我们知道，在第一类迎风差分中，一阶导数的差分格式只有一阶精度。对第二类迎风差分，以图 4-6 中 $u > 0$ 情形为例，它给出：

$$\frac{\mathrm{d}(\rho u\phi)}{\mathrm{d}x}\bigg|_i = \frac{(\rho u)_{i+\frac{1}{2}}\phi_i - (\rho u)_{i-\frac{1}{2}}\phi_{i-1}}{\Delta x} \tag{4-31}$$

而具有二阶精度的中心差分则为：

$$\frac{\mathrm{d}(\rho u \phi)}{\mathrm{d}x}\bigg|_i = \frac{(\rho u \phi)_{i+\frac{1}{2}} - (\rho u \phi)_{i-\frac{1}{2}}}{\Delta x} \tag{4-32}$$

可见两者的区别在于迎风差分中以 ϕ_i 代替了 $\phi_{i+1/2}$，以 ϕ_{i-1} 代替了 $\phi_{i-1/2}$。如果变量 ϕ 沿 x 方向的变化不甚剧烈，则第二类迎风差分可望具有接近于二阶精度的截差。

式（4-30）中各系数之值永远大于或等于零，因而迎风差分不会得出物理上不合理的解，也就是不会像中心差分那样，当 P_Δ 大于一定数值后出现解的振荡现象。正是由于这一点，使迎风差分在几十年来得到比较广泛的应用。但应当指出，迎风格式的构造方式是有其不足之处的，即离散方程的截差等级比较低，虽然不会出现解的振荡，但也常常限制了解的准确度。针对模型方程式（4-22）来说迎风格式有两个不够合理之处：

（1）迎风差分简单地按界面上流速大于还是小于零而决定其取值，但精确解表明界面上之值还与 P_Δ 的大小有关。

（2）迎风差分中不管 P_Δ 的大小，扩散项永远按中心差分计算，当 $|P_\Delta|$ 很大时，界面上的扩散作用接近于零，因而此时迎风格式夸大了扩散项的影响。

迎风差分的这些缺点部分地被以后所提出的混合格式所克服。

4.3.2　混合格式、指数格式及乘方格式

如 4.3.1 节所述，用控制体积积分法来导出离散方程时，不同的格式主要表现在控制容积界面上函数的取值及其导数的构造方法上。在一维问题中，这就是三点格式，对二维问题为五点格式。对此类差分格式，一维问题的离散方程一定可以表示成为 $a_p \phi_P = a_E \phi_E + a_W \phi_W + b$ 的形式。根据式（4-22）的精确解，两点之间的变化曲线与 Pe 数有密切关系，因而 Pe 数必然会出现在离散方程系数中，而不同的格式最终就反映在系数 a_E、a_W 的计算式上。a_E、a_W 具有影响系数的意义，而且相邻节点间的 a_E、a_W 之间必然有某种联系。以图 4-7 中所示节点 i 及（$i+1$）来讨论。（$i+1$）点对 i 点的作用由 $a_E(i)$ 来表示，而 i 点对（$i+1$）点的作用则表现在 $a_W(i+1)$。由于该两节点共享一个界面，其间的扩散阻力无论从哪个节点来写出都一样，流量绝对值相同但方向相反。可以设想 $a_E(i)$ 与 $a_W(i+1)$ 之间必有某种内在的联系。因而研究不同的格式可以通过研究 a_E 或 a_W 的表示式来进行。

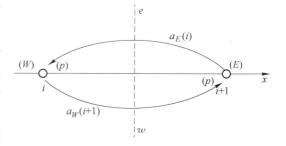

图 4-7　说明 a_E 和 a_W 关系的图示

中心差分及第二类迎风差分中 a_E 的计算式为：

中心差分：　　　$$a_E = D_e - \frac{1}{2}F_e = D_e\left(1 - \frac{1}{2}P_{\Delta e}\right) \tag{4-33}$$

迎风差分：　　$$a_E = D_e + [|-F_e, 0|] = D_e\{1 + [|-P_{\Delta e}, 0|]\} \tag{4-34}$$

由导出过程可见，式（4-33）和式（4-34）中"1"代表了扩散项的作用，其余部分则反映了对流项的影响。

4.3.2.1　混合格式

为了克服中心差分当 $P_\Delta > 2$ 时会出现解的振荡，迎风差分对扩散项的处理不考虑 P_Δ 的影响等缺点，D. B. Spalding 在 1971 年提出了一种混合格式[6]。对模型方程式（4-22）而言，可以认为这种格式吸取了中心差分与迎风差分的优点而避免了它们的短处。这一格式可以表示为：

$$P_{\Delta e} > 2, \qquad \frac{\alpha_E}{D_e} = 0$$

$$-2 \leqslant P_{\Delta e} \leqslant 2, \qquad \frac{\alpha_E}{D_e} = 1 - \frac{1}{2}P_{\Delta e}$$

$$P_{\Delta e} < -2, \qquad \frac{\alpha_E}{D_e} = -P_{\Delta e} \qquad (4\text{-}35)$$

写成紧凑的形式为：

$$\frac{a_E}{D_e} = \big[\,|-P_{\Delta e},\, 1 - \frac{P_{\Delta e}}{2},\, 0\,|\,\big] \qquad (4\text{-}36)$$

由式（4-35）可见，在混合格式中，当 $P_\Delta > 2$ 时，扩散的影响已经忽略，只考虑对流的作用。此时，若流速大于零，则 E 点位于 P 点的下游，所以 a_E 就取为零，而 W 点位于点的上游，它对 P 点的作用完全来自对流。这就是对混合格式在物理意义上的理解。

4.3.2.2　指数格式

以上介绍了三种格式的系数计算式。对于模型方程式（4-22），既然已有了其精确解，就可以利用它来找出相邻三个节点间符合精确解的关系式，进而获得与式（4-22）相应的 a_E、a_W 的精确表达式，以便使不同的格式与精确解之间的比较可以在系数之间进行，为此，引入截面上总通量的概念。

所谓总通量 J 是指单位时间内，单位面积上由扩散及对流作用而引起的某一物理量的总转移量，如图 4-8 所示。对通用变量 ϕ，总通量为：

$$J = \rho u \phi - \Gamma \frac{\mathrm{d}\phi}{\mathrm{d}x} \qquad (4\text{-}37)$$

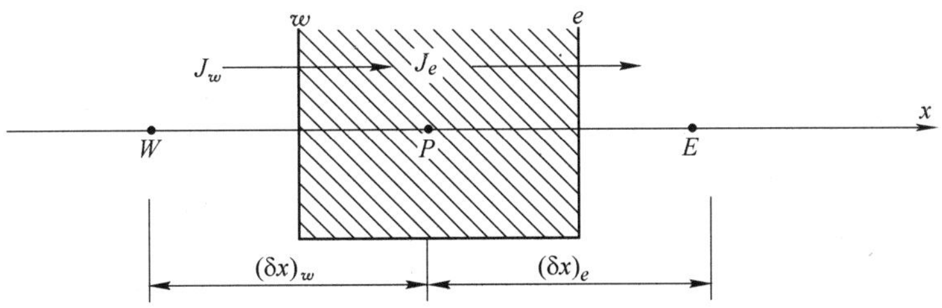

图 4-8　界面上的总通量

于是式（4-22）就可简单地表示为：

$$\frac{\mathrm{d}J}{\mathrm{d}x} = 0 \quad 或 \quad J = \mathrm{const} \qquad (4\text{-}38)$$

这就是一维、稳态、无源项问题的总通量守恒关系式。把 ϕ 的精确解代入式（4-37），得：

$$J = F\Big[\phi_0 + \frac{\phi_0 - \phi_L}{\exp(Pe) - 1}\Big] \qquad (4\text{-}39)$$

把式（4-39）用于计算界面总通量 J_e、J_w。

对 $J_e: \phi_0 = \phi_P, \phi_L = \phi_E, L = (\delta x)_e$，则：

$$J_e = F_e\Big[\phi_P + \frac{\phi_P - \phi_E}{\exp(P_{\Delta e}) - 1}\Big] \qquad (4\text{-}40a)$$

对 $J_w: \phi_0 = \phi_w, \phi_L = \phi_P, L = (\delta x)_w$，则：

$$J_w = F_w\Big[\phi_w + \frac{\phi_w - \phi_P}{\exp(P_{\Delta w}) - 1}\Big] \qquad (4\text{-}40b)$$

对于控制容积 P，总通量守恒关系式为 $J_e = J_w$，将式（4-40）代入并整理，得：

$$\phi_P\Big[F_e \frac{\exp(P_{\Delta e})}{\exp(P_{\Delta e}) - 1} + F_w \frac{1}{\exp(P_{\Delta w}) - 1}\Big] = \phi_E \frac{F_e}{\exp(P_{\Delta e}) - 1} + \phi_w \frac{F_w \exp(P_{\Delta w})}{\exp(P_{\Delta w}) - 1}$$

$$(4\text{-}41)$$

如果令 $a_E = \dfrac{F_e}{\exp(P_{\Delta e}) - 1}, a_W = \dfrac{F_W \exp(P_{\Delta w})}{\exp(P_{\Delta w}) - 1}$，则：

$$a_P = a_E + a_W + (F_e - F_w) \qquad (4\text{-}42)$$

这样又得到形如式（4-24）的离散方程式。

式（4-42）所表示的就是所谓的指数格式。图 4-9 中画出了指数格式的 a_E/D_e 随 $P_{\Delta e}$ 而变化的曲线。a_E 作为 E 点对 P 点的扩散与对流的总作用系数，其值随 $P_{\Delta e}$ 而变化的这一曲线是与对 a_E 的物理概念上理解完全相符的。

4.3.2.3 乘方格式

由于指数的计算比较费时，且式（4-42）仅是式（4-22）的精确解，对其他情形，也仅能看成是一种离散化的方式，因而没有必要拘泥于指数计算。Patankar 在 1979 年提出了与指数格式十分接近而计算工作量又较小的乘方定律格式[4]：

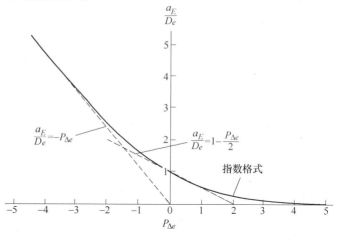

图 4-9 a_E/D_e 随 $P_{\Delta e}$ 的变化

$$\begin{cases} P_{\Delta e} < -10, & \dfrac{a_E}{D_e} = -P_{\Delta e} \\[2mm] -10 \leqslant P_{\Delta e} \leqslant 0, & \dfrac{a_E}{D_e} = (1 + 0.1P_{\Delta e})^5 - P_{\Delta e} \\[2mm] 0 \leqslant P_{\Delta e} \leqslant 10, & \dfrac{a_E}{D_e} = (1 - 0.1P_{\Delta e})^5 \\[2mm] P_{\Delta e} > 10, & \dfrac{a_E}{D_e} = 0 \end{cases} \qquad (4\text{-}43)$$

其紧凑形式为：

$$\frac{a_E}{D_e} = \left[\,\mid 0,(1-0.1\mid P_{\Delta e}\mid)^5\mid\,\right] + \left[\,\mid 0,-P_{\Delta e}\mid\,\right] \tag{4-44}$$

在 $\mid P_{\Delta e}\mid \leqslant 20$ 的范围内，乘方定律格式与指数格式的差别很小。以致在 a_E/D_e 的几何图示上已无明显的区别。

至此，已得到 5 种关于对流-扩散方程的差分格式，其中混合格式、指数格式、乘方格式在给出定义时对流与扩散作用是放在一起来考虑的，而中心与迎风差分是由相应的对流项差分格式加上扩散项的中心差分而构成的。

4.3.3 二阶迎风格式

为了克服迎风差分截差比较低的缺点而又能保持其长处，可以采用所谓二阶迎风差分，也就是一阶导数的具有二阶截差的偏差分格式。对于图 4-10 所示的均分网格，其定义为：

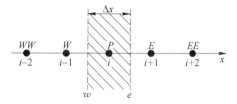

图 4-10　式（4-45）所用的网格系统

$$\left.\frac{\partial(u\phi)}{\partial x}\right|_i \cong \begin{cases} \dfrac{u_i}{2\Delta x}(3\phi_i-4\phi_{i-1}+\phi_{i-2}) & u_i>0 \\[3mm] \dfrac{u_i}{2\Delta x}(-3\phi_i+4\phi_{i+1}-\phi_{i+2}) & u_i<0 \end{cases} \tag{4-45}$$

对于 $u>0$ 的情形，可以改写成为：

$$\left.\frac{\partial(u\phi)}{\partial x}\right|_P \cong u_P\left[\frac{\phi_P-\phi_W}{\Delta x}+\frac{1}{2\Delta x}(\phi_P-2\phi_W+\phi_{WW})\right] \tag{4-46}$$

方括号中的第一项就是一般的迎风差分，而第二项则可以看做是曲率修正。如图 4-11 所示，当实际的变化曲线向上凹时，以 P 控制容积的 w 界面的导数（近似地以 $\dfrac{\phi_P-\phi_w}{\Delta x}$ 表示）来代替 P 点的导数将得到偏低的结果，但此时式（4-46）中的第二项（ϕ_P-

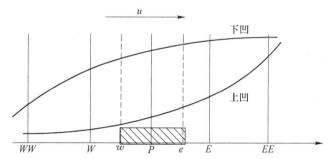

图 4-11　说明二阶迎风格式曲率修正的示意图

$2\phi_W+\phi_{WW}$）大于零，因而相当于做了一定的修正。而当 ϕ 的变化曲线向下凹时情况正好相反，此时第二个括号中的项相当于修正了用 w 界面上的斜率代替 P 点的斜率所带来的偏离的误差。类似地，当 $u<0$ 时，式（4-46）可写成：

$$\left.\frac{\partial(u\phi)}{\partial x}\right|_P \cong u_P\left[\frac{\phi_E-\phi_P}{\Delta x}-\frac{1}{2\Delta x}(\phi_P-2\phi_E+\phi_{EE})\right] \tag{4-47}$$

这里括号中的第二项可以看做是对用 e 界面上的梯度来代替 P 点的梯度所引入误差的修正。当对流项采用二阶迎风格式、扩散项采用中心差分格式时，容易证明此时离散方程具有二阶精度的截差。从控制体积法导出的二阶迎风格式具有守恒特性。

4.3.4　QUICK 格式

另一种提高离散方程截差的方法是界面上的函数取值采用二次插值。对图 4-11 所示的情形，在控制容积右界面上的值 ϕ_e 如采用分段线性方式插值（即中心差分），有 $\phi_e = \dfrac{\phi_P + \phi_E}{2}$。但由图 4-11 可见，当曲线上凹时，实际的 ϕ 要小于此值，而当曲线下凹时则又要大于这一插值。一种更合理的方法是在分段线性插值基础上引入一个曲率修正。Leonard 提出的方法为：

$$\phi_e = \frac{\phi_P + \phi_E}{2} - \frac{1}{8} C_{ur} V \tag{4-48}$$

其中符号 $C_{ur}V$ 代表曲率修正，其计算方式为：

$$C_{ur} V = \phi_E - 2\phi_P + \phi_W, \quad u > 0 \tag{4-49a}$$
$$C_{ur} V = \phi_P - 2\phi_E + \phi_{EE}, \quad u < 0 \tag{4-49b}$$

ϕ_w 计算式可仿此写出。

对流项的这一离散格式称为 QUICK 格式，是"对流项的二次迎风插值"的英语缩写（quadratic upwind interpolation of convective kinematics）。对流项的 QUICK 格式具有三阶精度的截差，但扩散项一般仍采用二阶截差的中心差分格式。

QUICK 格式具有守恒特性，从控制容积积分方法来说，只要证明从任一界面两侧的节点来写出的该式都是一样的即可证明这一点（界面上的物性值从两侧节点来写出时也应相同）。这样当对各相邻控制容积求和时界面上的总通量可以互相抵消，而只剩下边界上有关的量，即守恒的格式应满足（见图 4-12）：

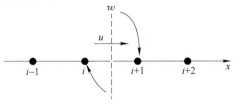

图 4-12　证明 QUICK 格式具有守恒性的图示

$$(\phi_i)_e = (\phi_{i+1})_w \tag{a}$$

$$\left(\frac{\partial \phi_i}{\partial x} \right)_e = \left(\frac{\partial \phi_{i+1}}{\partial x} \right)_w \tag{b}$$

因为扩散项仍取中心差分，所以条件（b）是满足的，即从 i 点写出的 e 界面导数等于从 $(i+1)$ 点写出的 w 界面上的导数。至于条件（a），可按 QUICK 的定义来证明。设 $u > 0$，则有：

$$(\phi_i)_e = \frac{\phi_{i+1} + \phi_i}{2} - \frac{1}{8}(\phi_{i+1} - 2\phi_i + \phi_{i-1}) = (\phi_{i+1})_w$$

对 $u < 0$ 的情形同样可证明条件（a）是成立的。

值得指出的是，无论二阶迎风还是 QUICK 格式，对一维问题，都是五点格式，对二维问题是九点格式，即任一节点 P 的离散方程中可能会出现近邻的 N、E、W、S 4 个节点及远邻的 WW、SS、EE 及 NN 4 个节点，如图 4-13 所示。

这就带来两个问题：（1）第一个内节点的离散方程如何建立；（2）所形成的离散方程怎样求解。对于第一个问题，以一维情形的左端点为例，如图 4-14 所示，设节点的左界面流速大于零，则无法按二阶迎风或 QUICK 的规定从上游取得另一个节点以构成曲率修正。常见的处理方法有：

（1）在边界上采用二次插值，设上游方向有一虚拟节点 0，其上之值 ϕ_0 满足：

$$\phi_0 + \phi_2 = 2\phi_1$$

或

$$\phi_0 = 2\phi_1 - \phi_2 \qquad (4\text{-}50)$$

（2）采用一阶迎风或混合格式来处理边界条件，这样就不再需要上游方向的第二个节点。

关于离散方程求解问题，以 QUICK 格式为例来讨论。一种看来很自然的处理方式是把 QUICK 格式界面上的值写成为：

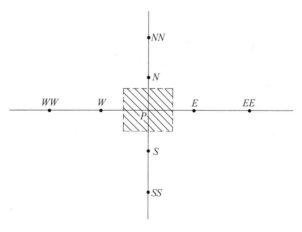

图 4-13　九点格式的节点

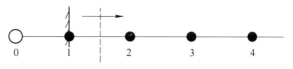

图 4-14　边界上二次插值图示

$$\phi_{i+\frac{1}{2}} = \frac{1}{2}(\phi_i + \phi_{i+1}) - \frac{1}{8}(\phi_{i-1}^* + \phi_{i+1}^* - 2\phi_i^*) \qquad (4\text{-}51)$$

式中，ϕ^* 为上一次迭代的值，它们可以归入源项，从而使代数方程仍保持三对角或五对角的形式。

计算实践表明，这种处理会使迭代计算过程发散，因而并不可取。在表 4-1 中列出了几种可以获得收敛结果的处理方法。

表 4-1　QUICK 格式界面上的值的处理方法

序　号	处 理 方 式
1	$\phi_{i+\frac{1}{2}} = \frac{1}{8}(3\phi_{i+1} + 6\phi_i - \phi_{i-1})$，$u > 0$ $\phi_{i+\frac{1}{2}} = \frac{1}{8}(3\phi_{i+1} + 6\phi_i) - \frac{1}{8}\phi_{i+2}^*$，$u < 0$
2	$\phi_{i+\frac{1}{2}} = \frac{1}{8}(6\phi_i + 4\phi_{i+1}) - \frac{1}{8}(\phi_{i-1}^* + \phi_{i+1}^*)$，$u > 0$ $\phi_{i+\frac{1}{2}} = \frac{1}{8}(3\phi_{i+1} + 4\phi_i) - \frac{1}{8}(\phi_{i+2}^* - 2\phi_{i+1}^*)$，$u < 0$
3	$\phi_{i+\frac{1}{2}} = \frac{1}{8}(6\phi_i - \phi_{i+1} - \phi_{i-1}) + \frac{1}{2}\phi_{i+1}^*$，$u > 0$ $\phi_{i-\frac{1}{2}} = \frac{1}{8}(6\phi_{i-1} + 3\phi_i) - \frac{1}{8}\phi_{i-2}^*$，$u > 0$ $\phi_{i+\frac{1}{2}} = \frac{1}{8}(3\phi_i + 6\phi_{i-1}) - \frac{1}{8}\phi_{i+2}^*$，$u < 0$ $\phi_{i-\frac{1}{2}} = \frac{1}{8}(6\phi_i - \phi_{i+1} - \phi_{i-1}) + \frac{1}{2}\phi_{i-1}^*$，$u < 0$

表 4-1 中对第 1、第 2 种方式仅给出了在 $(i+1/2)$ 处（即 e 界面）ϕ 的插值方法；对于 $(i-1/2)$ 处 ϕ 值可按 QUICK 格式的定义仿照第三种方式给出的对应关系来写出。

这里应当指出，QUICK 格式也受到 P_Δ 值的限制。对于一维问题，使解不产生振荡的临界 P_Δ 为 8/3。虽然此值比中心差分的临界 P_Δ 数（P_Δ 为 2）增加不多，但对 QUICK 格式，振荡所穿透的深度远较中心差分要小。Leonard 研究的结果表明：当中心差分的振荡已遍及整个计算区域时，QUICK 格式的振荡仅传入几个网格节点。

4.3.5 不同离散格式的对比

对于任何一种离散格式，研究者都希望其既具有稳定性又具有较高的精度，同时又能适应于不同的流动形式，但是实际上这种理想的离散格式是不存在的。表 4-2 和表 4-3 分别给出了常见离散格式的各系数计算公式及性能对比。

表 4-2 不同离散格式下系数 a_W、a_E 的计算公式

离散格式	系数 a_W	系数 a_E
中心差分	$a_W = D_w + \dfrac{1}{2}F_w$	$a_E = D_e - \dfrac{1}{2}F_e$
一阶迎风格式	$a_W = D_w + [\,\mid F_w,0\mid\,]$	$a_E = D_e + [\,\mid -F_e,0\mid\,]$
混合格式	$a_W = D_w + \max(0,F_w)$	$a_E = D_e + \max(0,-F_e)$
指数格式	$a_W = \dfrac{F_w\exp(P_{\Delta w})}{\exp(P_{\Delta w})-1}$	$a_E = \dfrac{F_e}{\exp(P_{\Delta e})-1}$
乘方格式	$a_W = D_w\max[\,0,(1-0.1\mid P_w\mid)^5\,]+$ $\max(0,F_w)$	$a_E = D_e\max[\,0,(1-0.1\mid P_e\mid)^5\,]+$ $\max(0,F_e)$
二阶迎风格式	$a_W = D_w + \dfrac{3}{2}\alpha F_w + \dfrac{1}{2}\alpha F_e$	$a_E = D_e + \dfrac{3}{2}(1-\alpha)F_e + \dfrac{1}{2}(1-\alpha)F_w$
QUICK 格式	$a_W = D_w + \dfrac{6}{8}\alpha_w F_w + \dfrac{1}{8}\alpha_w F_e +$ $\dfrac{3}{8}(1-\alpha_w)F_w$	$a_E = D_e + \dfrac{3}{8}\alpha_e F_e - \dfrac{6}{8}(1-\alpha_e)F_e -$ $\dfrac{1}{8}(1-\alpha_e)F_w$

表 4-3 不同离散格式的性能对比

离散格式	稳定性及稳定条件	精度及经济性
中心差分	条件稳定 $Pe \leqslant 2$	在不发生振荡的参数范围内可获得较准确的结果
一阶迎风格式	绝对稳定	虽然可以获得物理上可接受的解，但当 Pe 较大时，假扩散较严重，为避免此问题，常需要加密计算网格
混合格式	绝对稳定	当 $Pe \leqslant 2$ 时，性能与中心差分格式相同；当 $Pe > 2$ 时，性能与一阶迎风格式相同
指数格式	绝对稳定	主要适用于无源项的对流-扩散问题，对有非常数源项的场合，当 Pe 较高时存在较大误差
乘方格式	绝对稳定	与指数格式相同
二阶迎风格式	绝对稳定	精度较一阶迎风格式高，但仍有假扩散问题
QUICK 格式	条件稳定 $Pe \leqslant 8/3$	可以减少假扩散误差，精度较高，应用较广泛，但主要用于六面体或四边形网格

4.4 压力修正法

4.4.1 基本思想

在求解不可压缩流体的流场问题时，如果我们把从动量方程与连续性方程离散得到的代数方程组联立起来直接求解，就可以得到各速度分量及相应的压力值。但是，这样的直接解法要占用大量的计算机资源，对于目前大多数工程应用场合还不适用。如果采用分离式的迭代求解方法，即先求解 u 速度场，再求解 v 速度场，则对压力场因其无独立的方程而无法对其求解。另外，上述分离式求解过程中只利用了 u、v 动量方程的离散形式而未用到连续性方程。于是就要解决这样的问题：如何利用连续性方程使假定的压力场能不断地随迭代过程的进行而得到改进，这就是所谓的压力修正算法（semi-implicit method for pressure-linked equations，SIMPLE）。

压力修正算法是由 Patankar 与 Spalding 于 1972 年提出的[4]。在 20 世纪 80 年代初期，研究人员又相继提出了 SIMPLER、SIMPLEC、SIMPLEX、SIMPLET、PISO 及 COUPLED 等方法。下面将对其中的几种重要方法做简要的介绍。

4.4.2 SIMPLE 算法

在二维直角坐标系中的质量守恒与动量守恒关系式可以表示成为：

$$\frac{\partial \rho}{\partial t} + \frac{\partial}{\partial x_i}(\rho u_i) = 0 \tag{4-52}$$

$$\frac{\partial(\rho u_i)}{\partial t} + \frac{\partial}{\partial x_j}(\rho u_i u_j) = \frac{\partial}{\partial x_j}\tau_{i,j} - \frac{\partial p}{\partial x_i} + B_i \tag{4-53}$$

在交错网格（见图 4-15）上的质量守恒方程为：

$$(\rho_P - \rho_P^0)\Delta x \Delta y / \Delta t + [(\rho u)_e - (\rho u)_w]A_e + [(\rho u)_n - (\rho u)_s]A_n = 0 \tag{4-54}$$

在交错网格上 x 方向动量离散方程为：

$$a_e u_e = \sum a_{nb} u_{nb} + b + (p_p - p_E)A_e \tag{4-55}$$

式中，u_{nb} 为 u_e 的邻点速度；b 为包括压力在内的源项中的常数部分，对非稳态问题 $b = S_c \Delta v + a_e^0 u_e^0$；$A_e = \Delta x \Delta y$ 为压力差的作用面积；系数 a_{nb} 的计算公式取决于所采用的格式。

类似地，对 v_n 的控制容积积分可得：

$$a_n v_n = \sum a_{nb} v_{nb} + b + (p_P - p_N)A_e \tag{4-56}$$

主要的计算步骤如下：

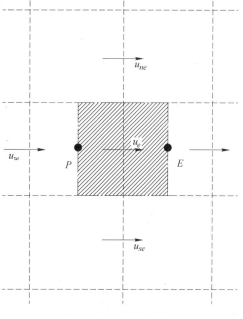

图 4-15 交错网格

（1）初始估计压力场 p^* 和速度场 $u^{(0)}$、$v^{(0)}$，由此计算动量方程系数 a_e、a_n、a_{nb} 和 b。

（2）求解离散化动量方程以得到 u^*、v^*。

（3）求解压力修正值 p'，要求与 $(p^* + p')$ 相对应的 $(u^* + u')$、$(v^* + v')$ 能满足质量守恒方程。这样的压力修正方程可将修正后的速度代入质量守恒方程的离散形式，并利用下面提到的 u'、v' 与 p' 间的关系导出：

$$a_P p'_P = \sum a_{nb} p'_{nb} + b \tag{4-57}$$

其中　$a_P = a_E + a_W + a_N + a_S , a_W = \rho_w d_w A_w , a_E = \rho_e d_e A_e , a_N = \rho_n d_n A_n , a_S = \rho_s d_s A_s$

$$\tag{4-58}$$

b 为控制容积 P 的剩余质量流量，对稳态流动有：

$$b = \left[(\rho u^*)_w - (\rho u^*)_e \right] A_e + \left[(\rho u^*)_s - (\rho u^*)_n \right] A_n \tag{4-59}$$

（4）计算速度的修正值 u'、v'，要求 $(u_e^* + u_e')$、$(v_n^* + v_n')$ 仍能满足线性化了的动量方程，即：

$$a_e(u_e^* + u_e') = \sum a_{nb}(u_{nb}^* + u_{nb}') + b + A_e \left[(p_P^* + p_P') - (p_E^* + p_E') \right] \tag{4-60}$$

与式（4-55）相减，得：

$$a_e u_e' = \sum a_{nb} u_{nb}' + A_e(p_P' - p_E') \tag{4-61}$$

式（4-61）表明，需要根据 p' 值确定 u'，要解一个代数方程组。为能利用 p' 值显式地求解 u_e'、v_n'，此处略去式（4-61）右端第一项 $\sum a_{nb} u_{nb}'$，于是得：

$$u_e' = \frac{A_e}{a_e}(p_P' - p_E') = d_e(p_P' - p_E') \tag{4-62}$$

类似可得：$v_n' = d_n(p_P' - p_N')$。

（5）求解那些通过源项、物体物性等影响流场的其他一些物理量 ϕ（如温度、浓度等）的离散化方程。

（6）把经过修正的压力处理成一个新的估计的压力 p^*，返回到第（2）步，重复全部过程，直至求得收敛的解时为止。

SIMPLE 算法计算框图如图 4-16 所示。

在 SIMPLE 算法中引入了以下假定或简化处理：

（1）速度场的假定（$u^{(0)}$、$v^{(0)}$）与压力场的假定（p^*）是相互独立进行的，它们相互之间没有任何联系。

（2）在导出速度修正值（式（4-62））时，未考虑邻点速度修正值的影响。

（3）动量离散方程式（4-55）中的 b 在速度修正前后保持一致。

（4）由式（4-55）、式（4-56）解出的 u^*、v^* 满足动量守恒但未必满足质量守恒，而由式（4-61）解出的 p' 决定 u'、v' 时，保证 $(u^* + u')$、$(v^* + v')$ 能满足质量守恒方程，但动量守恒方程未必满足。

以上 4 条假设或近似处理是 SIMPLE 算法提出之后所出现的一些改进方案的着眼点。

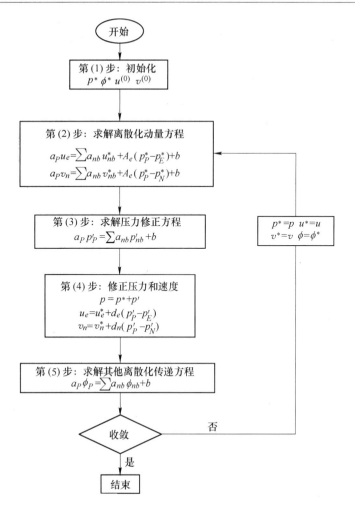

图 4-16　SIMPLE 算法计算框图

4.4.3　修订的 SIMPLE 算法

4.4.3.1　SIMPLER 算法

SIMPLER 算法主要用于改进 SIMPLE 方法中的第一项近似处理方法。一旦速度场给定，压力场就可以从动量离散方程中予以求解，而不再任意假定。其主要计算步骤如下：

（1）初始估计速度场 $u^{(0)}$、$v^{(0)}$，由此计算动量离散方程系数 a_e、a_n、a_{nb}、b 及 $\hat{u}$、$\hat{v}$：

$$\hat{u}_e = \frac{\sum a_{nb} u_{nb}^{(0)} + b}{a_e} \qquad \hat{v}_n = \frac{\sum a_{nb} v_{nb}^{(0)} + b}{a_n} \tag{4-63}$$

引入 $\hat{u}_e$ 和 $\hat{v}_n$ 后，动量离散方程便可写为：

$$u_e = \hat{u}_e + d_e(p_P - p_E) \qquad v_n = \hat{v}_n + d_n(p_P - p_N) \tag{4-64}$$

（2）根据 $\hat{u}$、$\hat{v}$ 计算相应的压力场 p^*。为此，将式（4-64）代入质量守恒方程的离散形式（4-56），得：

$$a_P p_P = \sum a_{nb} p_{nb} + b \tag{4-65}$$

式中, a_{nb} , a_P 及 b 的计算式与 SIMPLE 算法中的 p' 方程一样, 只要将 $\hat{u}$ 、 $\hat{v}$ 代替 u^* 、 v^* 即可。

(3) 求解动量离散方程, 得 u^* 、 v^* 。

(4) 求解压力修正方程, 得 p' 。

(5) 用 p' 修正速度得 u' 、 v' 。

(6) 用 (u^*+u') 、 (v^*+v') 开始下一层次的迭代, 重复(1)~(5)步直至收敛。

4.4.3.2 SIMPLEC 算法

SIMPLEC 算法主要用于改进 SIMPLE 算法中的第二条近似处理方法。其主要的计算步骤如下:

(1)~(3)同 SIMPLE 算法。

(4) 同 SIMPLE 算法, 但此处的 d_e 、 d_n 按以下方式计算。

在式 (4-61) 两边各减去 $\sum a_{nb}u_e'$, 得:

$$(a_e - \sum a_{nb})u_e' = \sum a_{nb}(u_{nb}' - u_e') + A_e(p_P' - p_E') \tag{4-66}$$

式 (4-66) 右端第一项与第二项相比显然要小很多, 因而可以忽略, 于是有:

$$u_e' = \frac{A_e}{a_e - \sum a_{nb}}(p_P' - p_E') = d_e(p_p' - p_E') \tag{4-67}$$

$$u_n' = \frac{A_n}{a_n - \sum a_{nb}}(p_P' - p_N') = d_n(p_P' - p_N') \tag{4-68}$$

式中, $d_e = A_e/(a_e - \sum a_{nb})$; $d_n = A_n/(a_n - \sum a_{nb})$ 。

(5) 计算速度修正值 u' 、 v' , 同 SIMPLE 算法。

(6) 同 SIMPLE 算法, 但 p' 可不必亚松弛。

4.4.3.3 SIMPLEX 算法

SIMPLEX 算法考虑了略去邻点速度修正项后应该对主对角元素数进行相应的修正, 得出了速度修正值计算公式中的系数 d_e 、 d_n 的修正计算公式。由此推广开去, 可以认为如果能找出确定整个流场速度修正值公式中的系数 d 的合适的方程, 其中能考虑邻点速度修正值的影响, 通过求解全场的代数方程组来确定 d , 应该可以促进迭代过程的收敛。

为此, Raithby 等人把 SIMPLE 算法中 $u_e' = d_e(p_P' - p_E') = d_e\Delta p_e'$ 的表达式推广到邻点的速度修正值计算公式中, 即认为 $u_{nb}' = d_{nb}\Delta p_{nb}'$ 。再将这一表达式代入式 (4-61) 中, 得:

$$a_e d_e \Delta p_e' = \sum a_{nb}d_{nb}\Delta p_{nb}' + A_e\Delta p_e' \tag{4-69}$$

进一步假设 $\Delta p_e' = \Delta p_{nb}'$, 可得:

$$a_e d_e = \sum a_{nb}d_{nb} + A_e \tag{4-70}$$

同理可得 v 动量方程的系数来表示的代数方程。由于在任一迭代层次上 u 与 v 的离散化方程系数都是已知的, 因而相应的 d_e 、 d_n 值可通过求解代数方程得到。这样, 得到的 d_e 、 d_n 可以认为考虑了邻点速度修正值的影响在内。

SIMPLEX 算法的步骤如下:

(1) 初始估计速度场 $u^{(0)}$ 、 $v^{(0)}$, 由此计算动量离散方程系数及常数项。

（2）假定一个压力场 p^*。

（3）求解 u 方程及 d_e 方程，v 方程和 d_n 方程，得到 u_n^*、d_e、v_n^* 及 d_n。

（4）求解压力修正方程，得 p'。

（5）用 p' 修正速度得 u'、v'。

（6）用 $(u^* + u')$、$(v^* + v')$ 开始下一层次的迭代，重复（1）~（5）步直至收敛。

4.4.3.4 SIMPLET 算法

SIMPLET 算法是 Spalding 在开发大型商业软件 PHOENICS 时采用的方法。就压力与速度的耦合关系处理而论，SIMPLET 算法与 SIMPLE 相同，只是在 SIMPLET 算法中对于对流—扩散项的离散格式做了明确的规定，而其他方法在这方面没有任何限制。具体的规定如下：

（1）对流采用迎风格式。由于迎风格式是一个绝对稳定的格式，且扩散项与对流项的影响系数可以分离开，不像在指数（或乘方）格式那样综合在一起。至于由迎风格式所引起的假扩散问题，则采用逐步加密网格，以获得与网格疏密程度无关的解来加以克服。

（2）相邻点的影响系数表示成对流分量 c_{nb} 和扩散分量 d_{nb} 之和，并把对流部分全部归入源项，于是对 u_e 的动量方程为：

$$a_e u_e = \sum (d_{nb} + c_{nb}) u_{nb} + b + A_e(p_P - p_E)$$

$$= \sum d_{nb} u_{nb} + (\sum c_{nb} u_{nb}^* + b) + A_e(p_P - p_E) \tag{4-71}$$

由此可见，当扩散项忽略不计时，动量方程实际上采用了 Jacobi 的点迭代求解。在这种算法中，扩散项采用线迭代，而对流项采用点迭代。点迭代的收敛速度比较慢，但由于对流项与压力之间的耦合关系等原因，正希望利用这一特性防止迭代过程分散。这种混合式的计算方法有利于促进强烈非线性问题的迭代过程收敛。

SIMPLET 算法的计算步骤如下：

（1）初始估计速度场 $u^{(0)}$、$v^{(0)}$，由此计算动量离散方程系数。

（2）假定一个压力场 p^* 及温度场 T^*。

（3）求解动量离散方程，得 u^*、v^*。

（4）利用 u^*、v^* 方程求解温度方程，以获得 T'，并确定 T' 的预估计值 $T' = T - T^*$。

（5）求解压力修正方程，得 p'。

（6）修正速度及压力，获得 u、v、p。

（7）求解能量方程获得 T。

（8）以 p、T、u、v 开始下一层次的迭代，重复（1）~（7）步直至收敛。

4.4.3.5 PISO 算法

Issa 提出压力-速度修正算法，即 PISO 算法，用于处理非稳态可压缩流的非迭代方法，意指运算分离的压力隐式方法，已成功用于非稳态问题的迭代计算。该方法可以看做是 SIMPLE 算法的扩展，包括一个预测步骤和两个修正步骤。

A 预测步骤

在初始的或中间计算得到的压力场 p^* 的基础上求解动量方程，得到 u^*、v^*。这一步与 SIMPLE 算法相同。

B　修正步骤

a　第一次修正

除非压力场 p^* 是正确的，否则 u^*、v^* 将不能满足质量守恒方程。为此，在 SIMPLE 基础上进行第一步修正，以获得满足离散化质量守恒方程的速度场 u^{**}、v^{**}。所得到的方程与 SIMPLE 方法的速度修正公式相同，但由于 PISO 算法要进行两步修正，这里必须采用不同的符号，即：

$$p^{**} = p^* + p',\ u^{**} = u^* + u',\ v^{**} = v^* + v' \tag{4-72}$$

定义修正速度如下：

$$u_e^{**} = u_e^* + d_e(p'_P - p'_E) \tag{4-73}$$

$$v_n^{**} = v_n^* + d_n(p'_P - p'_N) \tag{4-74}$$

将式（4-73）和式（4-74）代入离散化质量守恒方程，得到压力修正方程式：

$$a_P p'_P = a_W p'_W + a_E p'_E + a_S p'_S + a_N p'_N + a_T p'_T + a_B p'_B + b'_P \tag{4-75}$$

b　第二次修正

u^{**}、v^{**} 的离散化动量方程为：

$$a_e u_e^{**} = \sum a_{nb} u_{nb}^* + A_e(p_P^{**} - p_E^{**}) + b_e \tag{4-76}$$

$$a_n v_n^{**} = \sum a_{nb} v_{nb}^* + A_n(p_P^{**} - p_N^{**}) + b_n \tag{4-77}$$

在此基础上，再次求解动量方程获得二次修正值 u^{***}、v^{***}。

$$a_e u_e^{***} = \sum a_{nb} u_{nb}^{**} + A_e(p_P^{***} - p_E^{***}) + b_e \tag{4-78}$$

$$a_n v_n^{***} = \sum a_{nb} v_{nb}^{**} + A_n(p_P^{***} - p_N^{***}) + b_n \tag{4-79}$$

将式（4-78）减去式（4-76），式（4-79）减去式（4-77）后分别得到：

$$u_e^{***} = u_e^{**} + \frac{\sum a_{nb}(u_{nb}^{**} - u_{nb}^*)}{a_e} + d_e(p''_P - p''_E) \tag{4-80}$$

$$v_n^{***} = v_n^{**} + \frac{\sum a_{nb}(v_{nb}^{**} - v_{nb}^*)}{a_n} + d_n(p''_P - p''_N) \tag{4-81}$$

式中，p'' 为第二压力修正值，由此 p^{***} 可表示为：

$$p^{***} = p^{**} + p'' \tag{4-82}$$

将 u^{***}、v^{***} 代入离散化质量守恒方程式，得到第二压力修正方程：

$$a_P p''_P = a_W p''_W + a_E p''_E + a_S p''_S + a_N p''_N + a_T p''_T + a_B p''_B + b''_P \tag{4-83}$$

求解式（4-83）获得第二压力修正值 p''，由此得到第二次压力修正：

$$p^{***} = p^{**} + p'' = p^* + p' + p'' \tag{4-84}$$

在迭代非稳态流动问题时，压力场 p^{***} 和速度场 u^{***}、v^{***} 被认为是正确的压力和速度。

PISO 算法计算框图如图 4-17 所示。

4.4.4　COUPLED 算法

COUPLED 算法意为全隐式耦合算法。该方法最先在 ANSYS-CFX 中得到使用，和半隐式 SIMPLE 算法不同的是，COUPLED 算法是直接把 N-S 方程组的全隐式离散化形式作为

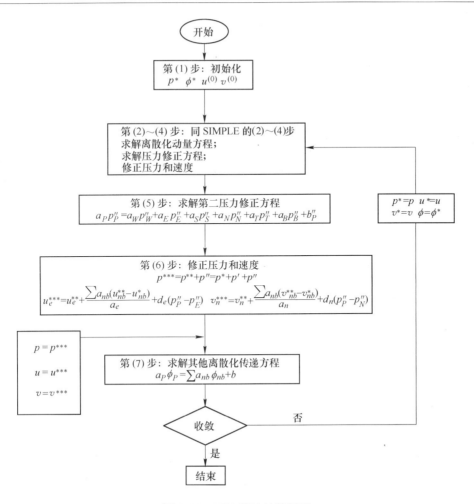

图 4-17 PISO 算法计算框图

一个系统进行求解，不再需要"假定压力—求解—修正压力"的过程。其主要优势是：对复杂问题收敛稳定、计算资源的需求和网格数是线性增长的、收敛更快捷。

COUPLED 算法的计算思路如下：

（1）假定初始场。

（2）生成系数矩阵。对非线性 N-S 方程组进行离散化并生成求解系数矩阵。

（3）求解方程组。利用代数多重网格方法求解线性方程组。

（4）求解其他变量的控制方程，如组分方程、能量方程、附加变量方程等。

（5）判断时间步内是否收敛，如没有收敛，返回第（2）步继续进行求解。

（6）如收敛，进入下一个时间步，返回第（2）步求解，直至求得收敛的解为止。

COUPLED 算法的计算框图如图 4-18 所示。

4.4.5　不同压力修正法的对比

对于这些不同的算法，很多文献中已做了说明。但迄今为止尚不能确定哪种算法最优。算法的性能指标主要包括经济性（包括收敛快慢、内存和计算机占用情况）及鲁棒性（是指是否可以在很宽的参数变化范围内得到收敛的解）。一般来说，SIMPLE、SIMPLER

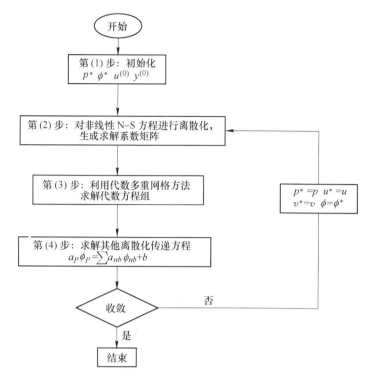

图 4-18　COUPLED 算法计算框图

及 SIMPLEC 的鲁棒性较差；在收敛速度方面，SIMPLER 和 SIMPLEC 有时表现出优于 SIM-PLE 的特性。SIMPLEX 不及其他几种算法用的广泛。

　　相对于 SIMPLE 系列算法而言，COUPLED 算法对大多数问题来讲更适合，主要体现在经济性和鲁棒性上。因此近年来该算法受到越来越多 CFD 使用者的青睐。

4.5　代数方程的数值解法

　　前面已经介绍了对偏微分方程的各种离散方法。通过这个过程，已经得到了一组线性或非线性代数方程，方程组需要通过某种数值方法进行求解。方程组的复杂程度取决于流动问题的维数和几何形状。但不论是线性还是非线性方程，都要求求解代数方程组的数值方法具有高效性和鲁棒性。

　　求解代数方程组的基本方法包括两类：直接方法和迭代方法。其中直接方法中的高斯消元法，可以用来求解由矩阵形式表示的简单的一维稳态热传导过程。当然，还有其他直接方法也能被用来求解矩阵，例如求解逆阵的 Cramer 法则和三对角矩阵算法。对结构化网格运用有限差分法或有限体积法离散得到的代数方程矩阵为典型的稀疏矩阵，大多数元素为零，并且非零元素靠近对角线。对于一维问题，三对角矩阵算法特别适用于直接求解这种特殊矩阵，其计算时间短，并且内存占用量小，因此在 CFD 程序中得到广泛应用。迭代法是指重复应用一种算法，经过大量循环最后得到收敛解。一般来说，它更加经济，且只有代数方程中的非零元素才占用内存，对稀疏线性方程组的求解特别有价值，但不适用于非线性问题的求解。

4.5.1 直接方法

求解线性方程组最基本的方法之一是高斯消元法。该方法是基于逐步将多元方程组进行消元简化。假定方程组可以写成如下形式：

$$A\phi = B \tag{4-85}$$

式中，ϕ 为未知变量。矩阵 A 包含代数方程的非零系数，其形式如下：

$$A = \begin{bmatrix} A_{11} & A_{12} & A_{13} & \cdots & A_{1n} \\ A_{21} & A_{22} & A_{23} & \cdots & A_{2n} \\ A_{31} & A_{32} & A_{33} & \cdots & A_{3n} \\ \vdots & \vdots & \vdots & \ddots & \vdots \\ A_{n1} & A_{n2} & A_{n3} & \cdots & A_{nn} \end{bmatrix} \tag{4-86}$$

而矩阵 B 包括变量 ϕ 的已知值，如给定的边界条件、源项或消亡项。

矩阵 A 的对角元素可以用 A_{11}、A_{22}、A_{33}、$\cdots$、A_{nn} 来描述。该算法的核心就是要消去对角线下面的元素，使该矩阵变为上三角矩阵。也就是说，用"0"来代替 A_{21}、A_{31}、A_{32}、$\cdots$、$A_{n,n-1}$。消元过程的第一步从矩阵 A 中的第一列元素 A_{21}、A_{31}、$\cdots$、A_{n1} 开始。第二行减去第一行的 A_{21}/A_{11} 倍，第二行的所有元素以及方程右边矩阵 B 的元素随之做出相应的改变。应用相似的方法对矩阵 A 中第一列的其他元素 A_{31}、A_{41}、$\cdots$、A_{n1} 进行处理，使 A_{11} 以下的所有元素都变为"0"。对矩阵第二列也做相应的操作，一直到对第 $n-1$ 列都进行该操作。完成该消元操作后，原来的矩阵 A 变成一个上三角矩阵 U：

$$U = \begin{bmatrix} A_{11} & A_{12} & A_{13} & \cdots & A_{1n} \\ 0 & A_{22} & A_{23} & \cdots & A_{2n} \\ 0 & 0 & A_{33} & \cdots & A_{3n} \\ \vdots & \vdots & \vdots & \ddots & \vdots \\ 0 & 0 & 0 & \cdots & A_{nn} \end{bmatrix} \tag{4-87}$$

U 矩阵中所有元素除第一行外都与原矩阵 A 不同。因此，用修改后的矩阵代替原矩阵，其单元存储效率更高。该算法的这一过程称为向前消元过程。系数矩阵为上三角阵的方程组就能回代过程来求解。此时，U 矩阵就只包含一个变量 ϕ_n，并且可由式（4-88）求得：

$$\phi_n = \frac{B_n}{U_{nn}} \tag{4-88}$$

式（4-88）中只含有 ϕ_{n-1} 和 ϕ_n，如果 ϕ_n 为已知，则可以求出方程中的 ϕ_{n-1}。按照以上方法，可依次求出每个变量 ϕ_i。ϕ_i 的一般形式可表达为：

$$\phi_i = \frac{B_i - \sum_{j=i+1}^{n} A_{ij}\phi_j}{A_{ii}} \tag{4-89}$$

不难看出，向前消元过程需较大的计算量，回代过程需要较少的计算步骤，因此计算成本较低。对于有大量未知变量的全矩阵，高斯消元法计算量大，但与其他现有方法相比仍然具有优势。

这是应用有限差分法或有限体积法获得的典型矩阵结构形式。其中，非零元素都靠近主对角线。这种形式的矩阵能够很容易地用托马斯算法来求解。利用这种条状结构矩阵（三对角矩阵），可使计算资源最大化，减少计算量。让我们考查如下代数方程组中的对三角形式：

$$
\begin{bmatrix}
A_{11} & A_{12} & A_{13} & \cdots & A_{1,i-1} & A_{1,i} & A_{1,i+1} & \cdots & A_{1,n-2} & A_{1,n-1} & A_{1,n} \\
A_{21} & A_{22} & A_{23} & \cdots & A_{2,i-1} & A_{2,i} & A_{2,i+1} & \cdots & A_{2,n-2} & A_{2,n-1} & A_{2,n} \\
\vdots & \vdots & \vdots & \ddots & \vdots & \vdots & \vdots & \ddots & \vdots & \vdots & \vdots \\
A_{i1} & A_{i2} & A_{i3} & \cdots & A_{i,i-1} & A_{i,i} & A_{i,i+1} & \cdots & A_{i,n-2} & A_{i,n-1} & A_{i,n} \\
\vdots & \vdots & \vdots & \ddots & \vdots & \vdots & \vdots & \ddots & \vdots & \vdots & \vdots \\
A_{n-1,1} & A_{n-1,2} & A_{n-1,3} & \cdots & A_{n-1,i-1} & A_{n-1,i} & A_{n-1,i+1} & \cdots & A_{n-1,n-2} & A_{n-1,n-1} & A_{n-1,n} \\
A_{n,1} & A_{n,2} & A_{n,3} & \cdots & A_{n,i-1} & A_{n,i} & A_{n,i+1} & \cdots & A_{n,n-2} & A_{n,n-1} & A_{n,n}
\end{bmatrix}
\begin{bmatrix}
\phi_1 \\ \phi_2 \\ \vdots \\ \phi_i \\ \vdots \\ \phi_{n-1} \\ \phi_n
\end{bmatrix}
$$

$$
= \begin{bmatrix} B_1 & B_2 & \cdots & B_i & \cdots & B_{n-1} & B_n \end{bmatrix}^{\mathrm{T}} \tag{4-90}
$$

托马斯算法同高斯消去法一样分成消元过程和回代过程两部分解方程。消元过程是将对角线下的每一个元素化为"0"，即将 A_{21}、A_{32}、A_{43}、$\cdots$、$A_{n,n-1}$ 化为"0"。第一行，对角元素 A_{11} 和其相邻元素 A_{12} 及 B_1 根据以下公式修改：

$$
A'_{11} = \frac{A_{12}}{A_{11}}, \quad B'_1 = \frac{B_1}{A_{11}} \tag{4-91}
$$

同高斯消元法一样，矩阵的第二行元素减去第一行元素乘以第二行相应的元素，这样，第二行所有元素包括方程右边 B 向量的相应元素都被修改。对矩阵其余行做相应的操作：

$$
A'_{i,i+1} = \frac{A_{i,i+1}}{A_{ii} - A_{i,i-1} - A'_{i-1,i}}, \quad B'_i = \frac{B_i - A_{i,i-1}B'_{i-1}}{A_{ii} - A_{i,i-1} - A'_{i-1,i}} \tag{4-92}
$$

因此，方程转化为：

$$
\begin{bmatrix}
1 & A'_{12} & & & & & & \\
 & 1 & A'_{23} & & & & & \\
 & & \ddots & \ddots & & & & \\
 & & & 1 & A'_{i,i+1} & & & \\
 & & & & \ddots & \ddots & & \\
 & & & & & 1 & A'_{n-1,n} \\
 & & & & & & 1
\end{bmatrix}
\begin{bmatrix}
\phi_1 \\ \phi_2 \\ \vdots \\ \phi_i \\ \vdots \\ \phi_{n-1} \\ \phi_n
\end{bmatrix}
=
\begin{bmatrix}
B'_1 \\ B'_2 \\ \vdots \\ B'_i \\ \vdots \\ B'_{n-1} \\ B'_n
\end{bmatrix}
\tag{4-93}
$$

第二步为简单的回代过程，有：

$$
\phi_n = B'_n, \quad \phi_i = B'_i - \phi_{i+1}A'_{i,i+1} \tag{4-94}
$$

可以看出，托马斯算法比高斯消元法更为高效，因为在回代计算求 ϕ_i 时，矩阵中省去了零元素的运算（乘或除运算）。然而，为了防止使用两种直接方法时出现病态（即舍入误差）错误，必须满足：

$$|A_{ii}| > |A_{i,i-1}| + |A_{i,i+1}| \tag{4-95}$$

这意味着对角系数要比其邻近系数之和大得多。

4.5.2 迭代方法

直接方法如高斯消元法，能被用来求解任意方程。然而，大多数 CFD 问题中通常要求解大量的非线性方程运用这种方法计算成本通常太高。托马斯算法对一维稳态热传递过程的求解是高效的，其原因在于其固有的带状矩阵结构（三对角结构）。然而，这种算法不能随意扩展到多维问题的求解当中，这就意味着要选择迭代方法。在迭代方法中，先估计一个初值，然后根据方程逐步改进计算结果，直到收敛到某一精度。如果迭代次数较少就能获得收敛解的话，那么迭代求解效率将高于直接方法。对 CFD 问题而言，通常都是这种情况。

最简单的迭代方法是雅可比（Jacobi）方法。4.5.1 节中方程 $A\phi = B$，每个节点未知变量 ϕ 的一般形式可写成：

$$\sum_{j=1}^{i-1} A_{ij}\phi_j + A_{ii}\phi_i + \sum_{j=i+1}^{n} A_{ij}\phi_j = B_i \tag{4-96}$$

在方程式（4-96）中，雅可比方法假定变量 ϕ_j（非对角元素）的第 k 步迭代结果为已知，节点变量 ϕ_i 的第 $k+1$ 步迭代值为未知。求解 ϕ_i 为：

$$\phi_i^{(k+1)} = \frac{B_i}{A_{ii}} - \sum_{i=1}^{i-1} \frac{A_{ij}}{A_{ii}}\phi_j^{(k)} - \sum_{j=i+1}^{n} \frac{A_{ij}}{A_{ii}}\phi_j^{(k)} \tag{4-97}$$

迭代开始时假设节点变量 ϕ_i 的初值（$k=0$）。对 n 个未知数，重复使用式（4-97），完成第一次迭代（$k=1$）。在第二次迭代（$k=2$）时，将 $k=1$ 时的迭代结果代入式（4-96）来获得迭代新值。迭代过程不断重复直到获得收敛的期望解。

高斯-赛德尔（Gauss-Seidel）对雅可比方法做了改进，将最新获得的变量 $\phi_j^{(k+1)}$ 值直接代入到式（4-97）右边。此时，在式（4-97）右侧第二项 $\phi_j^{(k)}$ 值被当前值 $\phi_j^{(k+1)}$ 替代，相当于式（4-97）变为：

$$\phi_i^{(k+1)} = \frac{B_i}{A_{ii}} - \sum_{j=1}^{i-1} \frac{A_{ij}}{A_{ii}}\phi_j^{(k+1)} - \sum_{j=i+1}^{n} \frac{A_{ij}}{A_{ii}}\phi_j^{(k)} \tag{4-98}$$

比较以上两个迭代过程，高斯-赛德尔迭代法比雅可比迭代法快两倍。通过重复使用式（4-97）和式（4-98），多种途径都可以达到收敛。当 $\phi_j^{(k+1)} - \phi_j^{(k)}$ 小于某一可接受误差的预定值时，迭代过程终止。减小可接受误差值，解将更为准确，但应注意这将花费更多的迭代次数。

4.5.3 加速技术

在求解包含压力（或修正压力）项时（泊松方程），共轭梯度和多重网格法通常被用来加速方程组的迭代过程，使之快速收敛。这些方法促进了 CFD 的应用，而且在商业 CFD 软件中越来越流行，特别适于求解非结构化网格以及大型非线性方程组。

共轭梯度法是一种寻找函数最小值的方法，是典型的最速下降方法（steepest descent methods）。这种基本方法本身收敛速度相当缓慢，因此也不被经常使用，但是在对初始矩阵预处理时，收敛速度得到很大的提高。通过对对称矩阵应用不完全 Cholesky 因数分解或对非对称矩阵应用双共轭梯度实施这种预处理技术。

多重网格方法有几何法和代数法两种类型。前者也称为 FAS（full approximation scheme），包含多层次网格（在精细和粗糙网格之间循环），在每层网格上求解离散方程组；对于代数多重网格，粗糙网格上方程组的生成不需要任何再离散，该特性特别适于在非结构化网格中使用。理论上，几何多重网格优于代数多重网格。由于前者通过重新离散将非线性特性传递到粗网格层，因此更适于求解非线性问题。对于后者，一旦方程组被线性化，一直到精细网格算子被更新时，求解器才能"知道"其非线性特性。多重网格方法只是求解方法中的一个策略，有关加速迭代技术的更多细节有兴趣的读者可参考相关文献。

参 考 文 献

[1] Tu J Y, Yeoh G H, Liu C Q. Computational Fluid Dynamics：A Practical Approach ［M］. USA：Butterworth-Heinemann, 2008.

[2] 陶文铨. 计算传热学的近代进展 ［M］. 北京：科学出版社, 2000.

[3] 陶文铨. 数值传热学 ［M］. 北京：高等教育出版社, 1988.

[4] 帕坦卡 S V. 传热与流体流动的数值计算 ［M］. 张政, 译. 北京：科学出版社, 1989.

[5] Li B K. Metallurgical Application of Advanced Fluid Dynamics ［M］. Beijng：Metallurgical Industry Press, 2003.

[6] Spalding D B. Mixing and chemical reaction in steady confined turbulent flames ［C］. 13th Symp. Int. on Comb. The Combustion Institute, 1971：649~657.

5 钢包内钢-渣-气三相流动

钢包炉是重要的炉外精炼设备，其冶金功能主要包括：合金元素的浓度和钢液温度的均匀化、脱氧、脱硫、去除夹杂物等。其中，决定脱硫效率的最主要因素是钢液与渣层的相互作用，为了强化两相间的相互作用，通常采用钢包底吹的方法。在氩气喷吹过程中，气泡在钢液逐渐上升并达到渣层的顶部，上升的气泡带动钢液流动，从而增加了渣层和钢液之间的接触面积，将渣中更多的脱硫剂带入钢液，加速了脱硫进程。但是，同时也带来了卷渣、氧化、氮化等问题，这些对钢坯质量都是有害的。因此，了解钢包炉内钢-渣-气三相流动，对强化脱硫以及提高钢质量有重要意义。

很多学者在渣层运动方面进行了大量研究。P. Ridenour 等人[1]指出，气泡冲破渣层是一个很复杂的多相流动过程。K. Beskow 等人[2]通过实验研究渣层和钢液的界面物理特性。H. Lachmund 等人[3]提出半经验模型计算卷渣参数。J. W. Han 等人[4]通过模型实验研究气体搅拌过程中油层对流动结构和混合时间的影响。L. Jonsson 等人[5]发展一个计算再氧化和硫化的二维流动模型。在不同氩气流量、渣层厚度和钢液深度等参数条件下，K. Krishnapisharody 和 G. A. Irons[6]通过热模型实验测量渣眼尺寸，并用 Froude 数对渣眼尺寸进行描述。K. Yonezawa 和 K. Schwerdtfeger[7]研究钢包氩气喷吹中钢液自由表面处渣眼的形成过程，模型实验中采用低合金水银代替钢液，用油代替保护渣，同时用容量为 350t 钢包做现场实验。虽然很多研究者对渣层运动以及渣眼形成做过大量工作，但他们的模型忽略或者简化了渣层的影响[5,8]。P. Ridenour 等人[1]虽对渣眼直径和渣层行为进行数值分析，但简化了渣层的影响，计算时在渣层处仅仅设置两层节点，其结果无法掌握渣层运动参量的详细信息，特别是得到的渣眼尺寸与实际差别很大。萧泽强等人[9]通过势流理论对渣-金界面的流动状态进行了理论分析，建立了渣金卷混过程的波前离散线涡数学模型，以此研究了某一渣层厚度下的临界卷渣韦伯数。李宝宽等人[10]用 VOF 法对单孔底吹钢包进行了三维瞬态数值模拟，讨论了钢液隆起高度、渣眼直径和液面波动与吹气流量的关系。成国光等人[11]在建立的临界卷渣速率公式的基础上进行修正，通过水模拟和理论计算相结合的手段推导了发生卷渣现象的临界界面流速和破碎颗粒的大小，其结果与实测结果有较好的吻合。

5.1 钢-渣-气三相流动的数学建模

5.1.1 基本假设

底吹钢包搅拌过程包括钢液、氩气和保护渣三种流体的运动，情况十分复杂，为了简化计算，做以下假设[3,4]：

（1）多相流动为三维不可压缩 Newton 流动。

（2）气泡的浮力是钢液循环的驱动力。

（3）液固界面为无滑移边界，即在壁面处速度为零，且 $k = 0$，$\varepsilon = 0$。

（4）忽略传热及凝固过程对流场的影响。

（5）不考虑顶部渣层和钢液之间的化学反应对流场的影响。

5.1.2　控制方程

根据混相理论，多相流体集总变量仍然遵守基本的流体力学运动方程，其中连续方程为：

$$\frac{\partial \rho}{\partial t} + \nabla \cdot (\rho \boldsymbol{v}) = 0 \tag{5-1}$$

动量方程为：

$$\frac{\partial}{\partial t}(\rho \boldsymbol{v}) + \rho(\boldsymbol{v} \cdot \nabla)\boldsymbol{v} = -\nabla P + \nabla \cdot \left[\mu_{\text{eff}}(\nabla \boldsymbol{v} + \nabla \boldsymbol{v}^{T}) \right] + \rho \boldsymbol{g} \tag{5-2}$$

式中，ρ 为密度；t 为时间；$\boldsymbol{v}$ 为速度矢量；P 为压强；μ_{eff} 为有效黏度；$\boldsymbol{g}$ 为重力加速度。

为了研究钢液、氩气和保护渣的三相流动行为采用多相流动体积法（VOF）进行求解。VOF 方法要求相间不能互相混合，对于每一相引入一个变量，对应一个体积分数。每个控制容积中，所有相的体积分数之和为 1，即：

$$\alpha_{\text{g}} + \alpha_{\text{st}} + \alpha_{\text{sl}} = 1 \tag{5-3}$$

式中，α_{g}、α_{st}、α_{sl} 分别为氩气、钢液和渣的体积分数。

所有相中计算区域内的所有变量和参数都共享一个空间，但只占据自己的体积分数。如果体积分数表示为 α_{q}，则满足：当 $\alpha_{\text{q}} = 0$ 时，单元是空的；当 $\alpha_{\text{q}} = 1$ 时，单元是满的；当 $0 < \alpha_{\text{q}} < 1$ 时，单元包含分界面。某个计算单元密度表示为：

$$\rho = \alpha_{\text{g}} \rho_{\text{g}} + \alpha_{\text{st}} \rho_{\text{st}} + \alpha_{\text{sl}} \rho_{\text{sl}} \tag{5-4}$$

式中，ρ_{g}、ρ_{st}、ρ_{sl} 分别为氩气、钢液和渣的密度。

某个计算单元的黏度表示为：

$$\mu = \alpha_{\text{g}} \mu_{\text{g}} + \alpha_{\text{st}} \mu_{\text{st}} + \alpha_{\text{sl}} \mu_{\text{sl}} \tag{5-5}$$

式中，μ_{g}、μ_{st}、μ_{sl} 分别为氩气、钢液和渣的黏度。

VOF 法中 α_{q} 满足：

$$\frac{\partial \alpha_{\text{q}}}{\partial t} + (\boldsymbol{v} \cdot \nabla)\alpha_{\text{q}} = 0 \tag{5-6}$$

标准 k-ε 模型用来求解有效黏度，并考虑了浮力的影响：

$$\frac{\partial(\rho k)}{\partial t} + \frac{\partial(\rho k u_i)}{\partial x_i} = \frac{\partial}{\partial x_j}\left[\left(\mu + \frac{\mu_t}{\sigma_k} \right)\frac{\partial k}{\partial x_j} \right] + G_k + G_b - \rho\varepsilon \tag{5-7}$$

$$\frac{\partial(\rho\varepsilon)}{\partial t} + \frac{\partial(\rho\varepsilon u_i)}{\partial x_i} = \frac{\partial}{\partial x_j}\left[\left(\mu + \frac{\mu_t}{\sigma_\varepsilon} \right)\frac{\partial \varepsilon}{\partial x_j} \right] + C_{1\varepsilon}\frac{\varepsilon}{k}(G_k + C_{3\varepsilon}G_b) - C_{2\varepsilon}\rho\frac{\varepsilon^2}{k} \tag{5-8}$$

式中，u_i 为速度 $\boldsymbol{v}$ 分量；k 为湍动能；ε 为湍动能耗散率；i、j 表示不同的方向；$C_{1\varepsilon}$、$C_{2\varepsilon}$、$C_{3\varepsilon}$、σ_k、σ_ε 均为常数；G_k 为由于平均速度引起的湍动能时，可表达为：

$$G_k = \rho \overline{u_i' u_j'} \frac{\partial u_j}{\partial x_i} \tag{5-9}$$

式中，u_i'、u_j' 分别为 i、j 方向的脉动速度。

当 G_b 表示由于密度不均匀引起的湍动能时，可以表达为：

$$G_b = -g \frac{\mu_t}{\rho Pr_t} \frac{\partial \rho}{\partial x_i} \tag{5-10}$$

式中，Pr_t 为 Prandtl 数，湍流黏度 μ_t 由 k 和 ε 的计算得到：

$$\mu_t = \rho C_\mu \frac{k^2}{\varepsilon} \tag{5-11}$$

式中，C_μ 为常数。

上述的湍流模型方程中的常数 $C_{1\varepsilon} = 1.44$；$C_{2\varepsilon} = 1.92$；$G_{3\varepsilon} = 1.0$；$C_\mu = 0.09$；$\sigma_k = 1.0$；$\sigma_\varepsilon = 1.3$。

5.1.3 模型建立及网格化

图 5-1 所示为钢包计算区域网格划分示意图，采用正交直角坐标系统，在整个区域内划分六面体网格。为了保证计算精度并节约计算时间，在入口区域、出口区域及渣层区域采用较密的网格划分格式，其他区域采用相对稀疏的网格划分格式，网格量为 20 万。

以某钢厂的 30t 小型钢包为研究对象，具体参数见表 5-1。

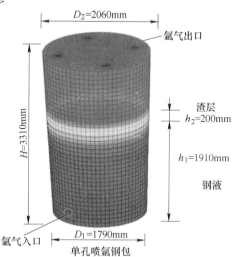

图 5-1 钢包计算区域网格

表 5-1 钢包参数

参　数	数　值	参　数	数　值
钢包吨位/t	30	钢液密度/kg·m^{-3}	7080
顶部直径/mm	2060	钢液黏度/Pa·s	0.0064
底部直径/mm	1790	渣密度/kg·m^{-3}	3500
液面高度/mm	1910	渣黏度/Pa·s	0.06
渣层厚度/mm	200	氩气密度/kg·m^{-3}	0.56
高径比 H/D	1.067	氩气黏度/Pa·s	8.5×10^{-5}
侧壁倾斜角/(°)	4.66	渣/金表面张力/N·m^{-1}	1.15
单喷嘴距离	$0.25R \sim 0.75R$	Ar/渣表面张力/N·m^{-1}	0.58
双喷嘴夹角/(°)	$30 \sim 180$	Ar/钢液表面张力/N·m^{-1}	1.82
喷气流量/L·min^{-1}	150/300/450		

5.1.4 边界条件

初始状态时，钢包内处于静止状态，渣层在钢液的上表面。不考虑传热问题，故忽略钢液中的温差。假设钢包内壁为无滑移条件，对于理想气体，氩气进口速度表示为：

$$v_{in} = \frac{Q_L}{A} = \left(\frac{P_S T_L}{P_L T_S}\right) \frac{Q_S}{A} \tag{5-12}$$

式中，下标 L 表示钢包；下标 S 表示标准状态；$T_S = 298K$；$T_L = 1873K$；$P_S = 101325Pa$；$P_L = P_S + \rho g h$（h 为钢包内熔池深度）；A 为喷嘴面积；Q_S 为标态下氩气流量。

计算得出：

$$k_{in} = 0.04v_{in}^2$$
$$\varepsilon_{in} = 2k^{3/2}/D \tag{5-13}$$

式中，k_{in} 为进口处湍动能；ε_{in} 为进口处湍动能耗散率；D 为入口直径。

水力直径与喷嘴直径相同。钢液与保护渣界面的摩擦很小，以保证气泡可以冲破界面。

其余边界条件如下：

（1）将渣面看做自由液面，除垂直于表面的速度分量外，其余各变量梯度为零。

（2）气体的出口处，认为气体自由流出，设置为自由出流边界。

（3）在钢包四周的固体壁面上，示踪剂的扩散流为零，即固体壁面内的示踪剂浓度为零；钢包自由表面上，示踪剂浓度梯度为零。

5.2　钢包内钢液流动的基本特征

钢液在底吹钢包内的流动是一个复杂的湍流流动过程，其主要特征有不规则性、三维性、有旋性、耗散性和扩散性。高压力的氩气从钢包底部冲入钢包过程中，受到钢包内钢液的压力和钢液的阻力，氩气在与钢液的接触运动过程中，不断带动钢液一起沿着钢包底部的入口向上运动抵达渣-金界面。大量的高速氩气冲破渣层，逸出钢包，少量的氩气随同钢液或渣一起运动。气体逸出钢包后，跟随气体运动的钢液抵达渣-金界面后沿着渣-金界面运动，到达钢包的另一侧沿钢包壁面回流到钢包底部不断扩散。氩气的不断流动带动钢液在钢包内的不断流动和扩散，最终钢液在钢包内回到底部的氩气入口处完成回流过程，形成了熔池内部的循环流动。

在钢包底吹氩过程中，不同流量的氩气运动会带动钢液向钢包壁面不同程度的偏流，而且对钢包的搅拌效率产生不同的影响。因氩气运动而带动的高温钢液冲击到钢包壁面对壁面造成冲蚀，太强的钢液流速容易将钢包内壁的耐火材料熔化进而融进钢液中，对钢液造成二次污染，降低钢液的品质。为此有必要对钢包底吹氩气的流量和位置及多喷嘴吹氩等工况进行不同的分析和计算，最终确定理想的钢包物理结构和合适的吹氩参数。

为了验证软件数模的准确性，对钢包内的多相流采用水模型实验进行验证，如图5-2

 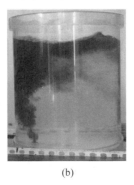  

(a)　　　　　　　　(b)　　　　　　　　(c)　　　　　　　　(d)

图 5-2　单喷吹水模型结果

(a) 1s；(b) 2s；(c) 5s；(d) 10s

所示，记录不同时刻钢液的流动行为，和图 5-3 数模取得的流线结果相比，运动轨迹相似，认为数值模拟是可以准确计算钢液流动情况的。

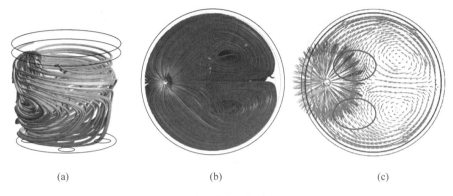

(a)　　　　　　　　　　(b)　　　　　　　　　　(c)

图 5-3　单喷吹数模结果

（a）钢液流线；（b）钢液流线俯视；（c）钢液上表面矢量图

5.3　钢包内钢液流动行为的控制

5.3.1　氩气流量的控制

5.3.1.1　氩气流量对钢包内流场的影响

在图 5-4 所示的不同氩气流量下钢液流动速度矢量图中可以看出随着氩气流量的增大，吹开渣层的区域在增大，采用双吹氩的结构时由于喷吹的分流氩气流量减小导致吹开渣层区域减小。

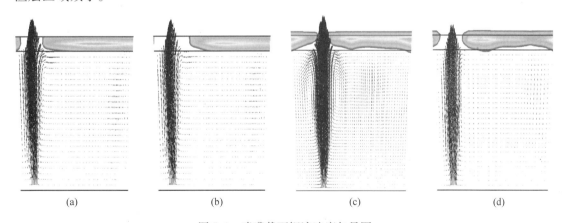

(a)　　　　　　　　(b)　　　　　　　　(c)　　　　　　　　(d)

图 5-4　喷嘴截面钢液速度矢量图

（a）单喷嘴 300L/min；（b）单喷嘴 450L/min；（c）双喷嘴 300L/min；（d）双喷嘴 450L/min

在图 5-5 所示的渣-金界面处的钢液速度矢量图可以看出，随着氩气流量的增大，渣-金界面处钢液的流动行为加强。单喷嘴 450L/min 工况时，渣-金界面处开始出现漩涡，容易卷渣，降低高品质钢的质量。双吹氩加大氩气流量使钢液的流动出现明显的不规则运动。

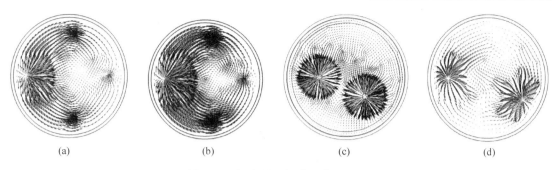

图 5-5　渣-金界面钢液速度矢量图

（a）单喷嘴 300L/min；（b）单喷嘴 450L/min；（c）双喷嘴 300L/min；（d）双喷嘴 450L/min

5.3.1.2　氩气流量对钢包内渣层的影响

研究钢包内渣-气界面保护渣的体积分数能够直观显示渣眼的面积，通过图 5-6 比较单喷嘴不同氩气流量下的保护渣含量发现，随着氩气流量的增加，渣眼的面积不断增大，太大的渣眼面积容易造成钢液在空气中的二次氧化，对钢液不利。由图 5-6 比较单、双喷嘴下渣-气界面的保护渣含量，发现相同氩气流量下双喷吹钢包渣眼面积较单喷吹有着明显的减小。从渣眼裸露的角度来讲双喷吹的钢包较单喷吹效果更佳。

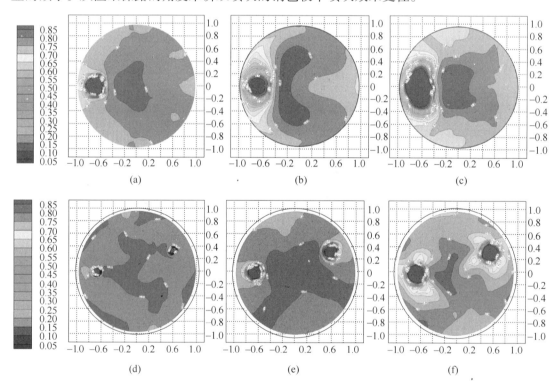

图 5-6　渣-气界面保护渣体积分数

（a）单喷嘴 150L/min；（b）单喷嘴 300L/min；（c）单喷嘴 450L/min；（d）双喷嘴 150L/min；

（e）双喷嘴 300L/min；（f）双喷嘴 450L/min

图 5-7 表示渣-金界面钢液体积分数。渣-金界面钢液的体积分数能够一方面反应钢液在渣层的渗透情况，另一方面也能显示渣层中钢液体积分数情况。随着氩气流量的增大，

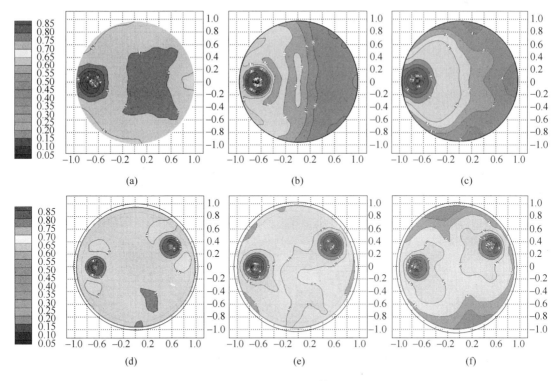

图 5-7 渣-金界面钢液体积分数

（a）单喷嘴 150L/min；（b）单喷嘴 300L/min；（c）单喷嘴 450L/min；（d）双喷嘴 150Ł/min；

（e）双喷嘴 300L/min；（f）双喷嘴 450L/min

钢液在渣层的含量逐渐增加，容易造成钢液的飞溅和钢液与渣的相互掺混，进而引起钢液的洁净度降低，降低钢的品质。双喷嘴小流量钢包能够减小钢液与渣层的相互掺混状况，能够提高钢的品质。

图 5-8 表示不同工况下渣-金界面钢液速度曲线，结果显示不同流量下单、双喷嘴随氩气流量的增大，渣-金界面钢液速度都在增大，钢液的波动性增大，容易造成局部的卷渣，对钢液的品质有一定的影响。

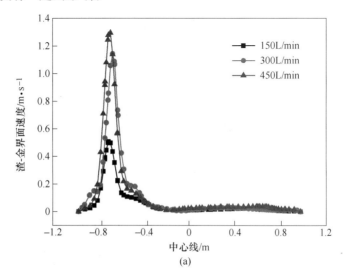

（a）

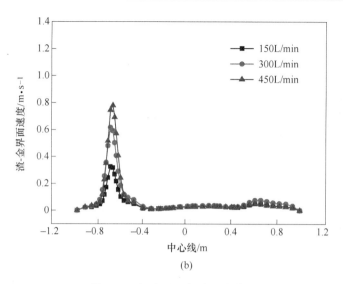

(b)

图 5-8 渣-金界面钢液速度曲线

(a) 单喷嘴吹氩；(b) 双喷嘴吹氩

5.3.1.3 氩气流量对钢包内搅拌效率影响

图 5-9 所示结果为单、双喷嘴不同流量下的混合时间，随着氩气流量的增加钢包的混合时间减小，而且双喷嘴吹氩较单喷嘴的混合时间小，对于提高钢包搅拌效率效果更佳。

5.3.1.4 氩气流量对钢包内壁冲击的影响

图 5-10 所示为钢包壁面所受壁面剪切力，由壁面所受的剪切力可反应钢包壁面所受的冲刷腐蚀情况，对比单、双喷嘴钢包壁面所受摩擦发现双喷嘴钢包对壁面的冲刷情况较小，可以延长钢包的使用寿命。

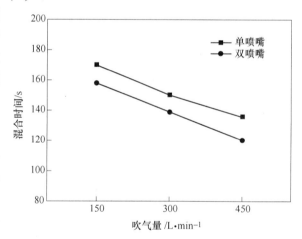

图 5-9 不同工况下钢包混合时间

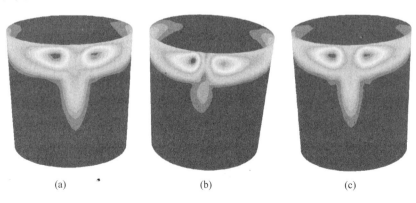

(a)   (b)   (c)

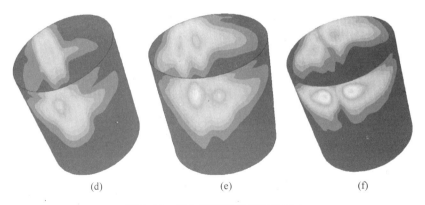

(d)   (e)   (f)

图 5-10 钢包壁面所受壁面剪切力

（a）单喷嘴 150L/min；（b）单喷嘴 300L/min；（c）单喷嘴 450L/min；（d）双喷嘴 150L/min；

（e）双喷嘴 300L/min；（f）双喷嘴 450L/min

图 5-11 所示为不同流量不同喷嘴情况钢包受到的剪切力，结果显示，随着氩气流量的增大，壁面所受的摩擦系数不断增大，相应受到的冲刷情况也不断增大。钢包采用双喷嘴结构时，由于两个喷嘴分担了氩气流量，因此钢包壁由两侧分担承受冲刷力，又由于双喷嘴吹氩时氩气流动带动钢液的流动引起钢液内部的相互扰动，使得钢液在到达钢包壁面时流速减小，摩擦系数减小，最终壁面受到冲刷力较单吹氩的小很多。

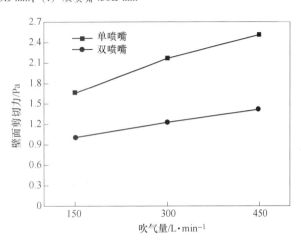

图 5-11 不同工况下钢包内壁所受最大剪切力

5.3.2 喷嘴位置对钢包内钢液流动的影响

5.3.2.1 喷嘴位置对钢包内流场的影响

不同喷嘴位置工况下钢液在钢包内随同气体搅拌的运动行为如图 5-12 所示，在氩气流量为 300L/min，喷嘴位置由距离钢包底部中心 $0.25R \sim 0.75R$ 不断变化的过程中，钢液在喷嘴截面上的流动形态大致相同，在钢液与保护渣交界面处钢液的速度达到最大，并且在钢液高速运动过程中两侧产生漩涡，漩涡能够带动钢液中的夹杂物不断运动，运动至渣层被吸附，从而达到了去除夹杂物的良好效果。在图 5-12 中可见，随着喷嘴位置不断偏离钢包中心在喷嘴上方吹开渣层产生渣眼的位置也不断偏离钢包中心，在喷嘴位置为 $0.75R$ 时，渣层左侧的渣全部被吹开。

在渣-金界面处钢液的流动情况如图 5-13 所示，喷嘴位置为 $0.25R$ 时，钢液在渣-金界面流动时由喷嘴上方向四周扩散，在钢包的另一侧流动循环。喷嘴位置的偏移对渣-金界面的流场产生不同的影响。在喷嘴位置为 $0.67R$ 时，渣-金界面的流场开始出现漩涡，原因是钢液的偏流导致钢液速度的不等，在钢液的速度差达到一定值时开始出现漩涡。由

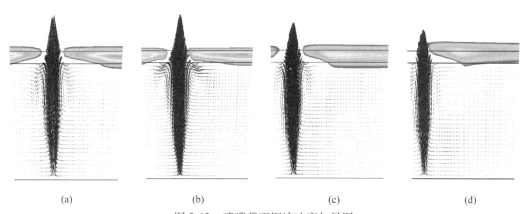

图 5-12　喷嘴截面钢液速度矢量图

(a) 0.25R；(b) 0.33R；(c) 0.67R；(d) 0.75R

图 5-13 可见，喷嘴位置在 0.67R ~ 0.75R 时漩涡一直存在，而且，在 0.75R 时因偏流加大而导致漩涡现象加重，强烈的漩涡容易将上层的渣卷入钢液中，对钢的品质产生不良的影响。

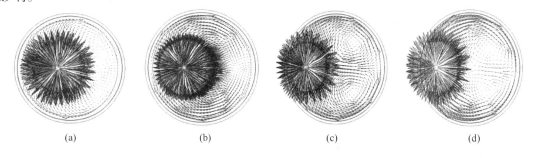

图 5-13　渣-金界面钢液速度矢量图

(a) 0.25R；(b) 0.33R；(c) 0.67R；(d) 0.75R

5.3.2.2　喷嘴位置对钢包内渣层的影响

图 5-14 所示为不同喷嘴位置工况下渣-气界面渣的体积分数。通过渣气界面渣的体积

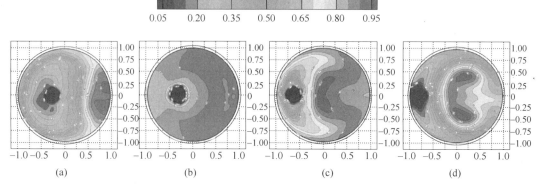

图 5-14　渣-气界面渣的体积分数

(a) 0.25R；(b) 0.33R；(c) 0.67R；(d) 0.75R

分数可以反映出渣眼面积，太大的渣眼面积容易使得钢液被空气氧化，降低钢的品质。由图 5-14 可见，在喷嘴位置由 0.25R 移至 0.67R 的过程中渣眼的形状和大小没有发生明显的变化，在 0.67R 时，由于喷嘴距离钢包侧壁较近，渣眼的形状开始出现改变。在 0.75R 时，喷嘴位置距离钢包壁面太近，在上方形成的渣眼与钢包壁面接触，发生形变，渣眼形状变为椭圆形，加大了渣眼的面积，导致过多的钢液裸露在空气中，容易降低钢液的温度和使得钢液发生氧化。

图 5-15 所示为不同工况下渣-金界面钢液的体积分数分布图。渣-金界面钢液的体积分数显示了钢液渗入渣层的情况，由图可见，在不同工况下钢液渗入渣层的体积分数不同，在 0.33R 处，钢液的渗透率最高，0.67R 处渗透情况次之，其余工况渗透率最低。原因为偏离钢包壁面太近时（0.75R）钢液与壁面的碰撞概率加大，进而导致钢液能量的损失增大，使钢液的渗透下降。喷嘴位置离钢包中心太近时钢液抵达渣-金界面后钢液的流动形态向四周扩散，在水平方向均匀分散。在 0.33R ~ 0.67R 区间，钢液的渗透率为最好。

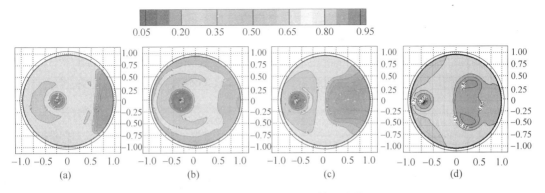

图 5-15　渣-金界面钢液的体积分数

（a）0.25R；（b）0.33R；（c）0.67R；（d）0.75R

图 5-16 所示为渣-金界面钢液速度曲线分布图。由图 5-16 可以看出，渣-金界面处喷嘴在 0.33R 处钢液的速度为最大。喷嘴位置由 0.33R ~ 0.75R 变化时，渣-金界面的速度不断减小。在 0.75R 处钢液的速度为最小。

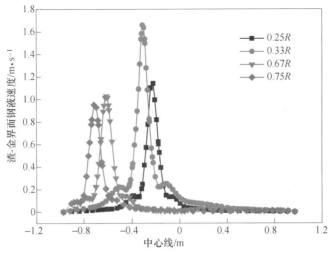

图 5-16　渣-金界面钢液速度曲线

5.3.2.3　喷嘴位置对钢包内搅拌效率的影响

喷嘴在不同位置时钢包的混合时间如图 5-17 所示，随着钢包不断偏离底部中心，钢包的效率不断提高，在 $0.75R$ 时效率最高，但离钢包壁面太近容易对钢包壁面造成严重的冲刷，引起二次污染。

5.3.2.4　喷嘴位置对钢包内壁冲击的影响

图 5-18 所示钢包壁面所受壁面剪切力分布图。由图可见，钢包喷嘴位置的不同，钢包壁面所受到的剪切力大小不等、分布情况也不同。在 $0.25R$ 位置时，钢液的流动行为表现为抵达渣-金界面后向四周扩散，由壁面受到的剪切力反映出钢包内壁受到钢液较为均匀的作用力。在 $0.33R$ 时钢包的受力情况变为在喷嘴对应的位置处由于钢液的分流作用在壁面产生两个作用力较强的点。随着喷嘴位置的不断偏移，钢包壁面的受力位置

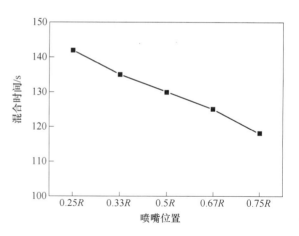

图 5-17　钢包混合时间

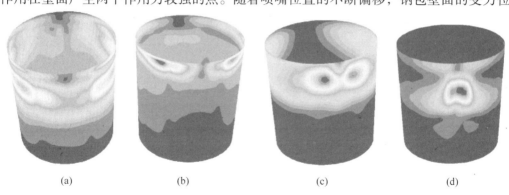

(a)　　　　　　(b)　　　　　　(c)　　　　　　(d)

图 5-18　钢包壁面所受壁面剪切力
(a) $0.25R$；(b) $0.33R$；(c) $0.67R$；(d) $0.75R$

逐渐靠近，在 $0.75R$ 时壁面受到一个较大的冲击力。

图 5-19 所示为不同工况下壁面所受到的剪切力的最大值，由图可知，随着喷嘴位置的偏移，钢包壁面受到的剪切力不断增大，喷嘴位置由 $0.67R \sim 0.75R$ 移动的过程中，剪切力的变化非常大。在 $0.75R$ 位置时钢液对壁面的冲刷最为严重，会缩短钢包的使用寿命，并使得壁面的耐火材料溶入钢液对钢液造成二次污染。

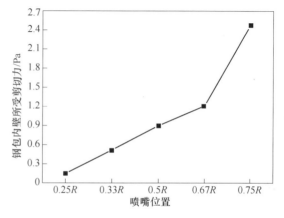

图 5-19　不同位置下钢包内壁所受剪切力

5.3.3 喷嘴角度对钢包内钢液流动的影响

5.3.3.1 喷嘴角度对钢包内流场的影响

图 5-20 所示为双喷嘴结构不同夹角工况下喷嘴截面钢液速度矢量图。由图可知，由于只改变钢包喷嘴之间的夹角，氩气的流量不变，喷嘴截面上钢液的速度矢量图没有发生太大的变化，在夹角为30°~60°的范围内因喷嘴的距离较近，会导致有部分钢液的湍流流动行为会被抵消，导致钢液在最渣层附近的流动行为有减小的趋势，在90°~180°变化的过程中，钢液速度矢量没有太大变化，在喷嘴角度为180°时，截面上的渣层被分成三块。

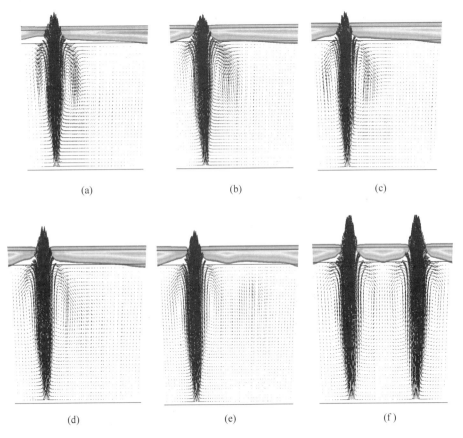

图 5-20 喷嘴截面钢液速度矢量图
(a) 30°；(b) 45°；(c) 60°；(d) 90°；(e) 135°；(f) 180°

为更细致地了解不同喷嘴夹角工况下钢液的流动行为，取渣-金界面处钢液的速度矢量图进行分析。如图 5-21 所示，喷嘴夹角为30°时，喷嘴之间的距离太近，钢液发生明显的碰撞和抵消，在渣层下方钢液几乎混为一块。随着角度的不断增大，钢液的碰撞和相互抵消行为减小，渣-金界面出钢液由水口上方流出，向夹角对应一侧的壁面运动。夹角不断增大的过程中钢液的大致流动行为都表现为向夹角对侧流动，没有漩涡产生，双喷嘴结构在减小渣层下方卷渣情况效果较单喷嘴的要好。

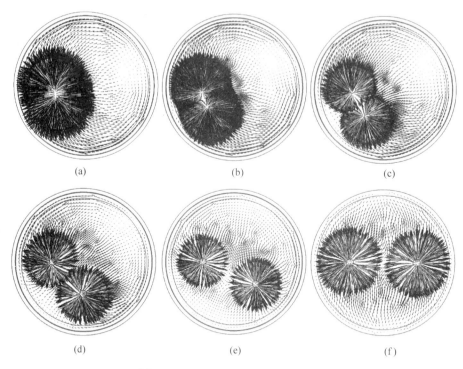

图 5-21　渣-金界面钢液速度矢量图

(a) 30°；(b) 45°；(c) 60°；(d) 90°；(e) 135°；(f) 180°

5.3.3.2　喷嘴角度对钢包内渣层的影响

图 5-22 所示为渣-气界面渣的体积分数分布图。由图可知，在喷嘴夹角为 30°时，喷

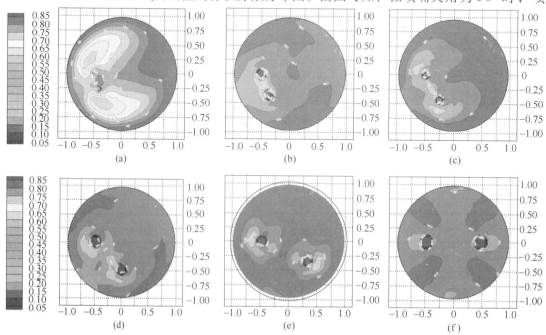

图 5-22　渣-气界面渣的体积分数

(a) 30°；(b) 45°；(c) 60°；(d) 90°；(e) 135°；(f) 180°

嘴上方渣的含量较其他结构时渣的含量高，原因为喷嘴距离太近，氩气由底部喷入钢包过程中，氩气扰动钢液一同向钢包顶部运动，在运动过程中，距离太近的两股流体相互作用能量减弱，导致钢液在流动过程中速度大为减小，在抵达渣层时能量不足以冲破渣层。喷嘴的夹角增大时，钢液之间的相互作用力减小，在渣层上表面渣眼的形状和大小没有太大改变。

　　图 5-23 所示为渣-金界面钢液的体积分数分布图。通过对渣-金界面钢液的体积分数对比，发现在 30°夹角的钢包装置中钢液在渣的下层混在一起，造成太多的能量损失，对比等流量的装置效率低。在夹角为 180°工况的装置中，流股的能量相互抵消的少，钢液抵达渣层的体积分数多。

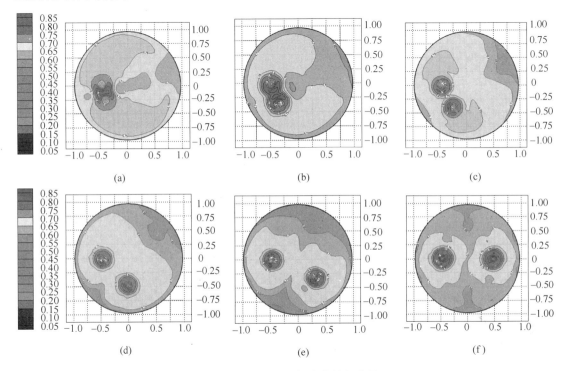

图 5-23　渣-金界面钢液的体积分数
（a）30°；（b）45°；（c）60°；（d）90°；（e）135°；（f）180°

　　图 5-24 所示为渣-金界面钢液速度曲线分布图。对比喷嘴夹角由 30°~60°的变化过程，渣-金界面钢液的速度在喷嘴夹角为 45°时，流速最大，30°时因扰动太大钢液流速最小。在夹角由 90°~180°变化过程中，180°结构的钢包渣-金界面处速度最大，90°和 135°两种工况下，钢液的湍流引起的相互抵消作用在渣-金界面处表现差别不大。

5.3.3.3　喷嘴角度对钢包内搅拌效率的影响

　　喷嘴不同夹角工况下钢包的混合时间如图 5-25 所示。由图可知，随着喷嘴夹角的不断减小，钢包的混合时间不断减小，即钢包的搅拌效率不断提高，但夹角太小，为 30°时，效率反而降低，其原因为太近的钢液流股相互抵消造成能量大量损失。

5.3.3.4　喷嘴角度对钢包内壁冲击的影响

　　图 5-26 所示为不同夹角工况下钢包壁面所受壁面剪切力分布图。小角度（30°~60°）

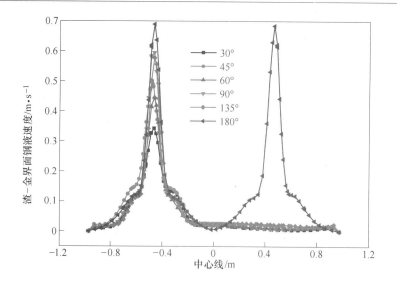

图 5-24　渣-金界面钢液速度曲线

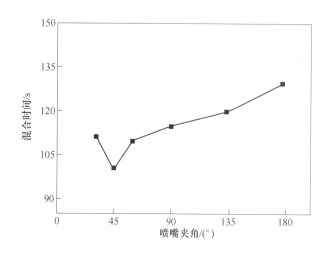

图 5-25　不同喷嘴夹角钢包混合时间

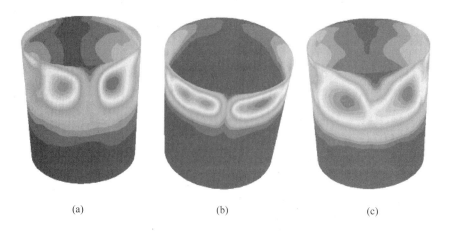

(a)　　　　　　　　　　(b)　　　　　　　　　　(c)

(d)   (e)   (f)

图 5-26 钢包壁面所受壁面剪切力

(a) 30°；(b) 45°；(c) 60°；(d) 90°；(e) 135°；(f) 180°

工况下的钢包壁面所受的冲击呈现为喷嘴位置处对应两个最大的冲击点，两喷嘴之间由于流股的相互抵消和钢液的主流股不能及时冲击到而表现为所受冲击力有所减小。随着夹角的不断增大，钢包壁面的最大冲击位置不断远离。而且随着角度的不断增大，钢包壁面整体所受的冲刷情况增大。

图 5-27 为不同位置下钢包内壁所受最大剪切力情况。由图可知，在喷嘴夹角为 45°工况时，钢包壁面

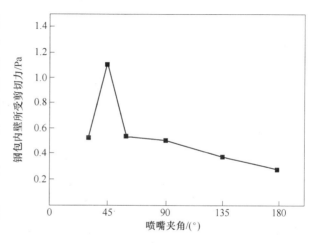

图 5-27 不同喷嘴夹角下钢包内壁所受剪切力

受到的最大剪切力最大。其原因为此结构下钢液的混合流动加强，钢液之间的相互作用而抵消的能量少，钢液综合运动能力加强。

5.4 大涡模拟在钢包中的应用

氩气通过多孔介质被打散为离散气泡，实验中发现离散气泡在上浮过程中的运动为杂乱无章的，气泡之间相互作用明显。离散气泡的非稳态上浮过程及气泡引起的湍流振荡对钢包搅拌效果以及渣-金反应、界面波动行为具有深刻影响。本节将介绍一种基于欧拉-拉格朗日方法的钢包内泡状流研究。钢包内的多相流行为示意图以及所采用的数学方法如图 5-28 所示。

5.4.1 数学模型

5.4.1.1 VOF 界面跟踪模型及大涡模拟

对于钢包中的钢液、渣和上方空气区，本节采用 VOF（volume of fluid）界面跟踪方法

图 5-28   钢包多相流动示意图

来捕捉各相之间的界面，VOF 方法的控制方程如下。

连续性方程为：

$$\frac{\partial \alpha_q}{\partial t} + \frac{\partial}{\partial x_i}(\alpha_q u_i) = 0 \tag{5-14}$$

式中，α_q 为 q 相的体积分数。

VOF 方法认为所有连续相具有共同的速度场，所以只求解一套动量方程，物性参数采用混相方法进行计算。对于连续相的速度场，采用大涡模拟，直接求解大尺度涡，小尺度涡采用亚格子模型求解。动量方程为：

$$\frac{\partial(\rho \overline{u}_i)}{\partial t} + \frac{\partial(\rho \overline{u}_i \overline{u}_j)}{\partial x_j} = -\frac{\partial \overline{P}}{\partial x_i} + \frac{\partial}{\partial x_j}(\sigma_{ij}) - \frac{\partial \tau_{ij}}{\partial x_j} + F_p \tag{5-15}$$

式中，ρ 为密度；σ_{ij} 为应力张量；F_p 为离散相作用在连续相上的作用力，为各个作用的合力；τ_{ij} 为亚格子应力，其定义为：

$$\tau_{ij} = \rho(\overline{u_i u_j} - \overline{u}_i \overline{u}_j) \tag{5-16}$$

5.4.1.2   DPM 离散相模型

为研究钢包内离散气泡的行为，采用离散相方法跟踪每个气泡，求解每个气泡的受力以及气泡对连续相的作用。对于单个气泡，其速度采用牛顿第二定律，表达式如下：

$$\frac{\mathrm{d}\boldsymbol{u}_p}{\mathrm{d}t} = F_D(\boldsymbol{u} - \boldsymbol{u}_p) + \frac{\boldsymbol{g}(\rho_p - \rho)}{\rho_p} + \boldsymbol{F}_{VM} + \boldsymbol{F}_L + \boldsymbol{F}_{PG} \tag{5-17}$$

式中，F_D 为曳力系数，$F_D = \dfrac{18\mu}{\rho_p d_p^2}\dfrac{C_D Re}{24}$；$\boldsymbol{F}_{VM}$、$\boldsymbol{F}_L$、$\boldsymbol{F}_{PG}$ 分别为虚拟质量力、升力以及压力梯度力，其表达式分别为：

$$\boldsymbol{F}_{VM} = -C_{VM}\frac{\rho}{\rho_p}\left(\boldsymbol{u}_p \nabla \boldsymbol{u} - \frac{\mathrm{d}\boldsymbol{u}_p}{\mathrm{d}t}\right) \tag{5-18}$$

$$\pmb{F}_{\mathrm{L}} = - C_{\mathrm{L}} \frac{\rho}{\rho_{\mathrm{p}}} \alpha_{\mathrm{p}} (\pmb{u} - \pmb{u}_{\mathrm{p}}) \times (\nabla \times \pmb{u}) \tag{5-19}$$

$$\pmb{F}_{\mathrm{PG}} = - \frac{\rho}{\rho_{\mathrm{p}}} \pmb{u}_{\mathrm{p}} \nabla \pmb{u} \tag{5-20}$$

式中，C_{VM} 为虚拟质量力系数，取为 0.5；C_{L} 为升力系数。

5.4.1.3　气泡合并模型

实验中发现，由于气泡为较小的离散气泡，在气泡上升的过程中，气泡容易发生合并现象，而极少存在气泡的破碎现象，因此本模型只考虑了气泡的合并行为。气泡的合并模型基于计算气泡临界合并距离，并将临界合并距离与两个气泡的中心距离进行比较，如果两个气泡中心距离小于临界合并距离则认为两个气泡发生合并，气泡临界合并距离定义为：

$$b_{\mathrm{cri}} = (r_1 + r_2) \sqrt{\min \left(1.0, \frac{2.4f}{We} \right)} \tag{5-21}$$

式中，We 为韦伯数；f 为气泡直径比（r_1/r_2）的函数，即

$$f(r_1/r_2) = (r_1/r_2)^3 - 2.4 (r_1/r_2)^2 + 2.7 (r_1/r_2) \tag{5-22}$$

5.4.2　气泡合并行为及粒径分布

钢包内离散气泡存在强烈的相互作用，不同气泡的合并又导致了气泡粒径的不均匀分布，不同粒径气泡的上浮速度不同更加剧了大小气泡之间的相互作用以及液相速度的不均匀性。图 5-29 展示了本模型计算得到的气泡合并过程以及高速摄像机拍摄到的气泡合并过程。

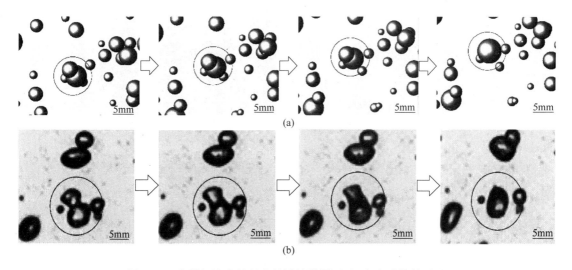

图 5-29　离散气泡合并行为的计算结果（a）和实验结果（b）

可以看出本模型计算得到的气泡粒径更加符合真实情况，能够更加充分地描述离散气泡的行为。为验证模型得到的气泡粒径的准确性，图 5-30 对比了本模型得到的气泡平均粒径结果（高度方向 50 个点的粒径时均结果）、人口平衡模型得到的粒径分布结果以及实验得到的粒径分布[12,13]，结果表明该模型预测的粒径分布与实验结果吻合较好。

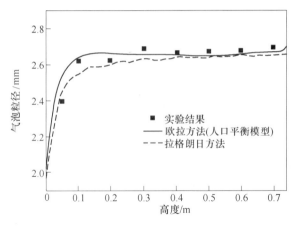

图 5-30　不同方法得到的气泡平均粒径及实验结果对比

5.4.3　非稳态渣-金界面行为

通过实验及现场的观察，钢包渣-金界面存在非稳态波动以及渣眼时开时合现象。传统的雷诺平均方法对渣眼的模拟效果存在较大的局限性。本节采用大涡模拟方法针对钢包中气泡作用下的渣-金界面非稳态行为进行了研究。图 5-31 展示了同气量下渣眼的模拟结果和实验结果，可以看出渣眼在气泡的作用下呈现不规则形状，该时刻为渣眼开度最大，通过对比渣眼面积可以看出模拟得到的渣眼面积和实验结果也是非常吻合的。

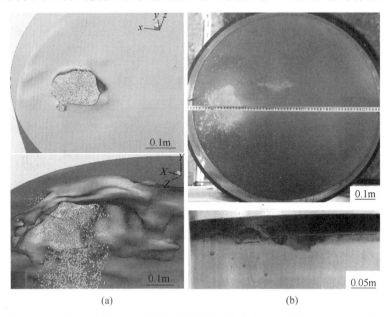

图 5-31　同气量气泡作用下的渣眼模拟结果（a）和实验结果（b）对比

流量将对气泡运动及渣层行为产生较大影响。图 5-32 所示为不同流量下的渣层形状和气泡分布，可以看出在小流量下气泡分布更加分散，大气泡数量较少，渣眼面积较小。流量较大时，将产生数量较多的大气泡，气泡整体粒径较大。

图 5-33 所示为渣眼时开时合现象中渣眼合并的一个过程，模拟结果为渣层中心界面渣体积分数。其中速度场解释了渣眼变化过程中不同相之间的相互作用，可以看出，在渣

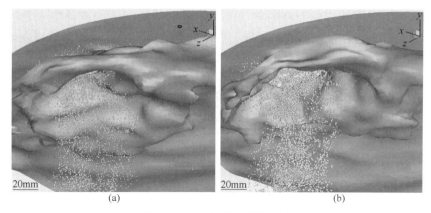

图 5-32　不同流量的模拟结果

（a）70L/h；（b）90L/h

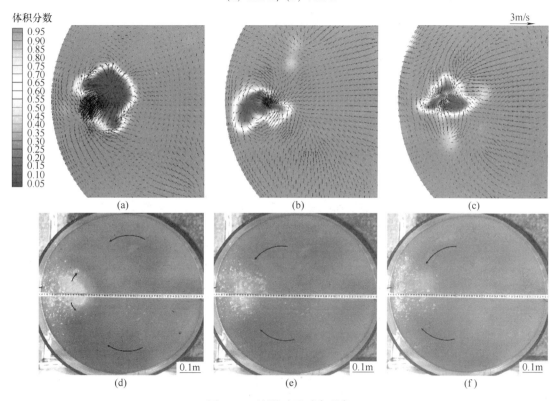

图 5-33　渣眼时开时合现象

（a）计算下打开；（b）计算下闭合；（c）计算下再闭合；（d）实验中打开；（e）实验中闭合；（f）实验中再闭合

眼面积较大的情况下，上涌的气泡带动钢液运动，将渣层排开，形成较大渣眼。渣层流向钢包周围，撞击壁面后又流向渣眼中心形成回流。当上涌的流动较弱时，周围涌向渣眼中心的流动强于上涌的流动，使渣眼面积减小。如此往复则形成了渣眼时开时合现象。该模型能较好地描述渣眼时开时合现象。

5.4.4　剪切流及卷渣现象

在钢包搅拌过程中，大气量有利于渣层的分散，有利于渣金反应，并加强搅拌效果。

然而大气量产生的强搅拌造成强烈的剪切流，钢液上涌后向下的流动将带动渣滴往下运动。如果渣滴足够小将停留在钢液中形成二次污染。所以对于渣滴的形成以及渣滴行为的描述显得至关重要。图 5-34 显示了渣-金界面下方的流线图，可以看出，在气泡的作用下，渣-金界面下方存在众多的涡流，钢液上涌后将向下流动带动渣层向下，形成较强的剪切流，当向下的流动足够强烈时，可以形成渣滴并使其脱落，进入流场，大部分渣滴将在浮力的作用下上浮回到渣层中。图 5-35 为渣滴在脱落前和脱落后的状态。本节采用的界面跟踪方法可以清楚地描述渣滴脱落的过程。

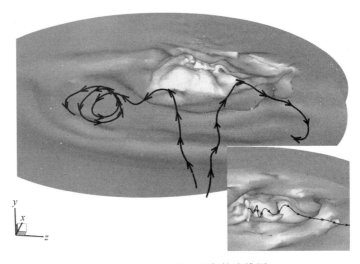

图 5-34　渣-金界面下方的流线图

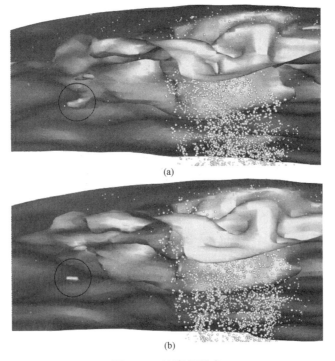

图 5-35　渣滴的形成

（a）脱落前；（b）脱落后

参 考 文 献

[1] Ridenour P, Yin H B, Balajee S R, et al. In: AISTech 2006 Proceedings of the Iron and Steel Technology Conference, Cleveland, Ohio, 2006: 721.

[2] Beskow K, Dayal P, Bjorkvall J, et al. A new approach for the study of slag-metal interface in steelmaking [J]. Ironmaking Steelmaking, 2006, 33 (1): 74 ~ 80.

[3] Lachmund H, Xie Y K, Buhles T, et al. Slag emulsification during liquid steel desulphurisation by gas injection into the ladle [J]. Steel Research International, 2003, 74 (2): 77.

[4] Han J W, Heo S H, Kam D H, et al. Transient fluid flow phenomena in a gas stirred liquid bath with top oil layer-Approach by numerical simulation and water model experiments [J]. ISIJ International, 2001, 41 (10): 1165 ~ 1172.

[5] Jonsson L, Sichen D, Jonsson P. A new approach to model sulphur refining in a gas-stirred ladle-a coupled CFD and thermodynamic model [J]. ISIJ International, 1998, 38 (3): 260 ~ 267.

[6] Krishnapisharody K, Irons G A. Modeling of slag eye formation over a metal bath due to gas bubbling [J]. Metall. Mater. Trans. B, 2006, 37 (5): 763 ~ 772.

[7] Yonezawa K, Schwerdtfeger K. Dynamics of the spout of gas plumes discharging from a melt: experimental investigation with a large-scale water model [J]. Metall. Mater. Trans. B, 2000, 31 (3): 461 ~ 468.

[8] Jonsson L, Jonsson P. Modeling of fluid flow conditions around the slag/metal interface in a gas-stirred ladle [J]. ISIJ International, 1996, 36 (9): 1127 ~ 1134.

[9] 萧泽强, 彭一川. 喷吹钢包中渣金卷混现象的数学模化及其应用 [J]. 钢铁, 1989, 24 (10): 17 ~ 22.

[10] 李宝宽, 顾明言, 齐凤升, 等. 底吹钢包内气/钢液/渣三相流模型及渣层行为的研究 [J]. 金属学报, 2008, 44 (10): 1198 ~ 1202.

[11] 成国光, 张鉴, 易兴俊. 钢包底吹氩搅拌卷渣机理的水模型研究 [J]. 钢铁研究, 1994, 2 (2): 3 ~ 7.

[12] Li L M, Liu Z Q, Li B K, et al. Water model and CFD-PBM coupled model of gas-liquid-slag three-phase flow in ladle metallurgy [J]. ISIJ International, 2015, 55 (7): 1337 ~ 1346.

[13] Li L M, Liu Z Q, Li B K, et al. Large eddy simulation of bubbly flow and slag layer behaviorin ladle with discrete phase model (DPM)-volume of fluid (VOF) coupled model [J]. JOM, 2015, 67 (7): 1459 ~ 1467.

6　感应加热中间包内的流动及夹杂物运动

　　中间包内钢液的温度对连铸坯的质量和性能、连铸机的生产和耐火材料的寿命产生重要影响。一包钢液连续注入连铸中间包中的时间长达几个小时，在这个浇铸系统中存在着固有的温度损失，特别是通过钢包和中间包的熔池表面与耐火材料包壁的热损失。因此，钢包到中间包的钢液流股温度是不断变化的，结合中间包的温度损失，导致了中间包内钢液温度的变化。过热度是控制铸坯结构和质量的一个很重要的参数，近年来的连铸技术实践表明：低过热度的恒温浇铸是改善铸坯质量、实现连续铸造和设备稳定运行的有效措施。中间包外部加热技术能够补偿钢液在中间包内的温降，现已开发出多种形式的中间包外部加热技术，包括：电弧加热、电渣加热、陶瓷电热法、等离子体加热和感应加热等。

　　感应加热器可分为无芯和有芯两种[1]。无芯感应加热装置仅适用于水平连铸中间包的钢水加热。一般为中频供电，具有搅拌平稳、熔炼温度高、污染少、合金成分均匀、劳动条件好、改换金属品种容易等特点，但其感应加热的电、热效率低。而有芯感应加热装置适用于弧形连铸及水平连铸中间包的钢液加热，一般为工频供电，具有加热速度快、电热效率高、功率因数高、金属烧损少、成本低、操作方便等特点，但其改换金属品种困难，因此只能用于单一品种的加热和保温。下面以图6-1中的双通道式有芯感应加热器为例，说明中间包感应加热的基本原理。

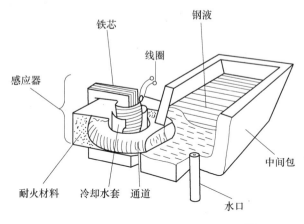

图 6-1　中间包通道式感应加热原理图[2]

　　就电路而言，双通道式有芯感应加热器类似一台单相交流变压器，多匝线圈相当于变压器的一级回路，通道中流动的钢水相当于二级回路。由变压器的作用原理可知，当一级回路中的线圈通入单相工频交流电源后，交变的电流就在铁芯的闭合磁路中建立起磁通，交变的磁通就在通道中的钢液中感应出电势 $E = \dfrac{\mathrm{d}\varphi}{\mathrm{d}t}$（$t$ 为时间）。由于钢液的导电性，该感应电势在钢液中产生感应电流 $J = \sigma E$（σ 为钢水电导率）。感应电流在钢液中组成回路，其方向与一级回路中的电流的方向相反，由于钢液存在电阻，钢水中就会产生焦耳热 J^2/σ 用来加热钢液。简言之，供给一级回路中的电能通过电磁感应传输给二级回路的钢液中，这就是通道式感应加热的基本原理[2]。

　　由于感应电流在钢液中形成回路，其产生的焦耳热直接用于加热钢液，因此通道式感应加热装置有较高的热效率。钢液从钢包注入中间包注入室，流经通道时被其自身中的感应电流产生的焦耳热加热，加热了的钢液从通道流入中间包分配室，并与其中的大量钢液混合，使分配室中的钢液能在短时间内升温，并通过钢液的流动使其温度均匀。

6.1 磁/热/流耦合模型的建立

6.1.1 基本假设

感应加热中间包内存在电场、磁场、焦耳热场和电磁相互作用产生的电磁力场，这些场影响着钢液的流动状态和传热行为。为了简化计算，做以下假设[3,4]：

（1）电磁计算过程中，假设材料为各向同性，且物性参数为常数。

（2）流动计算过程中，钢液视为不可压缩牛顿流体。

（3）仅考虑钢液密度随温度的变化，其余物性参数当做常数。

（4）不考虑中间包表面渣层的影响，忽略中间包表面波动。

（5）忽略流动对电磁场的影响。

6.1.2 电磁场

Maxwell 方程组的微分形式为：

$$\nabla \cdot \boldsymbol{D} = \rho \tag{6-1}$$

$$\nabla \times \boldsymbol{E} = -\frac{\partial \boldsymbol{B}}{\partial t} \tag{6-2}$$

$$\nabla \times \boldsymbol{B} = 0 \tag{6-3}$$

$$\nabla \times \boldsymbol{H} = \boldsymbol{J} + \frac{\partial \boldsymbol{D}}{\partial t} \tag{6-4}$$

式中，$\boldsymbol{D}$ 为电位移；ρ 为自由电荷体密度；$\boldsymbol{E}$ 为电场强度；$\boldsymbol{B}$ 为磁通密度；t 为时间；$\boldsymbol{H}$ 为磁场强度；$\boldsymbol{J}$ 为传导电流密度[5]。

式（6-1）~式（6-4）全面总结了电磁场的规律，是宏观电动力学的基本方程组，利用它们可以解决各种宏观电磁场问题。不管有关材料的性质如何，Maxwell 方程组在工程上都是适用的。但由于方程组中共有 4 个方程式，却有 5 个不同的矢量。由于其中两个偏微分方程是矢量方程，这意味着事实上总共有 8 个标量方程，15 个独立的矢量分量和 1 个标量但是这 8 个标量方程并非全部独立，其中两个散度方程式（6-1）和式（6-3）可以分别从两个旋度方程及电流连续方程推导出来：

$$\nabla \cdot \boldsymbol{J} = -\frac{\partial \rho}{\partial t} \tag{6-5}$$

故由式（6-2）、式（6-4）和式（6-5）所示的 3 个独立方程等效于 7 个标量方程，而其中却包含 16 标量，这显然是无法求解的，要使方程的数目增加，还必须利用成分方程才能求解。若媒质是各向同性的，则它在电磁场作用下，其宏观电磁特性关系式为：

$$\boldsymbol{D} = \varepsilon \boldsymbol{E} = \varepsilon_0 \varepsilon_r \boldsymbol{E} \tag{6-6}$$

$$\boldsymbol{J} = \sigma [\boldsymbol{E} + (\boldsymbol{u} \times \boldsymbol{B})] \tag{6-7}$$

$$\boldsymbol{B} = \mu \boldsymbol{H} = \mu_0 \mu_r \boldsymbol{H} \tag{6-8}$$

式中，ε 为介电常数；ε_0 为真空介电常数；ε_r 为相对介电常数；σ 为电导率；μ 为磁导率；μ_0 为真空磁导率；μ_r 为相对磁导率；$\boldsymbol{u}$ 为流体速度。对于线性媒质而言，它们是常数；对于非线性媒质而言，它们随场强的变化而变化。

式（6-6）~式（6-8）提供了 9 个独立的方程，它们和 Maxwell 方程组合在一起，就足以求解所需的未知量。

此处采用有限元方法求解电磁场，利用 ANSYS 软件中计算电磁场、涡流场最常用的复矢量磁势法来得到求解涡流场的复矢量微分方程。

由矢量分析可知，对任意矢量 A ，必有 $\nabla \cdot (\nabla \times A) = 0$ ，将此式与 Maxwell 方程组比较，可得：

$$B = \nabla \times A \quad E = -\frac{\partial A}{\partial t} - \nabla V \tag{6-9}$$

式中，A 为矢量磁位；V 为电势。

引入矢量磁位描述磁场在空间中的分布情况，则 Maxwell 方程转化为矢量磁位微分方程的边值问题。随着计算机运算能力的迅速提高，电磁场有限元计算中的矢量磁位法自由度多，占用系统资源的问题得到了有效解决，在具有复杂边界条件和分布源电流的情况下，采用基于节点的连续矢量磁位法[6~8]可以得到精确度很高的解，且计算速度快、收敛性好。

感应加热过程中由感应线圈中的交变电流产生的电磁场为近场源的感应场，满足准稳条件，即场强随时间的变化"充分慢"，从场源到观察点之间的距离比波长短得多，从而在电磁波传播所需要的时间内，场源强度变化非常微小，和稳定情况相似，可看成准稳态过程。

感应加热产生的焦耳热和电磁力对中间包里流体流动和传热行为会产生影响，反之，流体流动和传热行为对电磁场也会产生影响。磁雷诺数是磁流体的动力学特征参数之一，表征磁对流与磁扩散之比。当磁雷诺数较大时，如果流场发生变化，磁场分布也会在十分短的时间内发生相应的变化。反之，当磁雷诺数很小时，磁场分布几乎不受流动的影响。

$$Re_m = \frac{u_0 L_0}{\nu_m} \quad \nu_m = \frac{1}{\sigma \mu} \tag{6-10}$$

式中，u_0 为特征速度；L_0 为特征长度。

在感应加热中间包内，电磁场主要作用区域是两个通道。在通道中，钢液最大速度小于 0.3m/s，取通道直径为特征长度，则磁雷诺数小于 0.04。这意味着在感应加热中间包工作过程中，磁对流现象要远远弱于磁扩散现象。因此，此处忽略了钢液流动与传热行为对磁场分布的影响。则：

$$J = \sigma E \tag{6-11}$$

$$\frac{\partial B}{\partial t} = \frac{1}{\sigma \mu} \nabla^2 B \tag{6-12}$$

将磁矢量位代入式（6-12）中可得：

$$\frac{\partial A}{\partial t} = \frac{1}{\sigma \mu} \nabla^2 A \tag{6-13}$$

根据上述推导可以得到感应加热焦耳热密度和电磁力为：

$$\omega = \frac{Q_J}{t} = \frac{\left(\dfrac{J^2}{\sigma}\right) \cdot t}{t} = \sigma E^2 \tag{6-14}$$

$$F_m = \frac{1}{2}Re(J \times B^*) \tag{6-15}$$

式中，B^* 为磁感应强度 B 的共轭复数；Re 表示复数实部[9]。

6.1.3 流体流动

钢液流动的速度和压力分布由流体连续性方程和 Navier-Stokes 方程决定：

$$\frac{\partial \rho}{\partial t} + \nabla \cdot (\rho u) = 0 \tag{6-16}$$

$$\left[\frac{\partial(\rho u)}{\partial t} + \nabla \cdot (\rho u \times u) \right] = -\nabla p + \mu_{eff}\nabla^2 u + \rho g + F_m \tag{6-17}$$

此处采用标准 k-ε 湍流模型考虑流体的湍流运动：

湍动能 k：
$$\left[\frac{\partial(\rho k)}{\partial t} + \frac{\partial(\rho k u_i)}{\partial x_i} \right] = \frac{\partial}{\partial x_j}\left[\left(\mu + \frac{\mu_t}{\sigma_k} \right)\frac{\partial k}{\partial x_j} \right] + G_k - \rho\varepsilon \tag{6-18}$$

湍动能耗散率 ε：
$$\frac{\partial(\rho\varepsilon)}{\partial t} + \frac{\partial(\rho\varepsilon u_i)}{\partial x_i} = \frac{\partial}{\partial x_j}\left[\left(\mu + \frac{\mu_t}{\sigma_\varepsilon} \right)\frac{\partial \varepsilon}{\partial x_j} \right] + \frac{C_{1\varepsilon}\varepsilon}{k}G_k - C_{2\varepsilon}\rho\frac{\varepsilon^2}{k} \tag{6-19}$$

式中，p 为压力；ρ 为流体的密度；μ_{eff} 为有效黏度；u 为流体的速度矢量；G_k 为由于平均速度梯度引起的湍动能 k 的产生项；$C_{1\varepsilon}$，$C_{2\varepsilon}$ 为经验常数，$C_{1\varepsilon} = 1.44$，$C_{2\varepsilon} = 1.92$；σ_k，σ_ε 分别为与湍动能 k 和耗散率 ε 对应的 Prandtl 数，$\sigma_k = 1.0$，$\sigma_\varepsilon = 1.3$。

式（6-17）中 F_m 表示的是钢液受到电磁力的作用。ρg 表示的是钢液因为密度差受到的浮升力。将钢液密度视作温度的函数，其表达式为[10]：

$$\rho = 8523 - 0.8358T \tag{6-20}$$

式中，T 为钢液温度。

为了研究感应加热中间包内示踪剂浓度变化，引入一个标量方程模拟示踪剂在中间包内的扩散情况。

$$\frac{\partial(\rho\varphi)}{\partial t} + \nabla \cdot (\rho u \varphi) = \nabla \cdot \left[\left(\rho D_\varphi + \frac{\mu_t}{Sc_t} \right)\nabla\varphi \right] \tag{6-21}$$

式中，φ 为无量纲标量，设置其在中间包进口为 1；Sc_t 为湍流施密特数；D_φ 为无量纲标量 φ 的湍动能扩散率，在钢液中其值较小，为 10^{-5} m^2/s。

6.1.4 传热过程

钢液在中间包内的温度分布是由能量方程决定的：

$$c_p\left[\frac{\partial(\rho T)}{\partial t} + \nabla \cdot (\rho T u) \right] = \nabla \cdot (\lambda\nabla T) + S_T + Q \tag{6-22}$$

式中，λ 为钢液导热系数；c_p 为钢液定压比热容；S_T 为黏性耗散系数；Q 为电磁感应产生的焦耳热[11,12]。

6.1.5 模型建立及网格化

根据实际尺寸建立感应加热中间包物理模型，如图 6-2 所示。模型是一个双通道单流连铸感应加热中间包。中间包分为注流腔和连铸腔，两腔由两个 4° 倾角通道连在一起。感应加热装置安装在两个通道之间，由线圈和铁芯组成。当钢液流过通道时，被感应加热装置加热。钢液通过长水口从钢包进入注流腔，再经过通道流入连铸腔，最后通过浸入式水口到达结晶器内。图 6-3 所示为感应加热中间包流动、传热计算区域及网格模型。感应加热中间包的主要参数见表 6-1。

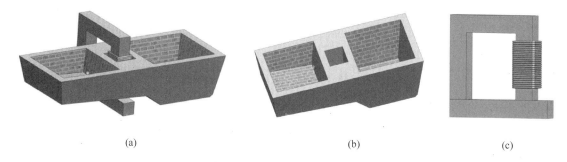

(a)　　　　　　　　　　　　　　　　(b)　　　　　　　　　(c)

图 6-2　感应加热中间包三维物理模型

（a）感应加热中间包；（b）中间包；（c）线圈与铁芯

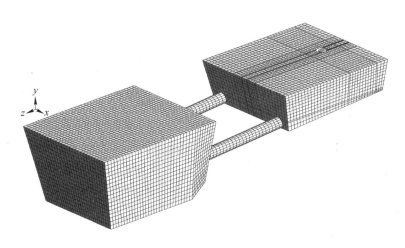

图 6-3　感应加热中间包网格

表 6-1　感应加热中间包的主要参数

参　数	数　值
入口水口内径/mm	90
出口水口内径/mm	60
中间包高度/mm	1425
中间包最大长度/mm	5037.9
中间包最大宽度/mm	2202.5
中间包液面高度/mm	1000
浇注流量/t·min^{-1}	2.0
最大加热功率/kW	1600

6.1.6 边界条件

电磁计算中，在线圈横截面施加交流电电流密度及电流频率。还需在空气层表面施加磁平行边界条件，即磁感应强度的切向分量与包围制动器的空气外表面平行，其法向分量与空气外表面垂直。

流动与传热计算中，采用了质量流量进口和质量流量出口，以保证钢液质量守恒。无量纲标量 φ 进口浓度为1，只从出口流出，其余壁面流量为零。由于标准双方程 k-ε 湍流模型适用高雷诺数流动，而靠近壁面时属于低雷诺数流动，因此在壁面处还使用了标准壁面函数。中间包自由液面设为无滑移壁面，压力为一个大气压。钢液进口温度认为是恒定的，设为1560℃。中间包壁面散热采用第二类边界条件[13]。计算中用到的各个参数详见表6-2。

表6-2 模拟过程中用到的参数及边界条件

参　数	数　值
空气的相对磁导率	1
线圈的相对磁导率	1
铁芯的相对磁导率	1000
钢液的相对磁导率	1
钢液的电阻率/$\Omega \cdot m$	1.4×10^{-6}
钢液的黏度/$kg \cdot (m \cdot s)^{-1}$	0.0061
钢液的导热系数/$W \cdot (m \cdot K)^{-1}$	41
钢液的热容量/$J \cdot (kg \cdot K)^{-1}$	750
钢液的线膨胀系数/K^{-1}	1.0×10^{-4}
钢液的密度/$kg \cdot m^{-3}$	$8523 - 0.8358T$（T 为温度）
夹杂物的黏度/$kg \cdot (m \cdot s)^{-1}$	1.0×10^{-6}
夹杂物的导热系数/$W \cdot (m \cdot s)^{-1}$	5
夹杂物的热容量/$J \cdot (kg \cdot K)^{-1}$	860
夹杂物的密度/$kg \cdot m^{-3}$	3960
入口温度/K	1833.15
入口条件（流量）/$kg \cdot s^{-1}$	33.333（湍流强度10%）
出口条件（流量）/$kg \cdot s^{-1}$	33.333
上表面热损失/$W \cdot m^{-2}$	15000
底面热损失/$W \cdot m^{-2}$	1800
宽面热损失/$W \cdot m^{-2}$	4600
窄面热损失/$W \cdot m^{-2}$	4000
圆管通道热损失/$W \cdot m^{-2}$	1200

6.2　磁流体流动与传热耦合数值分析

6.2.1　模型验证

采用 C. Vives 和 R. Ricou 的实验数据[14]对电磁场部分的模型进行验证。在该实验中，建立了一个4:10的感应熔炉物理模型，并详细测量了感应电流、感生磁场、电磁力等的分布情况。本计算中施加与实验相同的感应电流密度与电流频率。图6-4所示为电磁场模型验证，图6-4（a）为感应线圈结构示意图；图6-4（b）为通道内磁感应强度分布；图6-4（c）为通道内电磁力分布。磁感应强度与电磁力分布与 V. Charles 和 R. Rene 的实验测量结果很接近。但计算结果数值上要小于测量结果，主要是因为 V. Charles 和 R. Rene 的模型中有两个感应线圈，两个感应线圈产生的感应磁场是相互叠加的。

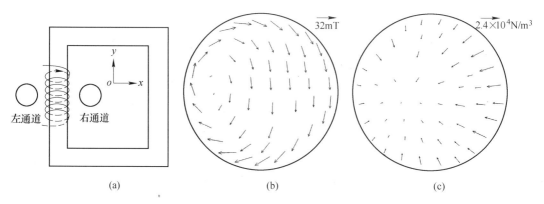

图 6-4   电磁场模型验证

（a）感应线圈结构示意图；（b）左边通道内磁感应强度分布；（c）左边通道内电磁力分布

图6-5 所示为中间包内流动形态的水模型实验结果与数值计算结果对比。可以看到，数值计算结果与实验结果吻合得很好。只是在实验中墨汁轮廓是锯齿状，而计算结果的轮

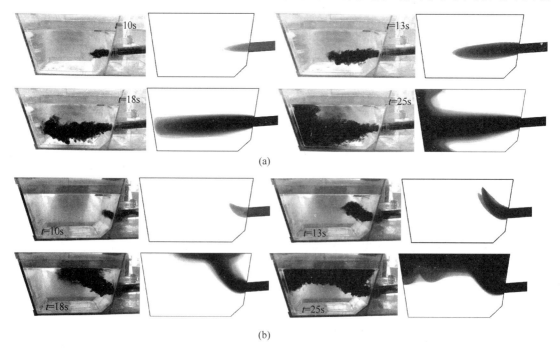

图 6-5   流场模型验证

（a）无感应加热；（b）感应加热

廓较圆滑,这主要是因为计算采用的是标准双方程 k-ε 湍流模型,在求解时滤过了脉动速度,所以不会出现锯齿状轮廓。表 6-3 对比了无感应加热时中间包内的流动形态所占比例,发现预测值与实验值吻合较好。

图 6-6 是无感应加热时测量的 RTD 曲线与计算得到的 RTD 曲线对比,从结果中可以看到两条曲线吻合较好。

综上所述,从电磁场、流动和 RTD 曲线 3 个方面对建立的数学模型进行了模型验证。从结果对比来看,数学模型能够较好地预测感应加热中间包内的多物理场。

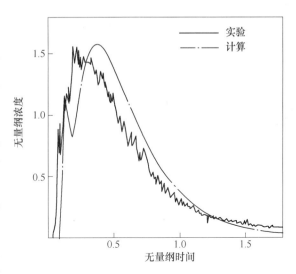

图 6-6　无感应加热时 RTD 曲线对比

表 6-3　无感应加热时中间包内各流动形态所占比例

项目	t_{min}/s	t_{max}/s	t_{av}/s	$V_{pv}/\%$	$V_{dv}/\%$	$V_{mv}/\%$
实验值	20	109	329	15.7	31.2	53.1
计算值	26	120	346	20.4	27.8	51.8

6.2.2　电磁场分布

图 6-7 所示为加热功率为 800kW 时中间包横截面上感应电流密度分布。感应电流通过两个通道形成了一个电流回路。由于集肤效应,感应电流密度在通道内的分布是不均匀的,通道四周感应电流密度要大于通道中间感应电流密度。又因为邻近效应,通道靠近感应线圈侧的感应电流密度较大。因为进口和出口效应,感应电流密度最大值出现在通道两端,在 V. Charles 和 R. Rene 的实验中也观察到同样的现象。感应电流与钢液电阻相互作用产生焦耳热,感应电流与感生磁场相互作用则产生了电磁力。

电流密度 /A·m^{-2}

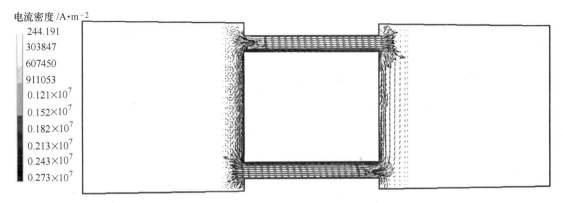

| 244.191 |
| 303847 |
| 607450 |
| 911053 |
| 0.121×10^7 |
| 0.152×10^7 |
| 0.182×10^7 |
| 0.213×10^7 |
| 0.243×10^7 |
| 0.273×10^7 |

图 6-7　加热功率为 800kW 时中间包内感应电流密度分布

图 6-8 所示为加热功率 800kW 时中间包内磁感应强度分布。和感应电流分布类似，通道中磁场分布不均，靠近感应线圈一侧的磁感应强度较大，且磁感应强度要远远大于注流腔和连铸腔中的磁感应强度。通道内的磁场是旋转磁场。图 6-9 所示为三种不同感应加热功率下，贯穿整个中间包通道中心线及延长线上磁感应强度大小。通道范围是 −2.323 ~ −1.062m。可以看到通道中磁感应强度较大且变化剧烈，在注流腔和连铸腔中，磁感应强度变化较小，也很平缓。因为进口和出口效应，磁感应强度在通道进出口位置会出现波动，除此之外，磁感应强度沿中心线上都是光滑的变化。

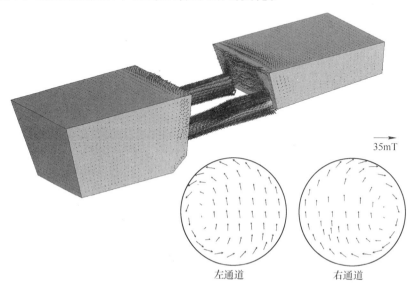

图 6-8　加热功率为 800kW 时中间包内磁感应强度分布

根据计算结果和 V. Charles 和 R. Rene 的实验可知，磁力线会从铁芯和感应线圈中泄露出来，中间包周围空间都会充满磁力线，尤其在通道周围，磁感应强度达到 10^{-2}T 大小。所以感应加热中间包周围的测量仪表都会受到磁力线的影响，必须对测量仪表采取必要的屏蔽措施。

图 6-10 所示为加热功率 800kW 时，中间包内电磁力分布。可以看到电磁力的影响范围主要是两个通道、注流腔和连铸腔靠近线圈区域。通道内电磁力指向通道内部，对钢液会产生一个紧箍作用。由于感应电流分布不均匀，电磁力不是指向

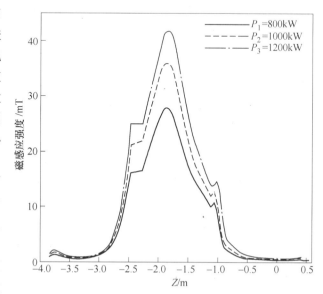

图 6-9　不同加热功率下磁感应强度沿轴线分布

通道正中心，当钢液流过通道时，受到偏心电磁力作用，会产生旋转运动。钢液在通道内是一边旋转一边往前流动。

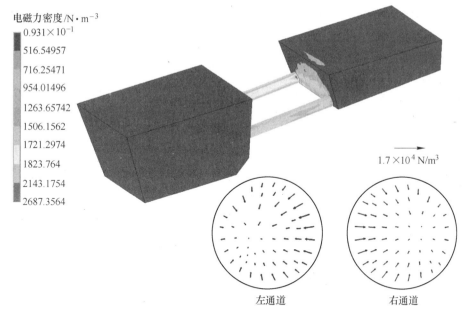

图 6-10 加热功率为 800kW 时中间包内电磁力分布

图 6-11 所示为加热功率 800kW 时中间包内焦耳热分布。因为焦耳热是感应电流和钢液电阻反应产生的，所以焦耳热分布基本同感应电流一样。大部分焦耳热分布在通道中，受到焦耳热的加热效果，钢液流过通道时温度会迅速上升，密度减小。通道四周焦耳热密度要大于通道中间的焦耳热密度。图 6-12 所示为不同感应加热功率下，贯穿整个中间包通道中心线及延长线上焦耳热密度大小。可以看到，中间包通道内焦耳热密度要远远大于中间包其余区域的焦耳热密度。所以对钢液的加热主要是在通道内完成的，其余区域的焦耳热对钢液温度影响不大。因此在本节中，计算流场和温度场时，只将通道内的焦耳热和电磁力作为源项加入到能量方程和动量方程中。

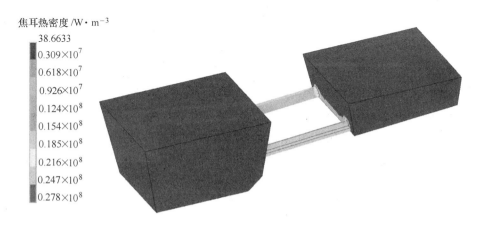

图 6-11 加热功率为 800kW 时中间包内焦耳热密度分布

不同加热功率下的焦耳热分布对于感应加热中间包的冶金特性非常重要。三浦龍介等人在文章中报道了一个感应加热中间包应用实例[15]。在连铸过程末期和更换钢包期间，中间包内的钢液散热较多，温度急剧下降，这不利于连铸过程的进行。中间包感应加热装置能够有效地弥补钢液热损失，使钢液出流温度保持恒定，有利于连铸坯质量的提高。现场生产数据表明，使用感应加热装置后，连铸坯表面缺陷降低了60%。

6.2.3　钢液的流动情况

图6-13所示为中间包内钢液流动情况。图6-13（a）是无感应加热情况下，中间包内钢液流动情况。钢液从通道流出后在重力和惯性力作用下向下流动，直接冲刷连铸腔前方壁面，会严重腐蚀壁面耐

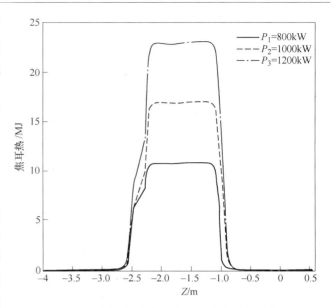

图6-12　不同加热功率下焦耳热密度沿轴线分布

火材料。随后钢液分成上下两个流股，向上流动的钢液流股速度很小。连铸腔上部区域会形成死区，造成温度分布不均匀，而向下流动的钢液流股可能直接从出口流出，造成短路流，使夹杂物跟随钢液从水口出口流出，进入结晶器，影响最终产品的质量。

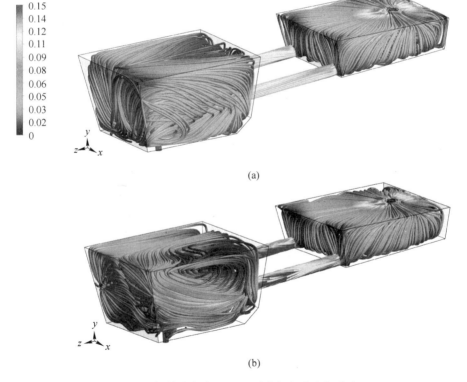

图6-13　加热功率为800kW时中间包内流场分布
（a）无感应加热；（b）感应加热

图 6-13（b）是有感应加热中间包内钢液流动情况。在电磁力和自身重力的作用下，钢液流过通道时会加速。由于焦耳热的作用，钢液温度升高密度减小，流出通道后在浮升力作用下向上流动，避免了对连铸腔前方壁面耐火材料的冲刷腐蚀。钢液向上流动运动到连铸腔顶部，然后盘旋着向连铸腔底部流动，这种运动方式大大延长了钢液在中间包的平均停留时间，减少中间包内的死区，有利于夹杂物的上浮。

图 6-14 所示为通道横截面上钢液速度分布。可以看到，在有感应加热时，由于偏心电磁力的作用，钢液在通道内产生旋转，形成上下两个回流区。计算得到的通道横截面速度场在分布和数值大小上都与 V. Charles 和 R. Rene 的实验测量结果吻合较好。当钢液流过通道时得到充分搅拌，钢液温度和组分分布变得更加均匀。

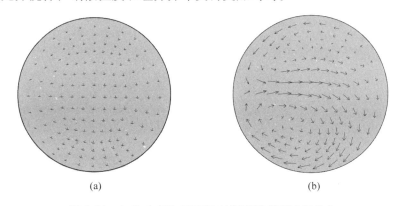

(a)　　　　　　　　　　(b)

图 6-14　加热功率为 800kW 时通道横截面速度分布
（a）无感应加热，速度最大值 0.1621m/s；（b）感应加热，速度最大值 0.1954m/s

图 6-15 是不同加热功率下右侧通道径向方向钢液切向速度大小。可以看到，由于电磁力分布不均匀，靠近壁面处的电磁力要大于通道中间的电磁力，因此靠近壁面处的钢液切向速度要大于通道中心的钢液切向速度。另外，靠近感应线圈侧钢液切向速度要大于另

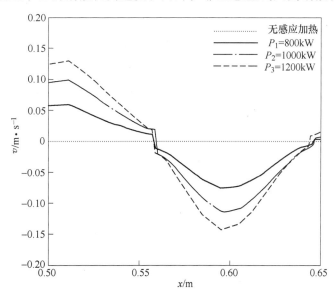

图 6-15　不同加热功率下右侧通道径向方向钢液切向速度大小

一侧的钢液切向速度。

6.2.4　钢液温度分布

6.2.4.1　无感应加热

图 6-16 和图 6-17 所示分别为无感应加热时，中间包内温度分布和速度场随时间的变化。两者对比可以发现，随着时间延长，钢液在中间包内的温降逐渐增加。200s 时，通道流出的钢液流股温度低于连铸腔内钢液平均温度，密度大于连铸腔内钢液平均密度，因此流出通道后向下运动，冲击到连铸腔底部，此时，连铸腔上部钢液流动较为缓慢，连铸腔右上部和右下部是两个低温区。随着时间的延长，连铸腔内钢液平均温度下降，通道流出的钢液流股与连铸腔内钢液密度差减小，钢液流股位置上移，高温区位置也上移，此时，低温区变为连铸腔下部和右上部。无感应加热情况下，中间包出口钢液温度为 1824.03K，钢液温降达到 9.12K。大温降使得钢液黏度降低，不利于连铸过程的进行。

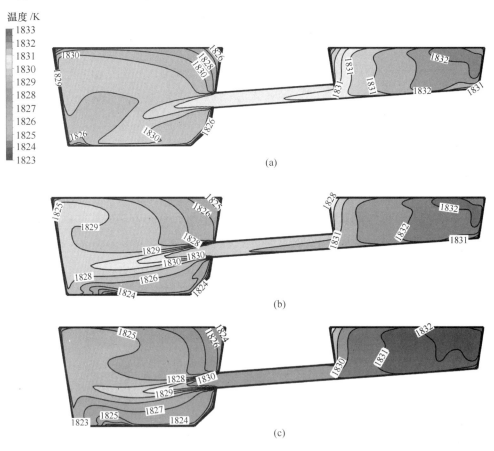

图 6-16　无感应加热时中间包温度场
（a）$t = 200s$；（b）$t = 400s$；（c）$t = 600s$

6.2.4.2　感应加热功率为 800kW

图 6-18 和图 6-19 所示分别为感应加热功率 800kW 时，中间包内温度分布和速度场随时间的变化。可以看到，因为感应加热的作用，钢液流经通道时温度迅速升高，从进口

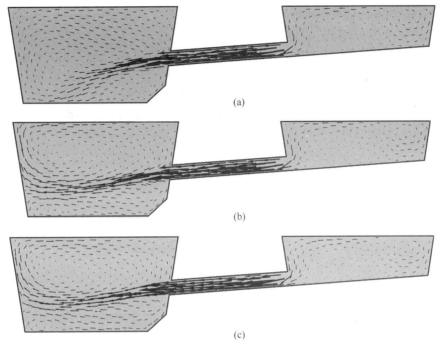

图 6-17 无感应加热时中间包速度场（最大速度 0.1723m/s）

(a) $t=200s$；(b) $t=400s$；(c) $t=600s$

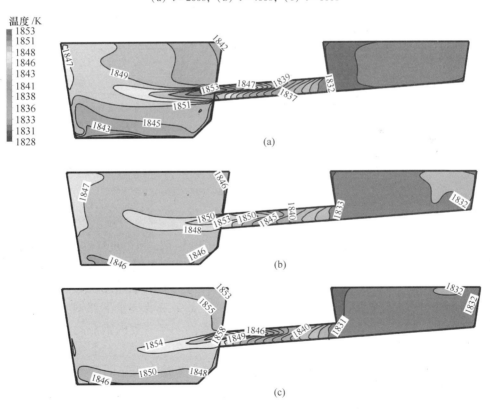

图 6-18 感应加热功率 800kW 时中间包温度场

(a) $t=200s$；(b) $t=400s$；(c) $t=600s$

1832K 升高到 1853K。通道流出的钢液流股温度要远高于连铸腔内钢液平均温度,密度要小于连铸腔内钢液平均密度,因此通道流出的钢液流股会受到浮升力的作用而向上运动,如图 6-19(a)所示。向上运动的钢液会搅动连铸腔上部钢液,使得连铸腔上部钢液流动变得更加活跃,死区体积将减小。随着时间的延长,连铸腔内钢液平均温度上升,通道流出的钢液流股与连铸腔内钢液的密度差减小,通道流出的钢液流股位置下移,高温区逐渐向连铸腔底部扩散。可以看到,600s 时连铸腔内大部分区域温度分布均匀,低温区位于连铸腔右上部和右下部。

当感应加热功率为 800kW 时,中间包出口钢液温度为 1846K。由于使用了感应加热,中间包出口钢液温度能够得到精确的控制,有利于钢坯质量的提高。

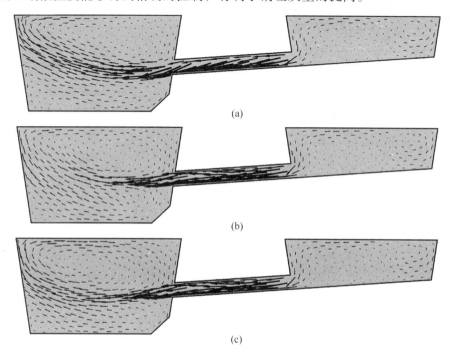

图 6-19 感应加热功率 800kW 时中间包速度场(最大速度 0.2047m/s)
(a) $t = 200s$;(b) $t = 400s$;(c) $t = 600s$

6.2.4.3 感应加热功率为 1000kW

图 6-20 和图 6-21 所示分别为感应加热功率 1000kW 时,中间包内温度分布和速度场随时间的变化。如感应加热功率为 800kW 时一样,通道流出的钢液流股向上运动,且因为感应加热功率变大,密度差变大,所以浮升力对流动的影响也随之增大。另外,通道流出的高温钢液流股向连铸腔上部运动,所以连铸腔上部钢液要高于下部钢液温度,在密度差驱动下,连铸腔上下部存在强烈的自然对流,这有助于连铸腔内钢液的混合,使得温度分布变得更加均匀。

可以看到,在 200s 时,连铸腔下部钢液流速较小,是个明显的低温区。在自然对流的作用下,连铸腔上下部钢液混合较为充分,温度分布逐渐均匀,连铸腔下部钢液流动也变得更加活跃,600s 时连铸腔下部钢液流速明显大于 200s 时连铸腔下部钢液流速。在1000kW 的加热功率下,中间包内死区主要在连铸腔右下区域,此处钢液流动较弱。

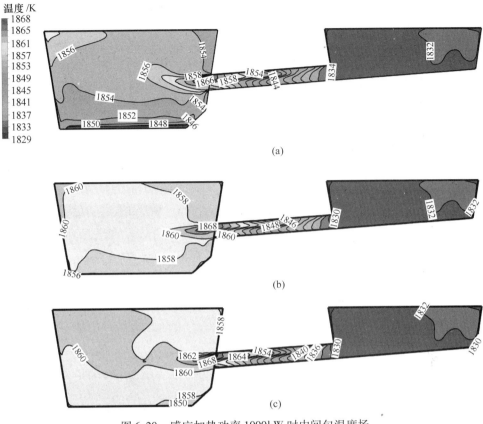

图 6-20 感应加热功率 1000kW 时中间包温度场

（a）$t=200s$；（b）$t=400s$；（c）$t=600s$

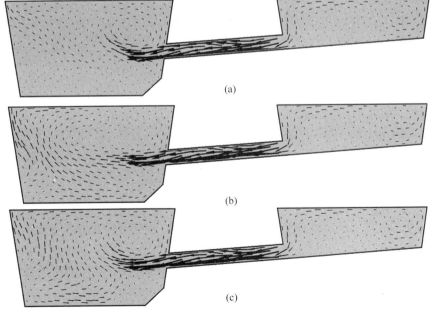

图 6-21 感应加热功率 1000kW 时中间包速度场（最大速度 0.2324m/s）

（a）$t=200s$；（b）$t=400s$；（c）$t=600s$

6.2.4.4 感应加热功率为1200kW

图6-22与图6-23所示为感应加热功率为1200kW时，中间包内温度分布和速度场随时间的变化。可以看到，感应加热功率为1200kW时中间包内的速度场和温度分布与加热功率1000kW时的中间包内的速度场与温度分布类似。只是随着加热功率的增大，浮升力对流动的影响越来越大。200s时，通道流出的钢液流股直接流向连铸腔上表面，然后分为左右两股，这种流动方式使得连铸腔上部无死区。连铸腔上部的高温区迅速向下扩散，随后整个连铸腔内钢液流动都很活跃，死区大大减小。

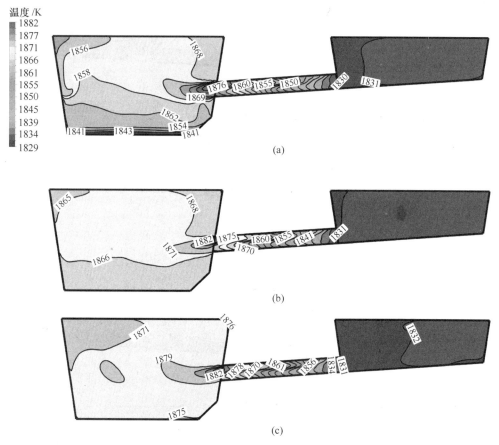

图6-22　感应加热功率1200kW时中间包温度场

(a) $t=200s$；(b) $t=400s$；(c) $t=600s$

通过上述研究发现，随着感应加热功率逐渐增大，中间包内低温区范围将逐渐减小。但连铸腔右下部的流动始终较为缓慢，是一个明显的低温区。因此在连铸腔内设置坝或挡墙等控流装置是有必要的，能够进一步减小低温区范围。

图6-24所示为不同加热功率下中间包出口钢液温度变化。三种加热功率下，在加热800s后，出口钢液温度都趋于稳定。当感应加热功率为800kW时，出口钢液温度约为1846K，当感应加热功率增大到1000kW时，出口钢液温度随之而增加到1858K左右，当感应加热功率增加到1200kW时，出口钢液温度变为1868K左右。在这三种感应加热功率

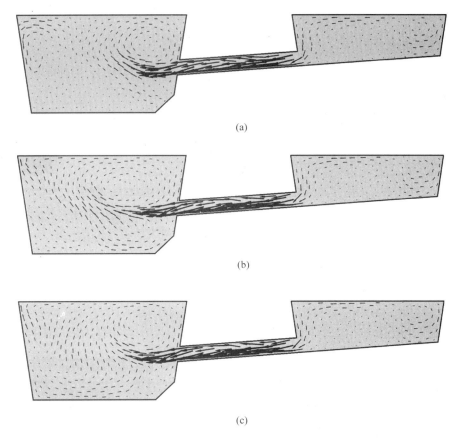

图 6-23 感应加热功率 1200kW 时中间包速度场（最大速度 0.2642m/s）

(a) $t=200$s；(b) $t=400$s；(c) $t=600$s

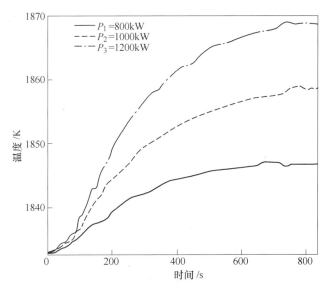

图 6-24 不同感应加热功率下中间包出口钢液温度变化

下，钢液在中间包内的升温速率分别是 0.975K/min、1.875K/min 和 2.625K/min。在实际生产中，可根据计算得到的升温速率选择不同的加热功率。

6.2.5　示踪剂浓度分布

　　图 6-25 所示为 600s 时不同感应加热功率下中间包内示踪剂浓度分布。在计算中使用一个自定义标量来模拟示踪剂的运动。待流场稳定后，在中间包入口迅速注入示踪剂，认为入口示踪剂浓度为 1。经过一段时间后，示踪剂分布逐渐趋于稳定。可以看到，无感应加热时，示踪剂在连铸腔内分布非常不均匀，在通道出口示踪剂浓度最高，随后示踪剂浓

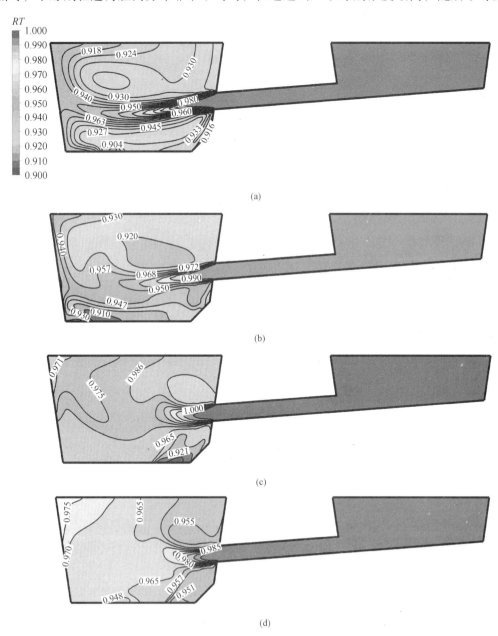

图 6-25　600s 时不同感应加热功率下中间包内示踪剂浓度分布

（a）无感应加热；（b）800kW；（c）1000kW；（d）1200kW

度迅速降低。连铸腔底部和右上部示踪剂浓度较小，此处是较为明显的死区，钢液温度也较低。示踪剂浓度最小值为0.904，浓度差达到了9.6%。

使用感应加热后，中间包内死区减小，温度分布也更加均匀，示踪剂得到更充分的搅拌，因此，在中间包内的分布也变得更均匀。当感应加热功率达到1200kW时，示踪剂浓度最小值为0.948，浓度差为5.2%。相比无感应加热情况，浓度差减小了约45.83%。因此，在感应加热作用下，中间包内钢液组分将变得更加均匀。

6.3 夹杂物运动

钢中的非金属夹杂物，是氧化物、硫化物、氮化物、硅酸盐等以及由它们组成的各种复杂化合物的统称。夹杂物按来源可分为内生夹杂和外生夹杂。内生夹杂直接源于冶炼，主要是钢液脱氧或脱硫时，杂质和合金化元素化学反应的产物。内生夹杂的颗粒一般比较小，其在钢中的分布，相对来说比较均匀。从组成看，内生夹杂可以是单组分的，也可以是多组分的，可以是单相的，也可以是多相的。外来夹杂，是由于在冶炼和连铸过程中耐火材料腐蚀、卷渣等造成的，尺寸一般较大，外形多不规则[16~18]。

夹杂物对金属性能的影响总的来说是有害的，夹杂物的存在破坏了基体的连续性，造成金属组织的不均匀，使金属的力学性能特别是金属的塑性、韧性和疲劳强度下降，另外，使钢的冷热加工性能乃至某些物理性能变坏。例如，滚动轴承钢出现疲劳裂纹，薄带出现表面缺陷以及线材拉断等都与夹杂物有关。在特殊情况下，夹杂物对金属性能存在有利的一面，如硫化物夹杂物能提高钢的易切削性能，细小的夹杂物在金属液凝固时自发形核，起到细化晶粒的作用[19]。

6.3.1 物理模型及网格

由于在感应加热中间包内，电磁场的影响范围主要是两个通道，钢液流过通道时会受到电磁力的紧箍作用，根据作用力与反作用力，夹杂物将会被排挤向管壁运动。因此，本节不仅研究夹杂物在中间包内的运动情况，还将单独研究通道内夹杂物的运动情况。图6-26所示为通道的物理模型及网格。采用结构化网格，网格总数为12000。

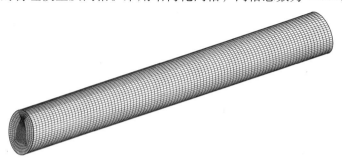

图6-26 通道物理模型及网格

6.3.2 夹杂物运动的数学模型

6.3.2.1 基本假设

为了简化夹杂物计算，现做如下假设[18,20,21]：

（1）钢液为稳态不可压缩流动，夹杂物体积分数很小，对流场无影响。

（2）忽略化学反应，认为夹杂物是惰性的球形颗粒。

（3）夹杂物碰撞长大为刚性衔接，认为效率为100%，即碰撞上就黏附在一起。

6.3.2.2　夹杂物运动模型

此处采用2.3.1节所述的离散相模型计算夹杂物在中间包内的运动。模型细节请见2.3.1节。

6.3.2.3　边界条件

夹杂物在中间包内运动时，主要有三种去除方式：碰撞长大，上浮到钢液表面然后被保护渣吸附以及被耐火材料壁面吸附。在注流腔和通道内，钢液运动比较剧烈，夹杂物速度也较大，即使夹杂物被表面保护渣或耐火材料表面吸附，也可能再次卷入钢液中，所以在本节中，认为夹杂物速度小于某一速度阈值时，才会被表面保护渣或耐火材料壁面吸附，否则认为反弹回钢液中，且存在一定的动量损失。在连铸腔内，钢液运动比较缓慢，此时认为夹杂物碰到钢液表面的保护渣就被吸附了。至于中间包其余壁面，认为夹杂物发生一定动量损失的反弹。计算中，认为夹杂物在入口处是均匀分布的，且入口速度和方向与钢液一致。

6.3.3　结果与分析

6.3.3.1　模型验证

由于条件限制，本节没有进行感应加热中间包内磁场方面的实验研究，因此夹杂物在中间包内的运动行为也是没有实验研究的。但许多学者都进行了电磁分离夹杂物的实验研究。本节采用 K. Takahashi 和 S. Taniguchi 的实验结果[22]验证我们的夹杂物数学模型。

图6-27所示为 K. Takahashi 和 S. Taniguchi 的实验装置。他们的实验中，采用了高频感应加热熔化坩埚内的铝，然后加入 SiC，经过一段时间的感应加热后，停止感应加热，喷水冷却坩埚，待铝液凝固后，观察铝锭中夹杂物分布情况并计算去除率。

根据实验参数，我们利用自己的数学模型计算了感应加热情况下，坩埚内流场、温度场和夹杂物运动行为，并将计算得到的夹杂物去除率与实验值对比。

图6-28所示为计算得到的铝液中电磁力分布（图中所示为一半的铝液）。可以看到，电磁力指向铝液内部，对铝液产生一个紧箍作用。众所周知，因为集肤效应，外层铝液中感应电流密度要大于内层铝液中的感应电流密度，所以外层铝液中电磁力也要大于内层铝液中的电磁力。

图6-29所示为计算得到的铝液流场。铝液受到密度差和电磁力的驱动而产生流动。内层铝液温度高于外层铝液温度，密度小于外层铝液密度，因此内层铝液在浮升力作用下向上端流动，外层铝液向下端流

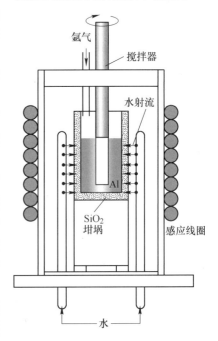

图6-27　K. Takahashi 和 S. Taniguchi
的实验装置示意图

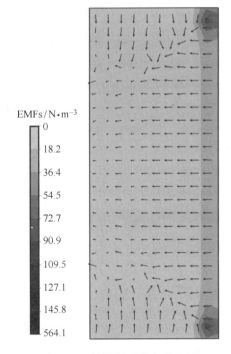

图 6-28 计算得到的电磁力场

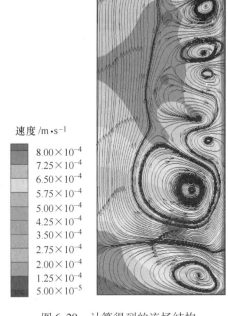

图 6-29 计算得到的流场结构

动。外层铝液的流动受到电磁力影响，产生了许多大小不同的漩涡，主要分布在铝液上下两端，其中下部的铝液流动更为剧烈。漩涡的存在对夹杂物的去除会造成一定的影响，因此，上下两端夹杂物分布较少，这与 K. Takahashi 和 S. Taniguchi 的实验结果相吻合。

图 6-30 所示为计算得到的夹杂物去除率与实验值的对比。可以看到，计算值与实验值在变化趋势上吻合得很好。数值上，计算值要大于实验值，误差在 15% 以内，这主要是因为

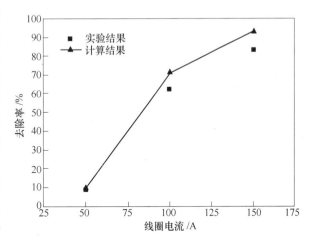

图 6-30 计算得到的夹杂物去除率与实验值对比

计算时没有考虑铝液凝固，而在实验中铝液是冷却至凝固的，凝固会对夹杂物的去除造成一定的影响，因此实验值要小于计算值。

6.3.3.2 不考虑碰撞长大的运动行为

A 通道内

图 6-31 和图 6-32 所示分别为感应加热功率 800kW 时通道温度分布和流场。可以看到，在焦耳热的作用下，钢液温度迅速上升，浮升力使得钢液向上运动，因此通道上部钢液温度要高于下部钢液温度。

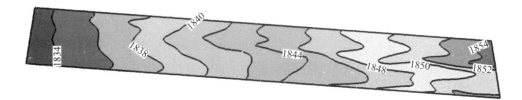

图 6-31　感应加热功率 800kW 时通道温度场

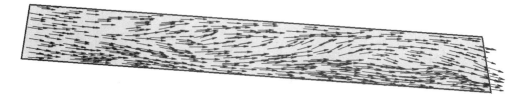

图 6-32　感应加热功率 800kW 时通道速度场(最大速度 0.2024m/s)

图 6-33 所示为感应加热功率 800kW 时夹杂物在通道中的运动轨迹。浮升力和电磁压力对夹杂物运动影响较大。浮升力促使夹杂物向上运动，可以看到，有夹杂物进入通道后向上运动，然后被通道上部耐火材料吸附。另外，夹杂物跟随钢液运动会旋转起来，且在电磁压力的作用下，夹杂物向通道壁面运动，最终被耐火材料吸附，如图 6-34 所示。

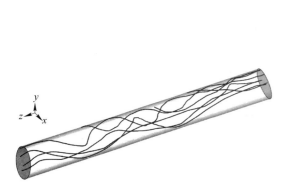

图 6-33　感应加热功率 800kW 时
夹杂物在通道内的运动轨迹

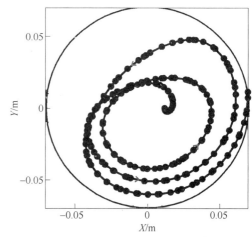

图 6-34　感应加热功率 800kW 时夹杂物
在通道内的运动轨迹投影

图 6-35 所示为计算时未考虑焦耳热和考虑焦耳热两种情况下夹杂物在通道中的去除率对比，通过对比可以发现热泳力对夹杂物运动的影响。当感应加热功率为 800kW 时，考虑焦耳热计算得到的夹杂物去除率要稍大于未考虑焦耳热计算得到的夹杂物去除率。这主要是因为考虑焦耳热时，钢液在浮升力作用下，向通道上部运动，同时带动夹杂物向上部运动，最后被壁面吸附。当感应加热功率增大到 1200kW 时，考虑焦耳热计算得到的夹杂物去除率反而要稍小于未考虑焦耳热计算得到的夹杂物去除率。因为随着感应加热功率的增大，钢液温度梯度变大，热泳力作用效果逐渐凸显。

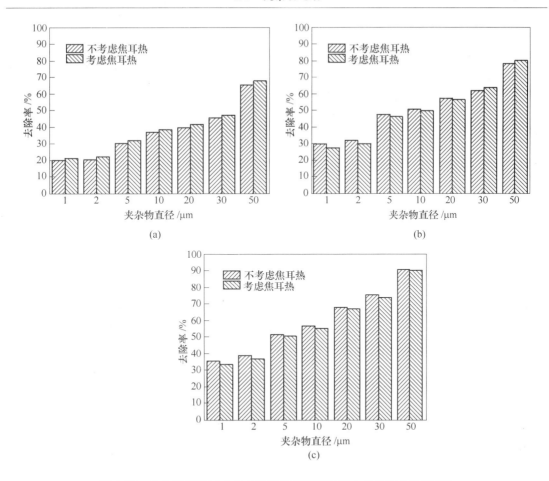

图 6-35　考虑焦耳热与未考虑焦耳热情况下通道中夹杂物去除率对比
（a）800kW；（b）1000kW；（c）1200kW

图 6-36 所示为不同加热功率下通道横截面钢液温度分布。钢液流入通道后在焦耳热作用下温度迅速升高，且随着感应加热功率的增大，温度不均匀性越发明显，热泳力作用效果将逐渐表现出来。当感应加热功率为 1200kW 时，在靠近通道出口处，中间的钢液温度明显小于两侧的钢液温度。在热泳力作用下，夹杂物向低温区移动，即向通道中间移动，故在一定程度上会削弱夹杂物去除效果。

图 6-37 所示为夹杂物去除率随通道长度的变化。可以看到，不同粒径夹杂物去除率变化并不一样。对于粒径 50μm 的夹杂物，去除率在其刚进入通道时就逐渐增大，随后趋于平缓。而对于粒径小于 50μm 的夹杂物，在通道入口段，去除率变化缓慢，经过一段距离后，去除率迅速增大，然后再趋于平缓。因为大粒径夹杂物惯性较大，运动较慢，当其碰撞到通道壁面时，速度小于临界吸附速度，故迅速被壁面吸附。对于粒径小于 50μm 的夹杂物，惯性较小，受到钢液驱动和各种力的作用，运动较快，在通道入口段，当其碰撞到壁面时，速度要大于临界吸附速度，又被反弹回来，经过几次碰撞后，动量衰减，速度减小，当碰撞速度小于临界速度时，即被壁面吸附。因此，小粒径夹杂物去除率在通道入口段变化缓慢，随后迅速增大。

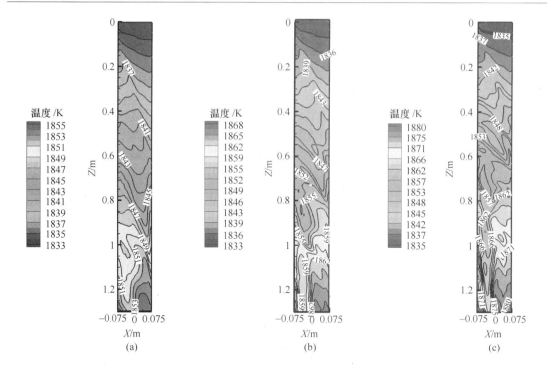

图 6-36　通道横截面钢液温度分布
(a) 800kW；(b) 1000kW；(c) 1200kW

B　中间包内

图 6-38 所示为感应加热功率为 800kW 时，夹杂物在中间包中的运动轨迹。本节使用欧拉-拉格朗日方法计算夹杂物的运动轨迹，所以得到的夹杂物运动轨迹与钢液的近似。因为使用了随机游走模型，夹杂物运动迹线不再平滑，而是呈现锯齿状，反映出了湍流对夹杂物运动的影响。

图 6-39 所示为不考虑碰撞长大时，夹杂物在整个中间包内的去除率。对于 7 种粒径的夹杂物，有感应加热时的去除率均大于无感应加热时的去除率。直径为 1μm 的夹杂物，在无感应加热时，中间包内的去除率仅为 19.04%，其中通道中去除率占总去除率的比例为 29.72%；当感应加热功率为 800kW 时，去除率增大到 40.17%，增加了 52.60%，其中通道中去除率占总去除率的比例上升至 62.42%。直径为 50μm 的夹杂物，在无感应加热时，中间包内的去除率为 67.07%，其中通道中去除率占总去除率的比例为 39.31%；在感应加热功率为 800kW 时，去除率增大到 88.51%，增加了 24.22%，其中通道中去除率占总去除率的比例上升至 52.23%。

从上述结果可以发现，感应加热能够显著地提高夹杂物去除率。无感应加热时，通道内吸附夹杂物数量很少。有感应加热时，通道内吸附夹杂物数量迅速增加，所以夹杂物在中间包内的去除率显著增加。对于小粒径的夹杂物，这种变化更为显著，因为小粒径夹杂物受到的浮力较小，所以无感应加热时去除率很小，使用感应加热后，在电磁压力的帮助下，小粒径夹杂物去除率大幅提高，许多小粒径夹杂物在通道中被吸附。

还可以观察到一个有趣的现象，对于 7 种粒径的夹杂物，随着感应加热功率的增加，

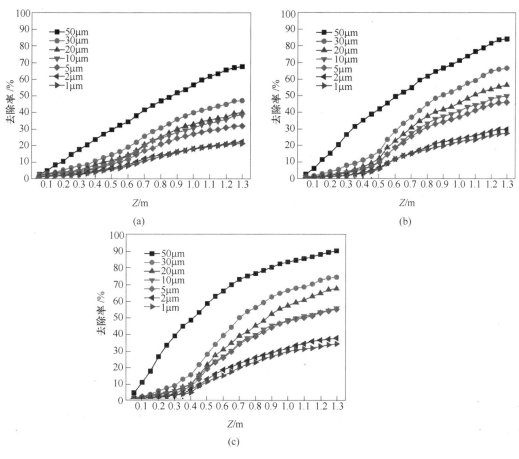

图 6-37 夹杂物去除率随通道长度的变化

(a) 800kW；(b) 1000kW；(c) 1200kW

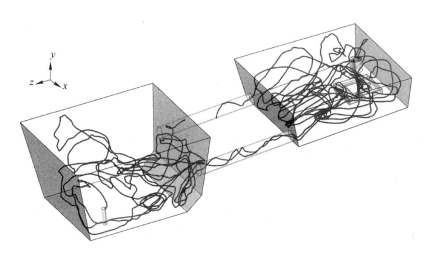

图 6-38 无碰撞长大、感应加热功率为 800kW 时夹杂物在中间包中的运动轨迹

夹杂物在注流腔内的去除率反而下降。在注流腔内，夹杂物刚进入中间包，速度大于设定的临界速度，因此即使被注流腔上表面的保护渣吸附了，也会再次卷入钢液中，且随着感

应加热功率的增加，注流腔内钢液流动将更加活跃，夹杂物速度增加，所以会在一定程度上削弱夹杂物在注流腔内的去除率。

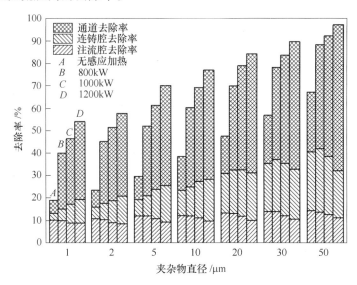

图 6-39   无碰撞长大时，各种粒径夹杂物在中间包内的去除率

6.3.3.3　考虑碰撞长大的运动行为

A　通道内

在实际连铸过程中，夹杂物之间存在大量的碰撞长大，夹杂物长大之后受到更大的浮力，将有利于上浮。在感应加热中间包内，存在焦耳热加热和电磁力的搅拌作用，钢液流动更加剧烈，夹杂物碰撞长大几率也将随之增加。从这部分开始呈现考虑碰撞长大的情况下，夹杂物在通道和中间包中的运动行为。

图 6-40 所示为通道中被捕获的夹杂物的粒径分布。从通道入口单独释放每种粒径的夹杂物，然后统计被捕获的夹杂物的粒径分布。从被捕获的夹杂物粒径分布可以看出，对于小粒径夹杂物，碰撞长大是一个很重要的去除方式。例如初始粒径为 $1\mu m$ 的夹杂物，在被捕获的夹杂物粒径分布中，粒径仍为 $1\mu m$ 的夹杂物占 36.81%，粒径为 $1 \sim 2\mu m$ 的夹杂物占了 47.63%，对于初始粒径为 $2\mu m$ 和 $5\mu m$ 的夹杂物，也能观察到同样的现象。

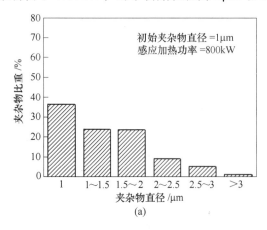
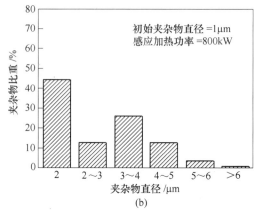

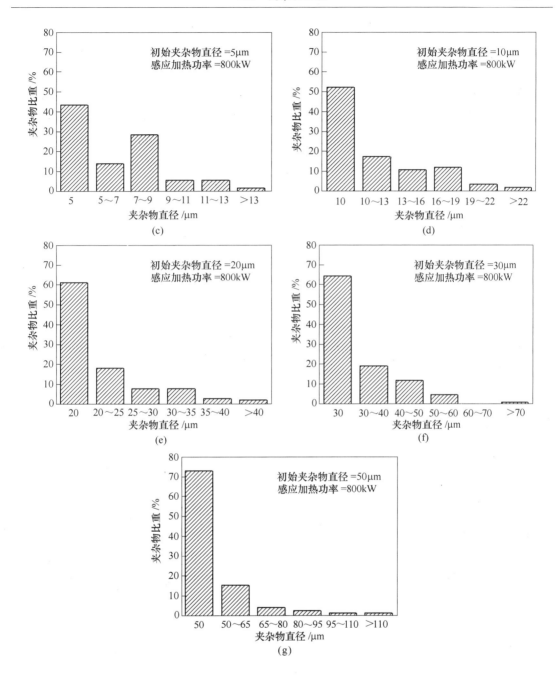

图 6-40 考虑碰撞长大、感应加热功率为 800kW 时通道中被吸附夹杂物的粒径分布

观察初始粒径较大的夹杂物，从被捕获的夹杂物粒径分布中看到，碰撞长大现象没有小粒径夹杂物那么显著。例如初始粒径为 10μm 的夹杂物，在被捕获的夹杂物粒径分布中，粒径仍为 10μm 的夹杂物占 52.69%，粒径为 10~20μm 的夹杂物占 41.32%；对于初始粒径为 50μm 的夹杂物，在被捕获的夹杂物粒径分布中，粒径仍为 50μm 的夹杂物高达73.68%，粒径为 50~100μm 的夹杂物仅占 24.67%。

从上述讨论可以看出，在通道中，小粒径夹杂物发生碰撞长大的几率要远大于大粒径夹杂物，碰撞长大是小粒径夹杂物一种非常重要的去除方式。主要因为在感应加热存在的情况下，大粒径夹杂物受到的浮升力和电磁压力已足够大，能够使自身快速上浮去除，在钢液中停留时间短，发生碰撞长大的几率就很小。因为浮升力和电磁压力都与粒径成正比例关系，所以对于小粒径夹杂物，即使同时受到浮升力和电磁压力的作用，上浮速度仍较慢，在钢液中停留时间长，发生碰撞长大的几率大。小粒径夹杂物碰撞长大后，粒径增大，浮升力和电磁压力也随之增大，去除速度加快。

图 6-41 所示为考虑碰撞长大，各个粒径夹杂物在通道中的去除率。我们发现，在感应加热下，各个粒径夹杂物去除率均大幅上升，随着感应加热功率的增加，增加幅度减小。图 6-42 所示为考虑碰撞长大与不考虑碰撞，夹杂物在通道内去除率的差值。不论是有感应加热还是无感应加热，考虑碰撞长大计算得到的去除率均大于不考虑碰撞长大计算得到的去除率。说明在夹杂物去除计算中，考虑碰撞长大是十分必要的。从差值变化趋势可以看到碰撞长大对小粒径夹杂物的影响要大于大粒径夹杂物。

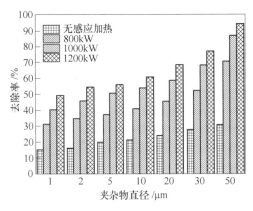

图 6-41　考虑碰撞长大时，各种粒径夹杂物在通道内的去除率

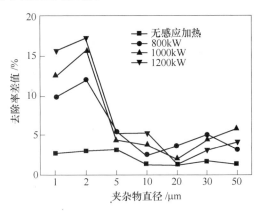

图 6-42　考虑碰撞长大和不考虑碰撞长大，各种粒径夹杂物在通道内的去除率差值

以上部分描述了单个粒径夹杂物在通道内碰撞长大的情况。下面将描述 7 种粒径夹杂物同时在通道中运动时碰撞长大的情况。在通道入口同时释放 7 种粒径的夹杂物，统计夹杂物去除情况。图 6-43 所示为不同加热功率下，考虑碰撞长大和不考虑碰撞长大时，同时释放 7 种粒径夹杂物得到的去除率。可以发现在同时释放 7 种粒径夹杂物的情况下，碰撞长大对去除率的影响要大于单独释放 7 种粒径夹杂物情况时的影响。例如在同时释放 7 种粒径夹杂物的情况下，对应不同感应加热功率情况下，考虑碰撞长大夹杂去除率与不考虑碰撞长大夹

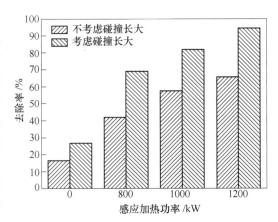

图 6-43　考虑碰撞长大和不考虑碰撞长大，所有粒径夹杂物在通道内的去除率

杂去除率差值分别为 10.36%、26.74%、24.81% 和 29.12%。这显然要大于单独释放 7 种

夹杂物时的差值，在单独释放 7 种夹杂物时，这个差值最大值为 17.29%（感应加热功率为 1200kW，夹杂物粒径为 $2\mu m$）。

图 6-44 所示为感应加热功率 800kW 时，不同粒径夹杂物在通道中的碰撞率常数等值线。可以发现布朗碰撞的碰撞率常数很小，最大值也小于 $10^{-16}\,m^3/s$。说明布朗碰撞发生的可能性太小，基本可以忽略。斯托克斯碰撞的碰撞率常数要远大于布朗碰撞的碰撞率常数，当夹杂物粒径大于 $10\mu m$ 时，碰撞率常数大致为 $10^{-14}\,m^3/s$，当夹杂物粒径增加到大于 $30\mu m$ 时，碰撞率常数增大到约 $10^{-12}\,m^3/s$。另外，两种相同粒径夹杂物斯托克斯碰撞的碰撞率常数为零，因为粒径相同的夹杂物上浮速度是一样的，所以不可能发生斯托克斯碰撞。湍流碰撞的碰撞率常数在这三个常数中是最大的，大约在 $10^{-13}\sim10^{-9}\,m^3/s$，说明湍流碰撞是这三种碰撞方式中最主要的。

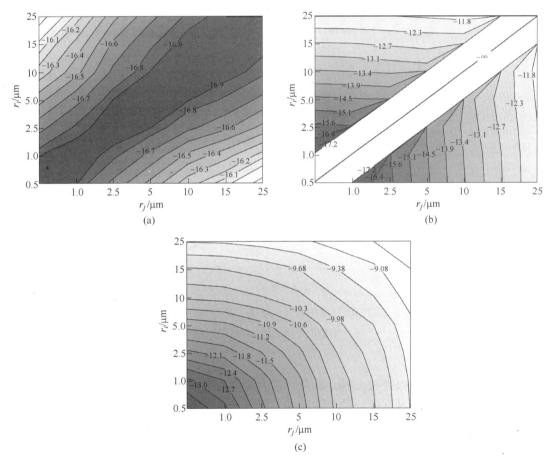

图 6-44　感应加热功率为 800kW 时，通道内不同粒径夹杂物的碰撞率常数（对数形式）
（a）布朗碰撞，$\lg\beta_1$；（b）斯托克斯碰撞，$\lg\beta_2$；（c）湍流碰撞，$\lg\beta_3$

在这三种碰撞长大方式中，大粒径夹杂物与大粒径夹杂物的碰撞率常数均大于小粒径夹杂物与小粒径夹杂物的碰撞率常数，即大粒径夹杂物发生碰撞长大的几率要大于小粒径夹杂物发生碰撞长大的几率。所以当单独释放 7 种粒径夹杂物时，小粒径发生碰撞长大的几率小，而大粒径夹杂物还未发生碰撞长大就已经上浮，因此碰撞长大反映到去除率变化上并不十分明显。当同时释放 7 种粒径夹杂物时，大夹杂物与小夹杂物同时在通道中运动，发生碰撞长大的几率较单独释放时大大增加，所以此时碰撞长大对去除率影响较大。这就对图 6-43 做出了一个合理的解释。

以上描述了感应加热功率为 800kW 时，三种碰撞长大方式的碰撞率常数。此外，通过研究感应加热功率为 1000kW 和 1200kW 情况下三种碰撞长大方式碰撞率常数发现，1000kW 和 1200kW 情况下，碰撞率常数等值线分布与 800kW 时的类似，只是数值上有区别。观察三种碰撞长大方式碰撞率常数的表达式，可以发现布朗碰撞的碰撞率常数主要受钢液温度的影响；斯托克斯碰撞的碰撞率常数主要受钢液与夹杂物密度差的影响；布朗碰撞的碰撞率常数主要受钢液搅拌能的影响。因此通过对比不同感应加热功率下通道中钢液平均温度、钢液与夹杂物密度差和钢液平均搅拌能的变化趋势就可以知道三种碰撞长大方式碰撞率常数的变化趋势，如图 6-45 所示，随着感应加热功率的增加，钢液平均温度和平均搅拌能增大，钢液与夹杂物密度差减小，说明布朗碰撞和湍流碰撞的几率变大，斯托克斯碰撞的几率减小。

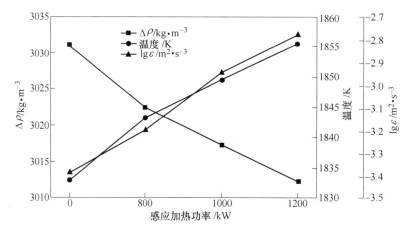

图 6-45　不同感应加热功率下，通道中钢液与夹杂物的密度差，
钢液的平均温度和搅拌能

B　中间包内

本节主要讨论考虑碰撞长大时，夹杂物在中间包内的运动行为。在中间包入口同时释放 7 种粒径夹杂物，每种夹杂物的个数相等，然后观察夹杂物在中间包内的运动行为并计算去除率。图 6-46 所示为不同感应加热功率下，所有粒径夹杂物在中间包内的去除率，分别计算了考虑碰撞长大和不考虑碰撞长大两种情况的。结果和图 6-43 得到的结果类似，考虑碰撞长大得到的夹杂物去除率要大于不考虑碰撞长大得到的夹杂物去除率，但在中间包内增大的幅度却要小于单独计算通道时增加的幅度，主要是夹杂物在通道中运动时间短。不考虑碰撞长大时，小粒径夹杂物很难被去除且快速流出通道，考虑碰撞长大时，小粒径夹杂物因为粒径增大能够得到有效的去除，所以仅仅计算通道中夹杂物的去除率时，碰撞长大的影响是很大的。但夹杂物在中间包内的运动时间较长，小粒径夹杂物上浮几率也增加，因此碰撞长大对去除率影响有一定程度的下降。不同于图 6-39，此时随着感应加热功率的增加，夹杂物在注流腔内的去除率是逐渐增大的而非减小。因为此时考虑了碰撞

长大，随着感应加热功率的增加，夹杂物在注流腔内碰撞几率越来越大，碰撞发生后，夹杂物粒径增加，动量减少，因而容易上浮去除，夹杂物在注流腔内的去除率是增加的。同时也可以看到，去除夹杂物所占比重最大的是通道，其次是连铸腔。

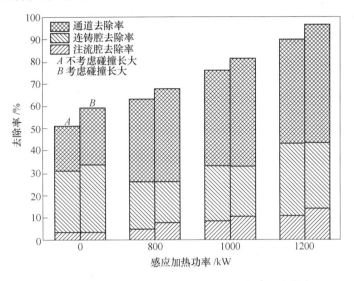

图 6-46 考虑碰撞长大和不考虑碰撞长大，所有粒径
夹杂物在中间包内的去除率

图 6-47 所示为感应加热功率 800kW 时，不同粒径夹杂物在中间包内碰撞率常数等值线。其中布朗碰撞和斯托克斯碰撞的碰撞率常数是整个中间包的平均值，而湍流碰撞的碰撞率常数分为通道、注流腔和连铸腔三个区域的值。对比发现，布朗碰撞和斯托克斯碰撞的碰撞率常数和仅计算通道时得到的碰撞率常数相差不多，说明布朗碰撞和斯托克斯碰撞在整个中间包内发生的几率差不多。三个区域湍流碰撞的碰撞率常数差别较大，同一情况的夹杂物碰撞，通道中的碰撞率常数最大，其次是注流腔，最小的为连铸腔，因为湍流碰撞的碰撞率常数与钢液搅拌能相关，通道中钢液搅拌能最大，其次是注流腔，连铸腔的钢液搅拌能最小。

上面讨论的是感应加热功率 800kW 时，夹杂物在中间包内的碰撞长大情况。此外，通

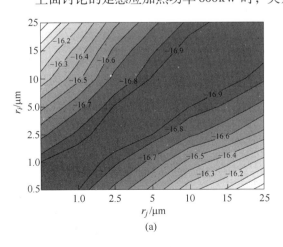

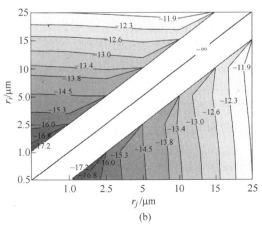

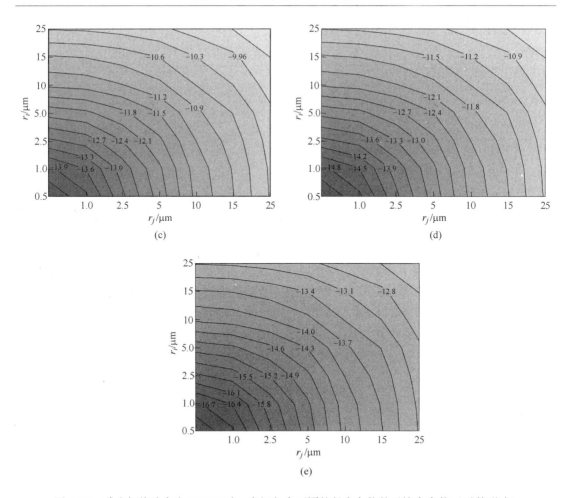

图 6-47　感应加热功率为 800kW 时，中间包内不同粒径夹杂物的碰撞率常数（对数形式）

（a）布朗碰撞，lg β_1；（b）斯托克斯碰撞，lg β_2；（c）通道中湍流碰撞，lg β_{3c}；

（d）注流腔中湍流碰撞，lg β_{3r}；（e）连铸腔中湍流碰撞，lg β_{3d}

　　过研究感应加热功率为 1000kW 和 1200kW 时，夹杂物在通道中的碰撞长大情况发现和仅计算通道时情况一样，感应加热功率增大，各种碰撞方式的碰撞率常数等值线分布是一样的，只是数值上存在差别。下面仍然是对比不同感应加热功率下中间包中钢液平均温度、钢液与夹杂物密度差和钢液平均搅拌能的变化趋势，如图 6-48 所示。可以看到，随着感应加热功率的增大，中间包内钢液平均温度增大，钢液与夹杂物密度差减小，说明布朗碰撞发生几率增大，而斯托克斯碰撞发生几率减小。通道中的湍流碰撞率常数最大，其次是注流腔，连铸腔最小。

　　图 6-49 所示为不同感应加热功率下，中间包内钢液搅拌能分布。从图中可以看出，不论是无感应加热还是有感应加热，通道中钢液的搅拌能都是最大的，连铸腔内的最小。随着感应加热功率增大，钢液搅拌能增大，且连铸腔内的钢液搅拌能分布更均匀，说明连铸腔内钢液流动得到改善，死区体积减小。

　　图 6-50 所示为不同感应加热功率下，中间包出口夹杂物粒径分布。无感应加热时，出口夹杂物中小粒径夹杂物占的比重较大，主要集中在 5 ~ 10μm。随着感应加热功率的增

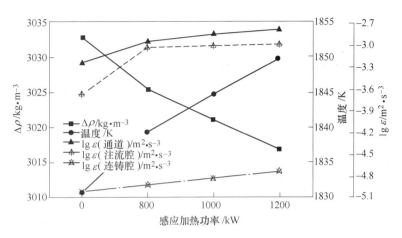

图 6-48 不同感应加热功率下，中间包内钢液与夹杂物的
密度差、钢液的平均温度和搅拌能

加，小粒径夹杂物比重逐渐减小，稍大粒径夹杂物比重逐渐增加，感应加热功率为 800kW 时，出口夹杂物粒径集中在 5~10μm；感应加热功率为 1000kW 时，出口夹杂物粒径集中在 10~15μm 和 15~20μm，感应加热功率为 1200kW 时，出口夹杂物粒径集中在 15~20μm。

详细工作见作者及其课题组内的文章[3,23,24]。

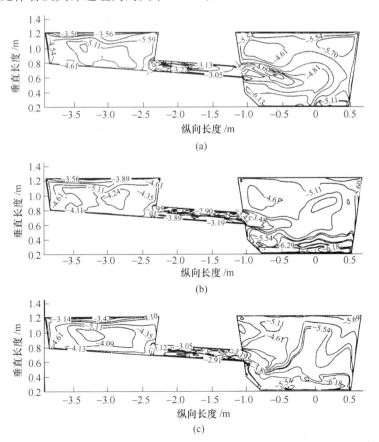

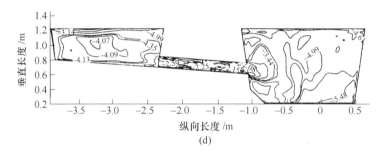

图 6-49　不同感应加热功率下，中间包内钢液搅拌能

（a）无感应加热；（b）800kW；（c）1000kW；（d）1200kW

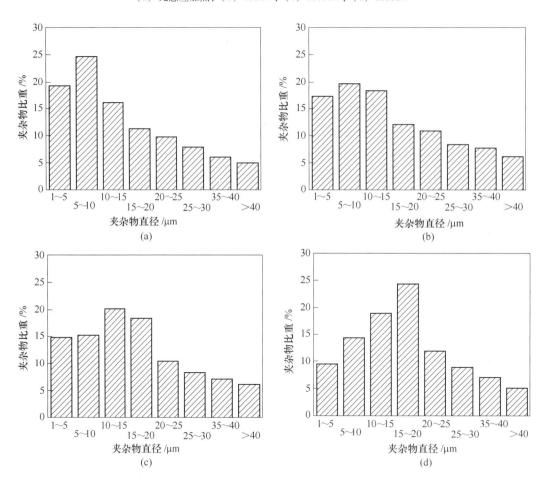

图 6-50　考虑碰撞长大，不同感应加热功率时，中间包出口夹杂物粒径分布

（a）无感应加热；（b）800kW；（c）1000kW；（d）1200kW

参　考　文　献

[1] Sahai Y, Emi T. 洁净钢生产的中间包技术 [M]，朱苗勇，译. 北京：冶金工业出版社，2009.

[2] 毛斌，陶金明，蒋桃仙. 连铸中间包通道式感应加热技术 [J]. 连铸，2008，5：4~8.

[3] Wang Q, Li B K, Tsukihashi F. Modeling of a thermo- electromagneto- hydrodynamic problem in continuous casting tundish with channel type induction heating [J]. ISIJ International, 2014, 54 (2): 311~320.

［4］ Tripathi A. Numerical investigation of electro- magnetic flow control phenomenon in a tundish ［J］. ISIJ International, 2012, 52 (3): 447~456.

［5］ Li B K. Metallurgical Application of Advanced Fluid Dynamics ［M］. Beijing: Metallurgical Industry Press, 2003.

［6］ Bermudez A, Gomez D, Muniz M C, et al. Numerical simulation of a thermo- electromagneto- hydrodynamic problem in an induction heating furnace ［J］. Applied Numerical Mathematics, 2009, 59: 2082~2104.

［7］ Fujisaki K, Satoh S, Yamada T. Magnetohydrodynamic stability in pulse electromagnetic casting ［J］. IEEE Transactions on Industry Applications, 2003, 39 (5): 1442~1447.

［8］ Dorland P, Wyk J D V, Stielau O H. On the influence of coil design and electromagnetic configuration on the efficiency of an induction melting furnace ［J］. IEEE Transactions on Industry Applications, 2000, 36 (4): 946~957.

［9］ Yu H Q, Zhu M Y. Three- dimensional magnetohydrodynamic calculation for coupling multiphase flow in round billet continuous casting mold with electromagnetic stirring ［J］. IEEE Transactions on Magnetics, 2010, 46 (1): 82~86.

［10］ Joo S, Han J W, Guthrie R I L. Inclusion behavior and heat- transfer phenomena in steelmaking tundish operations: Part Ⅱ. Mathermatical model for liquid steel in tundishes ［J］. Metallurgical and Materials Transactions B, 1993, 24B: 767~777.

［11］ Ghojel J I, Ibrahim R N. Computer simulation of the thermal regime of double- loop channel induction furnaces ［J］. Journal of Materials Processing Technology, 2004, 155~156 (1~3): 2093~2098.

［12］ Fujisaki K, Satoh S, Yamada T. Consideration of heat transfer and solidification in 3- D MHD Calculation ［J］. IEEE Transactions on Magnetics, 2000, 36 (4): 1300~1304.

［13］ Odenthal H J, Javurek M, Kirschen M, et al. CFD benchmark for a single strand tundish (Part Ⅱ) ［J］. Steel Research International, 2010, 81 (7): 529~541.

［14］ Vives C, Ricou R. An experimental study of currents, magnetic fields and velocities within a physical model of a channel induction furnace ［C］//Proceedings of the Sixth International Iron and Steel Congress, Nagoya, 1990: 307~314.

［15］ 三浦龍介, 西原良治, 田中宏幸, 等. 八幡 No. 2 連鋳機におけるタンディッシュ誘導加熱装置の導入と操業 ［J］. 鉄と鋼, 1995, 81 (8): 30~33.

［16］ 钟云波. 电磁力场作用下液态金属中非金属颗粒迁移规律及其应用研究 ［D］. 上海: 上海大学, 2000.

［17］ 韩其勇. 冶金反应动力学 ［M］. 北京: 冶金工业出版社, 1983.

［18］ Li B K, Tsukihashi F. Numerical estimation of the effect of the magnetic field application on the motion of inclusion particles in slab continuous casting of steel ［J］. ISIJ International, 2003, 43 (6): 923~931.

［19］ 朱苗勇, 杜刚, 阎立懿. 现代冶金学 (钢铁冶金卷) ［M］. 北京: 冶金工业出版社, 2005.

［20］ Miki Y J, Kitaoka H, Bessho N, et al. Inclusion separation from molten steel in tundish with rotating electromagnetic field ［J］. Test- to- Hagane, 1996, 82 (6): 40~45.

［21］ Miki Y J, Thomas B G. Modeling of inclusion removal in a tundish ［J］. Metallurgical and Materials Transactions B, 1999, 30B: 639~654.

［22］ Takahashi K, Taniguchi S. Electromagnetic separation of nonmetallic inclusion from liquid metal by imposition of high frequency magnetic field ［J］. ISIJ International, 2003, 43 (6): 820~827.

［23］ Wang Q, Qi F S, Li B K, et al. Behavior of non- metallic inclusions in a continuous casting tundish with channel type induction heating ［J］. ISIJ International, 2014, 54 (12): 2796~2805.

［24］ 王强. 感应加热中间包电磁热流耦合模型及夹杂物运动分析 ［D］. 沈阳: 东北大学, 2013.

7 结晶器内钢液瞬态非对称 流动的大涡模拟

高拉速导致连铸结晶器内钢液处于强烈的非稳态湍动状态，而钢液的湍动状态决定钢液内气泡和非金属夹杂物的分布。随着工业界对钢的质量要求的不断提高，深入了解连铸结晶器内钢液的非稳态湍流特征是十分必要的。

结晶器流场偏流，是指钢液由浸入式水口两侧孔射出后形成的流场分布不沿结晶器中心对称。产生偏流的原因有很多，如水口结瘤、水口没有对中、滑动水口的开启等。发生偏流会导致结晶器内两侧对称位置的钢液流速不等，其中两侧上回流在渣金界面流速不等易产生漩涡，形成漩涡卷渣；两侧下回流在窄面的冲击深度和冲击压力不等将导致结晶器两侧凝固坯壳不能均匀生长，可能使铸坯出现裂纹甚至出现漏钢事故。最初，T. Robertson 等人[1]采用物理水模型实验发现了结晶器内的流动不对称现象，但文中仅提及该不对称流动可能是随机的，也可能是持续的，并未对其进行深入研究。随后，D. Gupta 等人[2,3]利用大量的水模型实验，发现沿结晶器出口宽面上示踪剂的累积流出量出现不对称现象，并随时间发生左右摆动，且无明显的变化周期。并发现当结晶器的宽厚比超过 6.25 时，内部的流场始终呈现非对称分布。根据这些研究结果，指出浸入式水口出口处旋转的射流与结晶器宽面的碰撞是导致流动不对称的根本原因。M. R. Davidson 和 N. J. Lawson[4,5]采用 PIV 和 LDV 等先进的测试手段对结晶器内非对称、振荡的流动做了大量细致的工作，通过监测水口附近和上回流区的水平速度，发现结晶器内的自持振荡没有明显的周期。

现有的钢板探伤缺陷检测结果也显示，缺陷呈现随机的、非对称的分布[6~9]。这一缺陷问题再次说明结晶器内的钢液流动为非稳态、非对称的流动。近年来，各国学者围绕钢液在结晶器内的非稳态、非对称流动进行了大量的模拟研究[6~13]，取得了一些有重要价值的研究成果，但仍然还有许多问题有待于进一步的深入研究，尤其是关于非对称流动的周期性探究。

7.1 大涡模拟数学模型

7.1.1 基本方程

结晶器内钢液的流动为非稳态、不可压湍流流动，基本控制方程包括流体的连续性方程和动量守恒方程：

$$\frac{\partial u_i}{\partial x_i} = 0 \tag{7-1}$$

$$\frac{\partial u_i}{\partial t} + \frac{\partial (u_i u_j)}{\partial x_j} = -\frac{1}{\rho} \frac{\partial p}{\partial x_i} + \nu \nabla^2 u_i \tag{7-2}$$

式中，p 为压力；ρ 为流体的密度；ν 为运动黏度；t 为时间；x_i，x_j $(i,\ j=1,\ 2,\ 3)$ 分别为笛卡尔坐标下的坐标方向；u_i，u_j 分别为空间 3 个方向上的速度分量。

为了将大尺度量分离出来，需要进行过滤。过滤的过程是去掉比过滤宽度小的涡旋，从而得到大涡旋的控制方程。过滤变量定义为：

$$\bar{f}(x) = \int_D f(x'') \bar{G}(x - x') \mathrm{d}x' \tag{7-3}$$

式中，$f(x'')$ 为脉动量；$\bar{G}$ 为决定漩涡大小的过滤函数；D 为整个计算区域；上标"—"表示过滤。采用以下过滤运算：

$$\bar{f}(x) = \frac{1}{V} \int_V f(x') \mathrm{d}x' \qquad x' \in V \tag{7-4}$$

其中 V 是计算控制体体积，此处采用盒式滤波[12]，过滤函数为：

$$\bar{G}(x - x') = \begin{cases} 1/V & x' \in V \\ 0 & x' \notin V \end{cases} \tag{7-5}$$

过滤不可压的 Navier-Stokes 方程后，可以得到 LES 控制方程组：

$$\begin{cases} \dfrac{\partial \bar{u}_i}{\partial x_i} = 0 \\ \dfrac{\partial \bar{u}_i}{\partial t} + \dfrac{\partial (\bar{u}_i \bar{u}_j)}{\partial x_j} = -\dfrac{1}{\rho} \dfrac{\partial \bar{p}}{\partial x_i} + \nu \nabla^2 \bar{u}_i + \dfrac{\partial \tau_{ij}}{\partial x_j} \end{cases} \tag{7-6}$$

式中，$\bar{p}$ 为过滤压力；$\bar{u}_i$，$\bar{u}_j$ 分别为过滤速度；τ_{ij} 为亚网格应力，定义为：

$$\tau_{ij} = \overline{u_i u_j} - \bar{u}_i \bar{u}_j \tag{7-7}$$

由于 LES 中亚网格应力项是未知的，并且需要模拟一封闭方程。目前，采用比较多的亚网格模型为涡旋黏性模型，形式为：

$$\tau_{ij} - \frac{1}{3} \tau_{kk} \delta_{ij} = -2\mu_t \bar{S}_{ij} \tag{7-8}$$

式中，μ_t 为亚网格湍流黏性系数；τ_{kk} 为亚网格应力中各向同性的部分，它的影响被置于过滤的静压力相中；$\bar{S}_{ij}$ 为求解尺度下的应变率张量，定义为：

$$\bar{S}_{ij} = \frac{1}{2} \left(\frac{\partial \bar{u}_i}{\partial x_j} + \frac{\partial \bar{u}_j}{\partial x_i} \right) \tag{7-9}$$

求解亚网格湍流黏性系数 μ_t 时，最基本的亚网格模型是 J. Smagorinsky[14] 最早提出的，D. K. Lilly[15] 将它进行了改善。这就是现在的 Smagorinsky-Lilly 模型。该模型的涡黏性计算方程为：

$$\mu_t = \rho L_s^2 |\bar{S}| \tag{7-10}$$

式中，$|\bar{S}| \equiv \sqrt{2\,\overline{S_{ij} S_{ij}}}$；$L_s$ 为亚网格的混合长度，L_s 可以用式（7-11）计算。

$$L_s = \min(k d_W, C_s \Delta) \tag{7-11}$$

式中，$k = 0.42$；d_W 为到最近壁面的距离；C_s 为 Smagorinsky 常数，研究发现，对于高温钢液的湍流流动问题，$C_s = 0.1$ 有可靠的模拟结果；Δ 为过滤尺寸，$\Delta = (\Delta_x \Delta_y \Delta_z)^{1/3}$。

7.1.2 模型建立及网格化

以浸入式水口和厚板连铸结晶器为研究对象，三维计算模型如图 7-1 所示。以往的研究计算一般只考虑结晶器或者距弯月面 2~4m 的区域，很少考虑二冷区弯曲段弧形形状的影响。为了更加准确地反映实际连铸结晶器内的流动情况，计算考虑了结晶器下部二冷区的垂直段和部分弯曲段，使其能够达到充分发展流动，整个计算域高度达到 6m。数值计算过程中的几何、物性和操作参数见表 7-1。

7.1.3   数值细节

在近壁面区，速度梯度很大，流动情况变化明显。如果要完全数值模拟近壁湍流，LES 数值模拟的近壁分辨率几乎和直接模拟同一个量级[16]，这就失去了 LES 数值模拟的优势。为了保持 LES 数值模拟的优势，又不增加计算量，可在近壁处采用壁面函数近似。

为了削弱黏性底层的湍流黏性影响，本节引入 Driest 壁面阻尼函数[17]，它可

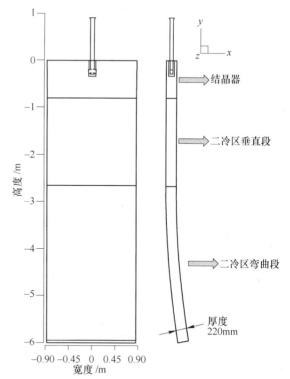

图 7-1   结晶器计算模型

以根据调整与壁面的垂直距离来降低近壁的涡黏。近壁处的亚网格混合长度按式（7-12）计算：

$$L_s = C_s \Delta [1 - \exp(-y^+/A^+)] \tag{7-12}$$

式中，A^+ 为常数，取 $A^+ = 26$；y^+ 为无量纲距离，$y^+ = yu_\tau/\nu$，代表第一层网格质心到壁面的无量纲距离，其中 y 为与壁面的距离，u_τ 为壁面摩擦速度，ν 为运动黏度。

表 7-1   数值计算过程中的几何、物性和操作参数

参　数	本模型	模型 A[18]	模型 B[19]	模型 C[10]
结晶器宽度/m	1.7	1.93	1.32	0.735
结晶器厚度/m	0.23	0.229	0.22	95（顶）~65（底）
结晶器长度/m	0.8	2.152	3.0	0.95
二冷区长度/m	5.2	—	—	—
弯曲段半径/m	10.25	—	—	—
水口插入深度/m	0.3	0.1778	0.265	0.075
水口倾角/(°)	15 向下	25 向下	15 向下	15 向下
水口出口尺寸/mm×mm	70×80	$\Phi 51$mm	38×60	32×31
拉速/m·s^{-1}	0.02	0.0152	0.0167	0.0102
流体的密度/kg·m^{-3}	7020	1000	1000	1000
流体的黏度/N·s·m^{-2}	0.0056	0.001	0.001	0.001

具体的边界条件和初始条件如下:

（1）水口入口采用速度入口,入口速度由通钢量及入口直径确定。

（2）计算域出口采用压力出口,所有变量的法向梯度设为零。

（3）结晶器上表面设置为自由滑移壁面。

（4）结晶器壁面为非滑移、非渗透的边界,近壁区湍流计算采用壁面函数法。

（5）考虑到 LES 达到动态稳定需要很长时间,为了减少计算量,本计算求解分两部分完成:第一步,采用标准 k-ε 方法求解稳态下的钢液流场,获得一个稳定的初场;第二步,采用 LES 进行计算。本节采用结构化网格,网格总数约 150 万,时间步长为 0.0001s,计算时间为 300s。

在实际工程流动计算中,为了保证计算稳定性,通常采用各类逆风激波捕获格式。然而,逆风格式的数值耗散,有可能严重影响,甚至淹没亚格子耗散,从而严重减弱 LES 精度。因此,目前 LES 在理论研究中所使用的格式与直接数值模拟类似,使用高阶无耗散中心格式或紧致格式。此处采用二阶隐式分离求解器,空间离散应用二阶迎风格式,流体的压力−速度修正选择 PISO 算法,因为对于瞬时问题,PISO 算法可以显著地减少收敛所需要的迭代步数。

7.2 模型的验证

为了验证本章发展的 LES 数学模型对复杂工程问题的适用性,采用该模型对三种不同尺寸结晶器内典型瞬态流动进行数值模拟。并利用之前的实验测量结果[10,18,19]进行对比验证,每个模型的几何和操作参数见表 7-1。

图 7-2 所示为不同时刻本章 LES 模型预测的流体速度值和前人[18]的实验测量值

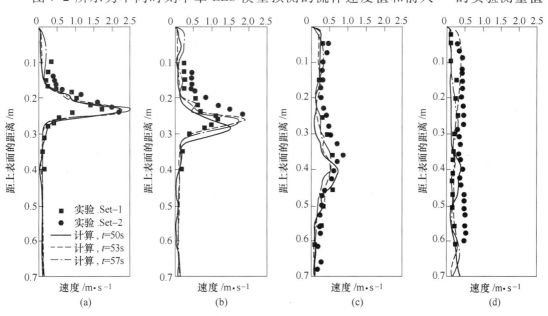

图 7-2　本模型的预测速度与测量值[18]对比

（a）距水口 51mm;（b）距水口 102mm;（c）距水口 460mm;（d）距水口 921mm

$((u_x^2 + u_y^2)^{1/2})$ 的对比结果，对应的是结晶器模型 A。该实验测量值是采用热线风速仪获得的时间平均值，共计两组。这些数据是沿着结晶器中心面上距水口指定位置处的 4 条垂线测得的，4 条垂线依次距离水口 51mm、102mm、460mm 和 921mm。由图 7-2 可知，无论是在定性上还是定量上，测量值与预测值都能较好的吻合。在个别区域存在一些细小的差异，例如在距离水口 102mm 的直线上距上表面 0.1m 到 0.25m 的区域，这可能是由实验测量方法中某些不确定的因素和对测量结果取平均造成的。不同时刻的预测速度值存在一定差异，这也说明了流动的瞬时性。

采用本章发展的 LES 模型对模型 B 结晶器进行数值计算，并将预测的窄面附近速度值与实验测量值[19]进行对比，结果如图 7-3 所示。这些测量数据是沿结晶器中心截面距窄面 5mm 处垂线上的时间平均速度，预测值为 30s 时刻的瞬时速度，所以存在些许差异，但定性上分析是一致的。测量数据表明水模型右侧的速度要明显大于左侧的速度，即结晶器内的流场有时会出现长时间的不对称的现象。大涡模拟可以预测结晶器内的不对称流动。

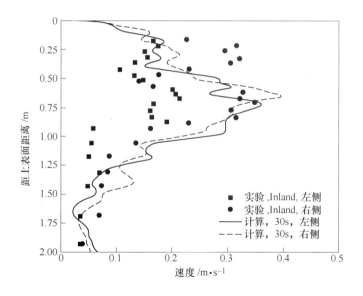

图 7-3　本模型预测的窄面附近速度与测量值[19]对比

湍流是多尺度的不规则运动，瞬时变化明显。结晶器内的钢液处于强烈的湍动状态。为了研究钢液流动的瞬变性，Q. Yuan 等人[10]建立了一个比例为 0.4 的结晶器水模型（模型 C），并采用 PIV 监测了位于结晶器中心截面 20mm 以下水口和窄面中间点上瞬时水平速度值，如图 7-4 所示。瞬时速度通过 PIV 测速仪每 0.01s 测量一次，共测 60s。但是样本速度信号有 0.2s 的时域滤波，因此更高频率的速度信号将不能被捕捉。为了与样本速度信号测量过程中的变化对应，大涡模拟的预测值每 0.2s 记录一次。通过与实验测量数据对比发现，两者吻合得较好。由于湍流的不稳定性，钢液流动不具有可重复性，速度的波动较大。结果说明 LES 能够捕捉结晶器内钢液的瞬态行为。

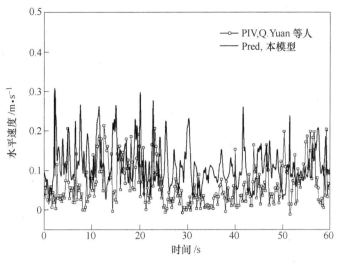

图 7-4　本模型预测的水平速度与测量值[10]对比

7.3　瞬态流场结构

本节采用已验证的 LES 模型研究直弧型结晶器内钢液的瞬态流动。为了准确地描述结晶器内部流场的结构和周期性，选取具有代表性的 4 个截面和 5 个监测点，如图 7-5 和图 7-6 所示。4 个截面分别为：与宽面平行的垂直段中间截面（平面1）、与窄面平行的水口

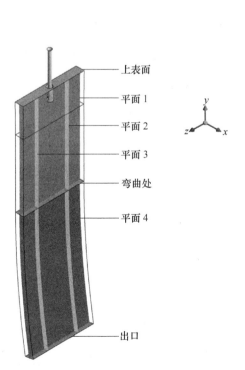

图 7-5　研究截面分布

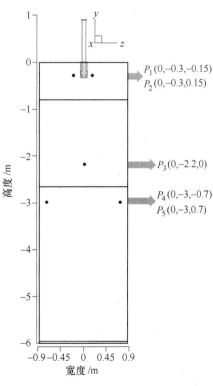

图 7-6　监测点分布

右侧中间截面（平面 2）、与窄面平行的水口左侧中间截面（平面 3）和与宽面平行的弯曲段中间截面（平面 4）。5 个监测点坐标分别为：（0，−0.3，−0.15）、（0，−0.3，0.15）、（0，−2.2，0）、（0，−3，−0.7）和（0，−3，0.7）。

图 7-7 和图 7-8 所示为在 100s 时刻结晶器内部不同截面上的速度矢量分布。由图可知，整个结晶器流场在空间上呈现不对称、不均匀分布，出现明显的偏流，而且有相当多随机分布、不同尺寸的小漩涡。大量小涡团的存在使结晶器内的流场更加复杂。厚度方向左右两侧呈现不同方向的偏流：左侧的钢液偏向内弧段，右侧的钢液偏向外弧段，分析原因可能是因为弯曲段对流动的影响。这说明在结晶器的厚度方向同样存在偏流，而以往大家均把重点放在宽度方向，忽略了厚度方向的不对称。结果也说明即使水口完全对中，结晶器内的流场分布也是不对称的，钢液的湍流流动是瞬变的和随机的。

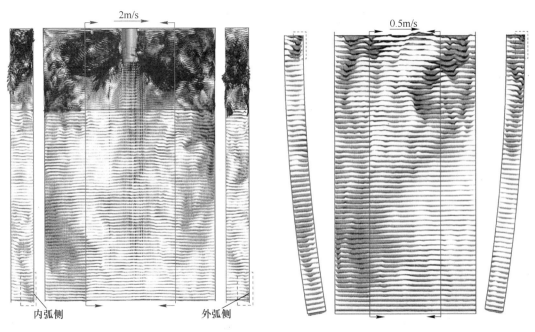

图 7-7　不同截面（1，2，3）的瞬时速度矢量　　　图 7-8　不同截面（2，3，4）的瞬时速度矢量

很多研究学者发现，水口出口处的钢液射流除了具有高湍动性外，还具有比较强的旋转特性，该特征对结晶器内部流场的影响很大。D. Gupta 等人[2,3]通过结晶器水模型实验发现了出口处的偏流现象，并指出水口出口射流的旋转及其与宽面的作用，导致了偏流的发生。Q. Yuan 等人[10]通过大涡模拟发现了"阶梯状"射流，这说明了射流的另一个特征，即波动性。为了解释射流结构的波动性，A. Ramos-banderas 等人[12]根据纵截面 y-z 上的平均速度场计算"射流角"，即射流中心与水平方向的夹角 α：

$$\alpha = \frac{1}{N} \sum_{1}^{N} \tan^{-1} \left(\frac{V'}{W'} \right) \tag{7-13}$$

式中，N 为射流附近的速度矢量个数；V'，W' 分别为 y 和 z 方向上的速度。

根据式（7-13）计算本结晶器的射流角，图 7-9 示出了不同时刻的水口出口射流结构和射流角度。由图可以清晰地看到"阶梯状"射流结构，反映了结晶器上部复杂的流场结构：包含很多大大小小的涡流，而且它们的大小和位置是不断变化的。水口左右两侧的射流角是不相等的、瞬变的，相差大的时候能够达到差幅39%（见图7-9（b））。

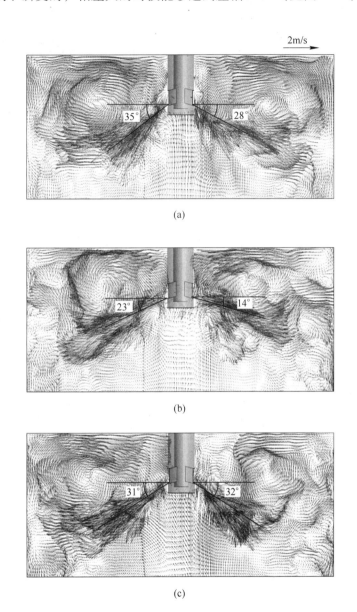

图7-9　不同时刻水口出口射流角度
(a) 100s；(b) 120s；(c) 150s

图7-10所示为水口出口射流的速度监测数据，分别是射流区对称位置的监测点 P_1 和 P_2。该数据采集于计算过程中，每0.005s记录一个数据。由图可知，三个分量速度（v_x，v_y，v_z）均具有较大的波动，波动的频率分别为5Hz、4Hz、8Hz。两侧的平均速度是不相等的。该结果说明了水口出口的射流是瞬变的、不对称的，对整个结晶器流场的影响是巨大的，也再次印证了前人的研究，即射流的不稳定造成了偏流的发生。

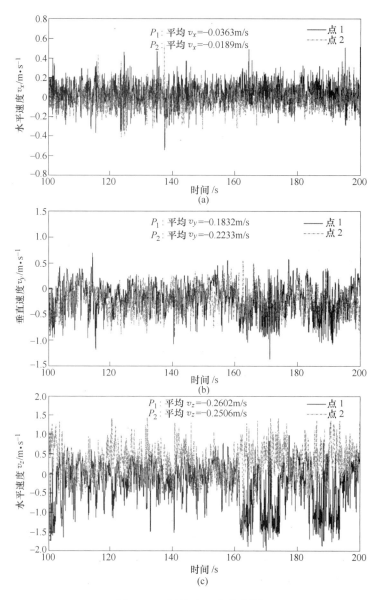

图 7-10   射流出口速度监测

（a）水平速度 v_x；（b）垂直速度 v_y；（c）水平速度 v_z

7.4   偏流流场及周期性分析

为便于观察结晶器内的偏流现象，水模型实验中由中间包底部出口加入墨汁以显示流动的流型，并采用数码摄像机进行记录。图 7-11 给出了不同时刻（同次实验）结晶器内部流场结构。注入墨水 0.8s 后（见图 7-11（a）），发现射流由水口出口射出；1.5s 后射流运动到窄面（见图 7-11（b））；冲击窄面后的射流分成上下两个流股，向上的流股到弯月面后回流向水口，另一流股沿窄面向下运动，如图 7-11（c）所示；20s 后（见图 7-11（d））发现，在结晶器下部形成了明显的偏流，右侧的流股还未运动到弯曲段，而左侧的流股已运动到弯曲段，并开始形成回流趋势。

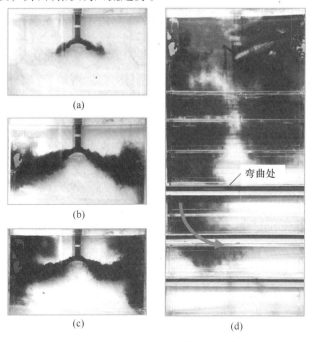

图 7-11　不同时刻捕捉的结晶器内部流型
(a) 0.8s; (b) 1.5s; (c) 4s; (d) 20s

　　图 7-12 所示为计算得到的不同时刻结晶器内部流型的发展变化。与图 7-11 对比发现，流型的形状、发展过程及偏流特征均与水模型实验吻合较好。两者均表明即便是在保证结构完全对中情况下，结晶器内的偏流是依旧存在的，这说明造成结晶器内钢液偏流的一个重要原因是湍流自身的不稳定。而在揭示湍流特征上，LES 具有很大的优势，它能够捕捉

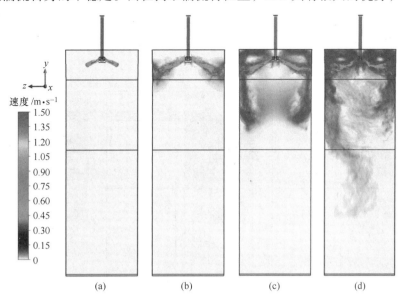

图 7-12　不同时刻结晶器内部流型的发展变化
(a) 0.8s; (b) 3s; (c) 13s; (d) 50s

到更多的流场信息，尤其是对速度波动量的预测。

　　结晶器内钢液的流动是一个复杂的湍流流动过程，其主要特征表现为瞬变性、不对称性、有旋性和周期性。前三点特征在本节都已经讨论，关于结晶器内钢液流动的周期性，大部分学者通过研究水口射流的周期性振荡[20~23]，分析结晶器内钢液的周期性流动。不同于其他人的研究，本节通过分析不同时刻结晶器内部钢液流型变化和特征监测点数据结果，分析结晶器内钢液偏流的周期性，给出了"垂直段回流"和"弯曲段偏流"的变化特征和周期。

　　图 7-13 所示为不同时刻结晶器内部流型的发展变化及其示意图。由图可知，尽管计算时将水口严格对中安放，但整个结晶器流场呈现明显的不对称性，不同时刻的流型分布对比发现，流场是时刻变化的，这充分显示了结晶器内湍流的瞬变性。"垂直段回流"和"弯曲段偏流"的变化特征可以分成四部分：

　　（1）二冷区垂直段的回流演化（Ⅰ）。由图 7-13（a）~（c）可知，在这段时间内钢液在二冷区弯曲处呈现左侧偏流，导致大部分钢液从该侧流入二冷区弯曲段。在 120s 时刻（见图 7-13（a）），右侧的流股在弯月面下 2.2m 位置形成回流，而左侧的流股则继续向下运动至弯曲段。10s 后（见图 7-13（b）），右侧的流股开始向左侧偏转，当运动到窄面后，会打断原来左侧的流股，使其分成两部分：一部分向上形成回流，一部分继续向下。由图 7-13（c）可知，140s 时刻，原来右侧的流股与原来左侧向下的流股结合，形成新的左侧偏流，而原来左侧的流股形成向上的回流。

　　（2）二冷区弯曲段的偏流演化（Ⅰ）。由图 7-13（d）~（f）可知，在这段时间内钢液在二冷区垂直段呈现左侧向上的回流。在 150s 时刻（见图 7-13（d）），钢液的流型与 140s 时刻类似，变化在于结晶器弯曲处的左侧偏流开始向右侧运动。20s 后（见图 7-13（e）），弯曲处的偏流演化为右侧偏流，该流型一直维持到 190s。

　　（3）二冷区垂直段的回流演化（Ⅱ）。由图 7-13（g）~（i）可知，该过程与"二冷区垂直段的回流演化（Ⅰ）"类似。但趋势相反，即二冷区弯曲处呈现右侧偏流，垂直段的回流由左侧回流演化成右侧回流。

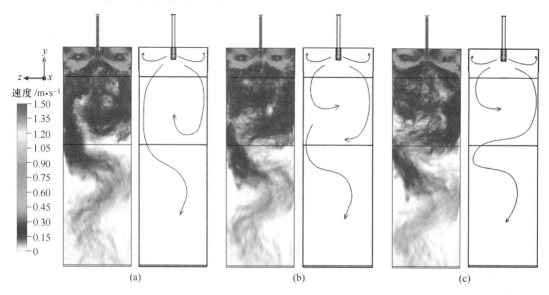

速度/m·s⁻¹
1.50
1.35
1.20
1.05
0.90
0.75
0.60
0.45
0.30
0.15
0

(a)　　　　　　　　　　(b)　　　　　　　　　　(c)

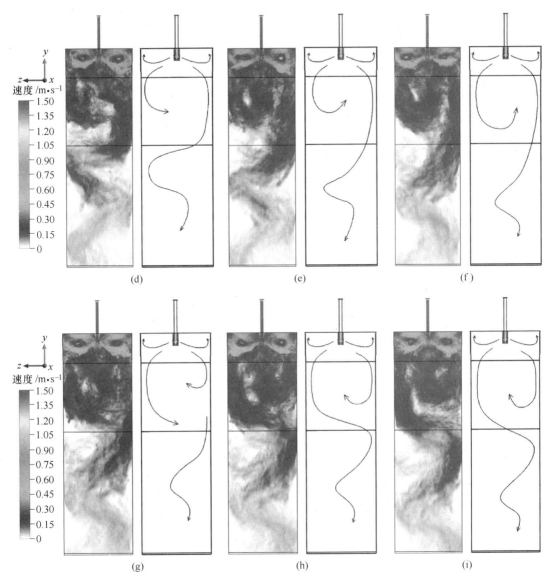

图 7-13 不同时刻计算得到的结晶器内部流型及示意图

(a) 120s；(b) 130s；(c) 140s；(d) 150s；(e) 170s；(f) 190s；(g) 200s；(h) 210s；(i) 220s

（4）二冷区弯曲段的偏流演化（Ⅱ）。同理，预测该过程与"二冷区弯曲段的偏流演化（Ⅰ）"类似。趋势也相反，即二冷区垂直段的回流保持为右侧回流，二冷区弯曲处的偏流由右侧偏流演化成左侧偏流。

为了获得上述演化过程的周期，三个点（P_3，P_4，P_5）被用来监测钢液速度变化情况。图 7-14 给出了钢液在 P_3 点的水平速度变化情况，P_3 点处于二冷区垂直段回流区范围内。与图 7-10 对比发现，此处钢液速度的波动频率明显减小。速度的正负代表方向，长时间正负值的交替出现，正说明了结晶器二冷区垂直段内钢液的回流变化，所以持续的时间也就代表了周期。该结果显示，二冷区垂直段回流演化的周期约为 20～40s。

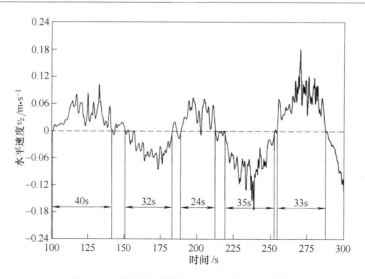

图 7-14　钢液在监测点 P_3 的水平速度变化

图 7-15 所示为钢液在 P_3 的垂直速度变化情况。速度的正负同样代表方向，钢液在结晶器内总体的速度方向是向下的（负值），但在回流区是向上的（正值）。所以当 P_3 监测的速度为正值时，说明此处一直在维持上回流运动；而当速度为负值时，说明此时钢液在进行回流的转变，即从右侧回流转变成左侧回流或从左侧回流转变成右侧回流，该过程与图 7-13 和图 7-14 对应，变化周期大概为 $7.5 \sim 10.5 \mathrm{s}$。

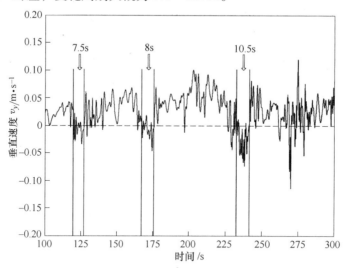

图 7-15　钢液在监测点 P_3 的垂直速度变化

图 7-16 所示为钢液在 P_4 和 P_5 的垂直速度变化情况，该两点对称分布在结晶器两侧的偏流区域。结晶器内主体偏流的方向是向下的（负值），当两侧的速度差值明显时，此时会在出现负值的一侧发生明显的偏流，如区域①和②。但关于其周期性，通过该结果无法明显的看出，这是因为速度的波动较大，两侧的差值在大部分时刻是比较小的。通过与图 7-13 对照比较，认为钢液湍流流动在二冷区弯曲处的偏流周期约为 50s。但关于更准确的周期还需要进一步的研究。

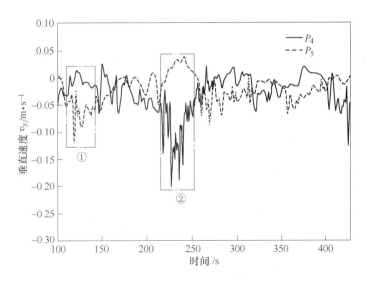

图 7-16 钢液在监测点 P_4 和 P_5 的垂直速度变化

7.5 漩涡结构及产生机理

一些学者采用 RANS 数值模拟已经得到了结晶器上表面的漩涡形态，但他们的方法均是通过改变水口不对中（具有一定偏心距）[24~26]、滑板开度[27]、塞棒不对中[28]、水口堵塞[29]等手段实现的。不能解释实验中发现的现象，即保证水口对中情况下，依然存在漩涡。本节采用了 LES 计算结晶器上表面漩涡形态，图 7-17 所示为不同时刻结晶器上表面的漩涡流场，由图可知，在 105s 时刻，在水口的左侧存在两个不对称分布的漩涡；125s 在水口右侧发现两个漩涡；140s 时，发现水口左右两侧各存在一个漩涡，且呈现对角分布。计算结果与水模实验结果有一定偏差，在数值模拟中自由液面产生了两个小涡，而在实验中有时只观察到一个大涡，这是数学模型的假定与实际物理过程的偏差引起的。偏差产生的原因很多，包括水口出流不均、射流非稳态波动及其随机湍流等，因而难于定量化。虽然漩涡的尺寸和位置与水模型实验结果有偏差，但趋势基本一致。

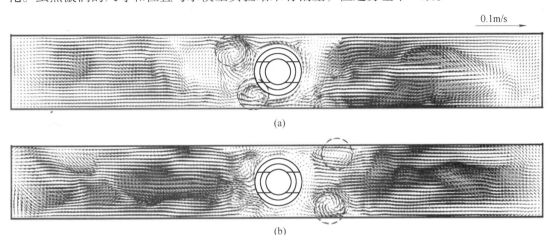

0.1m/s

(a)

(b)

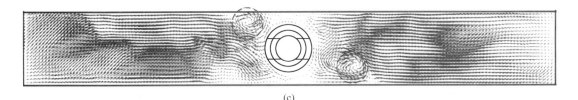

(c)

图 7-17　结晶器上表面的漩涡流场

（a）105s；（b）125s；（c）140s

　　图 7-18 所示为不同时刻上表面中心线上的水平速度分布。由图可知，不同时刻的速度分布波动变化明显，水口左侧和水口右侧的速度关于水口是不对称的，105s 时刻水口右侧的速度较大，125s 时刻水口左侧速度较大，而 140s 时刻弯月面右侧速度较大，通过与图 7-17 给出的流场矢量图对比发现，漩涡出现在弯月面速度较小的一侧。但 140s 是个例外，此时在水口两侧各有一个漩涡存在，这可能是钢液的速度在厚度方向上呈现不对称分布造成的。

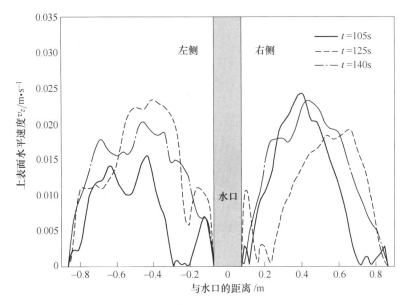

图 7-18　结晶器上表面中心线上的水平速度分布

　　为了形象地解释漩涡的生成机理，给出了结晶器上表面漩涡的流态示意图（见图 7-19）。当水口一侧的速度较大且厚度方向分布较为均匀时，此时会在另一侧水口附近形成两个旋向相反的漩涡，如图 7-19（a）所示。当水口两侧的速度相等或相差较小，且厚度方向分布不均匀时，此时会在各自一侧的低速区形成两个旋向相同的漩涡，如图 7-19（b）所示。所以漩涡产生的机理可以总结为：是水口两侧速度不等造成的。

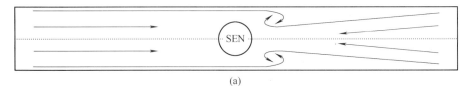

(a)

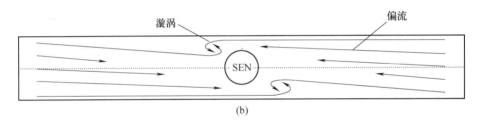

图 7-19　上表面漩涡流态示意图

参 考 文 献

[1] Robertson T, Moore P, Hawkine R J. Comutational flow model as aid to solution of fluid flow problems in the industry [J]. Ironmaking and Steelmaking, 1986, 13 (4): 195～203.

[2] Gupta D, Lahiri A K. Water modeling study of the jet characteristics in a continuous casting mold [J]. Steel Research International, 1992, 63 (5): 201～204.

[3] Gupta D, Lahiri A K. A water model study of the flow asymmetry inside a continuous slab casting mold [J]. Metallurgical and Materials Transaction B, 1996, 27 (10): 757～764.

[4] Lawson N J, Davidson M R. Crossflow characteristics of an oscillating jet in a thin slab casting mould [J]. Journal of Fluids Engineering, 1999, 121 (3): 588～594.

[5] Lawson N J, Davidson M R. Self-sustained oscillation of a submerged jet in a thin rectangular cavity [J]. Journal of Fluids and Structures, 2001, 15: 59～81.

[6] 李宝宽, 刘中秋, 齐凤升, 等. 薄板坯连铸结晶器非稳态湍流大涡模拟研究 [J]. 金属学报, 2012, 48 (1): 23～32.

[7] 刘中秋, 李宝宽, 姜茂发, 等. 连铸结晶器内氩气/钢液两相非稳态湍流特性的大涡模拟研究 [J]. 金属学报, 2013, 49 (5): 513～522.

[8] Liu Z Q, Li B K, Jiang M F. Transient asymmetric flow and bubble transport inside a slab continuous-casting mold [J]. Metallurgical and Materials Transactions B. 2014, 45 (4): 675～697.

[9] Liu Z Q, Li B K, Tsukihashi F. Instability and periodicity of asymmetrical flow in a funnel thin slab continuous casting mold [J]. ISIJ International, 2015, 55 (4): 805～813.

[10] Yuan Q, Sivaramakrishnan S, Vanka S P, et al. Computational and experimental study of turbulent flow in a 0.4-scale water model of a continuous steel caster [J]. Metallurgical and Materials Transactions B, 2004, 35 (5): 967～982.

[11] Chaudhary R, Ji C, Thomas B G, et al. Transient turbulent flow in a liquid-metal model of continuous casting, including comparison of six different methods [J]. Metallurgical and Materials Transactions B, 2011, 42 (10): 987～1007.

[12] Ramos-banderas A, Sanchez-perez R, Morales R D. et al. Mathematical simulation and physical modeling of unsteady fluid flows in a water model of a slab mold [J]. Metallurgical and Materials Transactions B, 2004, 35 (6): 449～460.

[13] Qian Z D, Wu Y L. Large eddy simulation of turbulent flow with the effects of DC magnetic field and vortex brake application in continuous casting [J]. ISIJ International, 2004, 44 (1): 100～107.

[14] Smagorinsky J. General circulation experiments with the primitive equations [J]. Monthly Weather Review, 1963, 91: 99～164.

[15] Lilly D K. A proposed modification of the germano subgrid-scale closure method [J]. Physics of Fluids, 1992, 4: 633.

[16] 张兆顺，崔桂香，许春晓. 湍流大涡数值模拟的理论与应用 [M]. 北京：清华大学出版社，2008.

[17] Van Driest E R. On turbulent flow near a wall [J]. Journal of Aerosol Science, 1956, 23: 1007 ~ 1011.

[18] Thomas B G, Huang X, Sussman R C. Simulation of argon gas flow effects in a continuous slab caster [J]. Metallurgical and Materials Transaction B, 1994, 25 (8): 527 ~ 547.

[19] Wang Y H. A study of the effect of casting conditions on fluid flo in mold using water modeling [C]//Proceedings of 73th Steelmaking Conference. Warrendale, PA, 1991, 73: 473 ~ 480.

[20] Real C, Miranda R, Vilchis C, et al. Transient internal flow characterization of a bifurcated submerged entry nozzle [J]. ISIJ International, 2006, 46 (8): 1183 ~ 1191.

[21] Shen B Z, Shen H F, Liu B C. Instability of fluid flow and level fluctuation in continuous thin slab casting mould [J]. ISIJ International, 2007, 47 (3): 427 ~ 432.

[22] Torres- Alonso E, Morales R D, Garcia- Hernandez S, et al. Cyclic turbulent instabilities in a thin slab mold. Part I: Physical model [J]. Metallurgical and Materials Transaction B, 2010, 41 (6): 583 ~ 597.

[23] Torres- Alonso E, Morales R D, Garcia- Hernandez S. Cyclic turbulent instabilities in a thin slab mold. Part II: Mathematical model [J]. Metallurgical and Materials Transaction B, 2010, 41 (6): 675 ~ 690.

[24] Li B K, Tsukihashi F. An investigation on vortexing flow patterns in water model of continuous casting mold [J]. ISIJ International, 2005, 45 (1): 30 ~ 36.

[25] Li B K, Okane T, Umeda T. Modeling of biased flow phenomena associated with effects of the static magnetic field application and argon gas injection in slab continuous casting of steel [J]. Metallurgical and Materials Transaction B, 2001, 32 (6): 1053 ~ 1066.

[26] Li B K, Tsukihashi F. An investigation on vortexing flow patterns in water model of continuous casting mold [J]. ISIJ International, 2005, 45 (1): 30 ~ 36.

[27] Wang Y F, Dong A P, Zhang L F. Effect of slide gate and EMBr on the transport of inclusions and bubbles in slab continuous casting strands [J]. Steel Research International, 2011, 82 (4): 428 ~ 439.

[28] Chaudhary R, Lee G G, Thomas B G, et al. Effect of stopper- rod misalignment on fluid flow in continuous casting of steel [J]. Metallurgical and Materials Transaction B, 2011, 42 (2): 300 ~ 315.

[29] Zhang L F, Wang Y F, Zuo X J. Flow transport and inclusion motion in steel continuous casting mold under submerged entry nozzle clogging condition [J]. Metallurgical and Materials Transaction B, 2008, 39 (8): 534 ~ 550.

8 结晶器凝固前沿氩气泡和
夹杂物的瞬态运动

非金属夹杂物是影响钢坯质量最重要的因素，钢产品的力学性能很大程度上取决于能够产生应力集中的非金属夹杂物的尺寸、形态、化学成分、分布等。例如，大型外来夹杂物（硅酸盐类等）可以引起各类缺陷，如降低表面质量、降低抗腐蚀性能、造成线性和分层缺陷等；当钢中的氧化物或硫化物等内生夹杂物增加，钢的冲击性能、延塑性能、疲劳性能、蠕变性能及强度均会下降[1~3]。随着连铸洁净钢技术的发展，钢中的非金属夹杂物的数量、尺寸与分布越来越受到冶金工作者的注意。

要控制钢中的非金属夹杂物，除了要掌握夹杂物的自身特征外，还要分析非金属夹杂物在结晶器内的运动和捕捉特征。钢液流动、热传递和凝固均会对连铸坯中气泡和夹杂物的运动、分布产生影响。其中夹杂物在钢液中的上浮主要有两种方式[4~6]：依靠自身浮力上浮和黏附在气泡表面上浮。因此，夹杂物以及气泡的大小对钢液中夹杂物的去除有着非常重要的影响。国内外学者在溶质浓度[7~9]、凝固[10~13]、电磁场等[14~17]对夹杂物运动捕捉的影响方面开展了大量研究。K. Mukai 和 W. Lin[7] 在存在浓度梯度的 $C_{18}H_{29}SO_3Na$ 的水溶液中观察气泡的运动行为，利用原子吸收光谱法测量了浓度，并利用高速摄影技术测量了气泡的直径，认为浓度梯度的存在会造成界面张力的梯度，而界面张力梯度是引起气泡运动的原因，在此基础上，提出颗粒在浓度边界层内的终点速度，并利用此速度分析了O、S浓度梯度下夹杂物和气泡的运动行为。H. Yin 等人[8] 在红外映像炉内，在超高纯度的氩气保护下，利用氦-氖激光显微镜观察了铝脱氧钢样和硅脱氧钢样凝固前沿的夹杂物行为，提出当凝固前沿的推进速度超过临界速度时，夹杂物将被凝固前沿捕捉。Y. Miki 等人[9,10]采用浸渍旋转实验测量了凝固界面捕捉夹杂物的界面临界速度，并考虑了黏度对气泡/夹杂物捕捉的影响，在此基础上提出了气泡/夹杂物的捕捉机理。由于物理模拟的局限性，绝大多数研究者采用数值模拟方法对结晶器内夹杂物的运动和捕捉进行研究。雷洪[11]基于速度边界层理论和力的平衡原理及电磁场的作用，建立了描述夹杂物和气泡在凝固前沿运动的数学模型。M. Javurek 等人[18]研究了直弧型结晶器垂直段长度对非金属夹杂物去除的影响，并提出为了减少夹杂物的捕捉，连铸机垂直段长度应大于 2.5m。M. Yamazaki 等人[12]对夹杂物在结晶器内的运动及其被凝固坯壳捕捉的机理进行了研究。B. G. Thomas 等人[19]详细研究了气泡和夹杂物在凝固前沿的受力情况，加入了树枝晶和二次枝晶间距对夹杂物和流体流动微观力的影响，根据受力分析，提出了夹杂物在凝固前沿被捕捉的判定条件。最近的研究[7,20]表明夹杂物粒子在凝固前沿附近将受到 Marangoni 力的作用，该力是由凝固前沿处存在的组分浓度梯度和温度梯度引起的，而且实验已证明这个力的作用对夹杂物在凝固前沿的运动十分重要。然而，以往的很多研究计算并未考虑该力对夹杂物运动的影响。

随着科学技术的发展，对钢材性能的要求日益严格，对钢材质量的要求不断提高，进一步减少钢中气泡/夹杂物含量和尺寸，提高钢的洁净度，是 21 世纪的发展方向。必须深入了解结晶器凝固坯壳内气泡/夹杂物的瞬态运动及捕捉规律，明确气泡/夹杂物在凝固前沿的捕捉机理，提出降低或避免厚板坯连铸质量缺陷的措施。

8.1　凝固过程数学模型

针对结晶器内钢液的流动、传热和凝固行为，并结合其工艺特点，可做如下假设：

（1）结晶器内钢液流动为瞬态不可压缩黏性流动。

（2）在整个凝固过程中钢水成分和物性参数无变化，无偏析现象。

（3）将凝固前沿处固液两相区视为均匀分布的多孔介质，且该区域内的孔隙率用固相体积分数 f_s 来表示。

（4）忽略结晶器振动对流动的影响。

（5）将结晶器液面视为平面，不考虑液面波动的影响。

（6）将凝固前沿视为一个平滑曲面，忽略凝固前沿枝晶形貌对流动的影响。

8.1.1　连续介质大涡模拟运动方程

在连铸结晶器内，存在着液相、糊状区（即液固两相区）和固相三个区域：在液相区，液体的湍流流动采用大涡模拟方法计算；在糊状区，采用 Darcy 源项法[21,22]处理液固两相区内的流体流动；在固相区，铸坯的运动速度等于拉坯速度。基于以上不同处理方法，结晶器内钢液流动行为可由下述方程来表达：

$$\frac{\partial \bar{u}_j}{\partial x_i} = 0 \tag{8-1}$$

$$\frac{\partial \bar{u}_i}{\partial t} + \frac{\partial (\bar{u}_i \bar{u}_j)}{\partial x_j} = -\frac{1}{\rho} \frac{\partial \bar{p}}{\partial x_i} + \frac{\partial}{\partial x_j}\Big[(\nu + \nu_t)\Big(\frac{\partial \bar{u}_i}{\partial x_j} + \frac{\partial \bar{u}_j}{\partial x_i}\Big)\Big] + S_m \tag{8-2}$$

式中，$\bar{p}$ 为过滤压力；$\bar{u}_i$，$\bar{u}_j$ 为过滤速度；ν，ν_t 分别为钢液的分子运动黏度和湍流运动黏度；S_m 为 Darcy 动量源项。

此处依然采用 Smagorinsky 涡黏性模型求解湍流运动黏度 ν_t，其计算式为：

$$\nu_t = L_s^2 |S| \tag{8-3}$$

Darcy 动量源项 S_m 可由式（8-4）来计算：

$$S_m = -\frac{\nu}{K_m}(\bar{u}_i - u_c) \tag{8-4}$$

式中，u_c 为拉坯速度；K_m 为液相渗透系数，此处采用 Carman-Kozeny 公式[23]计算：

$$K_m = \frac{f_l^3 + \xi}{D_m(1 - f_l)^2} \tag{8-5}$$

式中，f_l 为液相的体积分数，在 0~1 之间取值；ξ 为一个很小的正值（0.00001），用于保证式（8-4）的分母不为零；D_m 为模型系数，取决于多孔介质的形貌。

在计算过程中，K_m 的取值需要注意。对于液相而言，为了确保 Darcy 动量源项对动量方程的贡献可以忽略，K_m 应是一个很大的值。对于固相而言，为了保证固相速度等于拉速，K_m 应是一个很小的值。

8.1.2 凝固过程能量方程

目前模拟凝固过程的能量方程有两种方法：一是焓法[21]，二是等效比热法[24]。其中焓法以介质的焓作为输运变量，对整个研究区域建立统一的能量守恒方程，求出热焓后，再由焓与温度的关系式得到各节点处的温度值。等效比热法又称温度修正法，是将凝固温度范围内释放的凝固潜热换算成等价的比热进行能量方程的计算，实质上它是焓法的一种简化形式。此处采用焓法计算结晶器内钢液的凝固和熔化。

总焓 H 为显焓 h 和潜热 ΔH 之和，可表示为：

$$H = h + \Delta H \tag{8-6}$$

显焓 h 和潜热 ΔH 可以采用以下方式进行计算：

$$h = h_{ref} + \int_{T_{ref}}^{T} c_p dT \tag{8-7}$$

$$\Delta H = f_l L \tag{8-8}$$

式中，h_{ref} 为参考焓值；T_{ref} 为参考温度；c_p 为定压比热容，取值为 $710J/(kg \cdot K)$；L 为介质的熔化潜热，对应钢液的取值为 $271kJ/kg$；f_l 为液相的体积分数，可以表示为：

$$\begin{cases} f_l = 1 & T > T_{liquidus} \\ f_l = \dfrac{T - T_{solidus}}{T_{liquidus} - T_{solidus}} & T_{solidus} < T < T_{liquidus} \\ f_l = 0 & T < T_{solidus} \end{cases} \tag{8-9}$$

相应的能量方程可以表示为：

$$\frac{\partial(\rho_l H)}{\partial t} + \nabla \cdot (\rho_l \nu H) = \nabla \cdot (k \nabla H) + S_e \tag{8-10}$$

式中，S_e 为能量源项，按式（8-11）计算：

$$S_e = \rho_l L u_c (1 - f_l) - \rho_l L \frac{\partial f_l}{\partial t} \tag{8-11}$$

8.1.3 数值细节

计算依然采用第 7 章的结晶器模型，考虑了结晶器下部二冷区的垂直段和部分弯曲段的影响，如图 8-1 所示。部分数值计算过程中的几何、物性和操作参数见表 7-1，其余钢液的物性参数包括：固相线温度为 1730K；液相线温度为 1786K；固液相采用统一的导热系数，取值为 $41W/(m \cdot K)$。具体的边界条件和初始条件如下：

（1）水口入口。采用等温速度入口：入口速度由通钢量及入口直径确定，入口温度为 1801K。

（2）计算域出口。所有变量的法向梯度设为零。

（3）结晶器上表面。采用等温自由滑移壁面，壁面温度等于钢液液相线温度 1786K。

（4）结晶器壁面冷却条件。采用第二类边界条件，利用以下计算式确定热流密度[25]：

$$q = 2.68 - \psi \sqrt{60 h_m / u_c} \tag{8-12}$$

式中，h_m 为距离上表面的距离；ψ 为模型系数，根据冷却水流量和温差计算得到结晶器宽面和窄面的 ψ 值分别为 0.275 和 0.295。

（5）二冷区壁面冷却条件。采用第三类边界条件，根据冷却水流量及温差确定二冷区宽面和窄面的平均对流换热系数，分别为 350W/(m·K) 和 300W/(m·K)。

（6）初始条件。整个计算域的初始温度为 1801K。

采用二阶隐式分离求解器，空间离散应用二阶迎风格式，计算采用流体的压力-速度修正 SIMPLEC 算法。考虑到大涡模拟达到动态稳定需要很长时间，为了减少计算量，计算求解分三部分完成：首先计算结晶器内凝固坯壳的稳态生长；然后采用标准 k-ε 湍流模型耦合凝固能量方程求解凝固坯壳内稳态的钢液湍流流场，获得一个稳定的初场；最后采用 LES 方法耦合凝固能量方程计算结晶器内的瞬态流场和温度场。其中时间步长为 2.5×10^{-4} s，计算总时间为 100s。

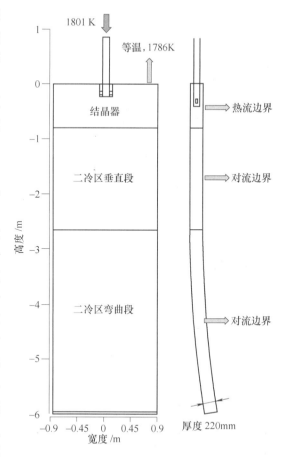

图 8-1　计算模型及边界条件

8.2　颗粒传输与捕捉模型

为了简化气泡和夹杂物的运动捕捉计算，现做如下假设：

（1）气泡和夹杂物体积分数很小，对钢液的流动不产生影响。

（2）忽略化学反应，认为气泡和夹杂物是惰性的球形颗粒。

（3）颗粒物之间的运动是独立的，不考虑颗粒物之间的碰撞聚合。

（4）夹杂物被凝固前沿捕捉后不再随液态钢液运动，即不考虑粒子被捕捉后再次被钢液带出。

8.2.1　颗粒传输模型

基于以上假设，此处采用 Lagrange 方法计算气泡和夹杂物在钢液中的运动。以往的研究中较少涉及 Magnus 力和 Marangoni 力（只在凝固前沿存在），为了更加全面精确地描述夹杂物在钢液流场下的运动，将这两个力考虑在内，具体的受力情况如图 8-2 所示，其运动控制方程如下：

$$m_p \frac{du_p}{dt} = F_G + F_B + F_p + F_D + F_S + F_{VM} + F_M + F_{Ma} \tag{8-13}$$

式中，F_G 为重力；F_B 为浮力；F_p 为压力梯度力；F_D 为曳力；F_S 为 Saffman 升力；F_{VM} 为虚拟质量力；F_M 为 Magnus 力；F_{Ma} 为热力学 Marangoni 力，其中 Magnus 力和 Marangoni 力由 Fluent 软件的 UDF 二次开发实现，Magnus 力的数学表达式为：

$$F_M = \frac{1}{8} \pi d_p^2 \rho_l C_M |u_l - u_p|^2 \tag{8-14}$$

式中，C_M 为 Magnus 力系数，通过实验或者理论研究，很多文献给出了不同的 C_M 表达式。其中，对于颗粒 $Re_p < 1$ 的情况（本研究颗粒的 Re_p 在此范围内），S. I. Rubinow 等人[26] 从理论上推导了 C_M 表达式：

$$C_M = 2\Gamma \tag{8-15}$$

式中，Γ 为颗粒的转速（量纲为 1），$\Gamma = d_p \omega_d / (2u_r)$；$\omega_d$ 为颗粒的旋转角速度；u_r 为颗粒相对于流体的运动速度。

Marangoni 力可以分为热量相关项（T）和溶质相关项（C），根据 K. Mukai 和 W. Lin 等人的研究[7]，当边界层的厚度比气泡直径大时，Marangoni 力的数学表达式为：

$$F_{Ma} = -\frac{2}{3} \pi d_p^2 \cdot \left(\frac{\partial \sigma}{\partial T} \frac{dT}{dx} + \frac{\partial \sigma}{\partial C} \frac{dC}{dx} \right) \tag{8-16}$$

式中，σ 为表面张力。

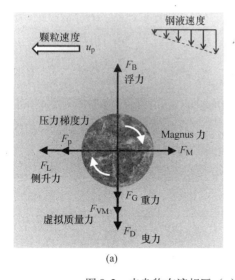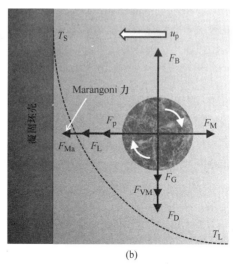

(a)　　　　　　　　　　　　　　(b)

图 8-2　夹杂物在液相区（a）和凝固前沿（b）的受力情况

根据 S. M. Lee 等人的研究[20]，与热量相关的 Marangoni 力可以对凝固界面的颗粒的诱捕行为造成重要影响。P. Sahoo 等人推导了与温度相关的表面张力模型[27]：

$$\sigma = \sigma_0 - A(T - T_m) - RT\Gamma_S \ln(1 + k_S a_S e^{-(\Delta H^\ominus / RT)}) \tag{8-17}$$

式中，σ_0 为纯铁在熔点时的表面张力，取值为 1.865N/m；A 为纯铁表面张力的温度系数，取值为 0.00043N/(m·K)；T_m 为纯铁的熔点，取值为 1808K；R 为气体常数，取值为 8314.3J/(kg·mol·K)；Γ_S 为硫达到饱和时的表面吸附系数，取值为 1.3 × 10^{-8}J/(kg·mol·m²)；k_S 为与硫的偏析熵相关的常数，取值为 0.00318；a_S 为硫在质量分数为 1% 标准态时的活度，取值为 50×10^{-6}；$\Delta H^{\ominus}$ 为标准吸热焓，取值为 $-1.88 \times 10^{8} J/(kg \cdot mol)$。

8.2.2　颗粒动态捕捉模型

气泡和夹杂物在结晶器内运动时，主要有三种去除方式：

（1）上浮到钢液表面然后被保护渣吸附，这一部分对于钢液是安全的。

（2）被浸入式水口外壁面吸附。在结晶器上回流区，钢液运动比较剧烈，气泡和夹杂物速度也较大，即使它们被水口外壁耐火材料表面吸附，也是不稳定的，很有可能再次卷入钢液中，所以在本节中，认为气泡和夹杂物不会在此处吸附，它们将反弹回钢液中，但存在一定的动量损失。

（3）被凝固前沿捕捉，包括逃出计算域出口的部分。

下面对采用的颗粒捕捉模型做详细介绍。

对于气泡和夹杂物在凝固前沿的捕捉，通过 UDF 开发了捕捉判定模型，如图 8-3 所示。具体如下：在液相区内（$T \geq 1786K$），气泡和夹杂物在 7 个力的作用（无 Marangoni 力）下运动；当气泡和夹杂物运动至凝固前沿（糊状区，$1730K \leq T < 1786K$），将会增加一个 Marangoni 力，然后在 8 个力的作用下，判断气泡和夹杂物是否接触到液相率为 0.6 的等值面[12,28]，是则被捕捉，停止追踪，并将其被捕捉的时间及位置信息记录下来，否则继续在流场内运动；在固相区（$T < 1730K$），不存在钢液流动，所以气泡和夹杂物无法运动至该区域。

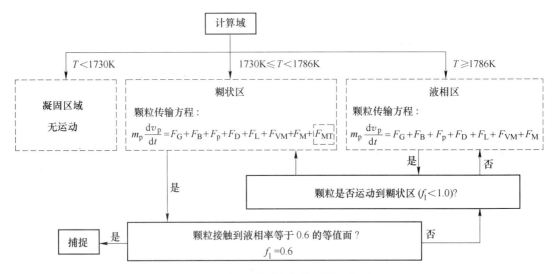

图 8-3　凝固前沿夹杂物的捕捉模型

M. Yamazaki 等人[12]通过实验分析，将糊状区分成三个区域，如图 8-4 所示。在 $q2$ 区域（$f_1 > 0.6$），尽管此处的枝晶已经生成，但是对流动的影响较小，所以此处的夹杂物不会被坏壳捕捉。在 $q1$ 区域（$0.3 < f_1 \leq 0.6$），钢液能够在枝晶间运动，但已很难再运动出该区域，直至进入完全凝固过程。所以认定夹杂物在进入该区域时被捕捉，即在液相率为 0.6 的等值面。

在实际计算中，当采用 LES 方法得到动态稳定的流场后（取 100s 时刻），将氩气泡和

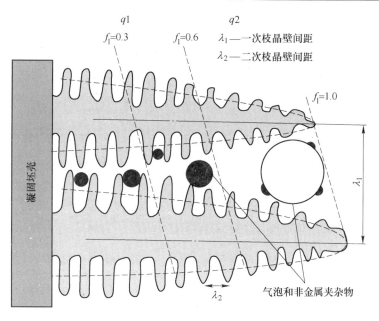

图 8-4 夹杂物在糊状区的运动状态

氧化铝夹杂物从浸入式水口入口处引入，认为它们在入口处是均匀分布的，且入口速度和方向与钢液一致。氩气泡和氧化铝夹杂物的大小分布以 5 个不连续的直径给出，氩气泡的直径范围为 $50\sim600\mu m$，氧化铝颗粒的直径范围为 $5\sim600\mu m$。每个直径颗粒的跟踪数目为 3000，跟踪颗粒的总时间为 150s。

8.3 模型的验证

为了验证本章采用的凝固模型，在图8-1 的直弧型结晶器基础上，延长弯曲段，使之能够达到凝固末端位置，全长为23.5m，如图 8-5 所示。然后采用该模型计算凝固过程的发展。图中还示出了在拉速1.2m/min 下，得到的液相率为 0.2 时的凝固坯壳的形貌。

将本模型预测的凝固数据与现场轻压下结果进行对比，结果见表 8-1。发现模型计算结果与轻压下结果误差在 3% 以内，吻合较好，说明模型计算结果能真实反映该结晶器内钢液的凝固规律。

图 8-6 给出了结晶器内的液相率分布情况和液相率等于 0.6 的凝固坯壳位置。从图中可见，液相区随着距弯月面的距离逐渐减小，即凝固坯壳厚度逐渐增加。

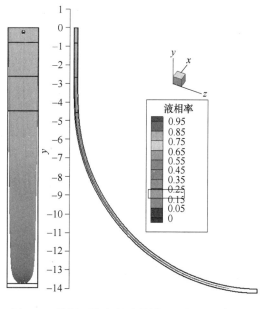

图 8-5 带凝固终点的计算模型和凝固坯壳形貌

表 8-1　模型预测结果与轻压下结果对比

拉　速	参　数	$f_S = 0.15$	$f_S = 0.7$	$f_S = 1.0$
1.2m/min	轻压下结果/mm	17741	21471	22259
	模型预测结果/mm	18200	21950	22700
	误差/%	2.59	2.23	1.98

图 8-7 反映了凝固坯壳的生长情况，考虑到夹杂物捕捉模型中采用液相率等于 0.6 作为捕捉界面，所以此处以该等值面作为固、液分界面。由图可知，计算得到的凝固坯壳的厚度变化与文献 [28] 给出的凝固系数下 (K = 27.5) 按凝固定律得到的坯壳厚度基本一致。其中在弯月面附近计算得到的坯壳厚度比测量值略高，主要是由于模型给定的热流密度分配较难准确地反映实际浇注过程中结晶器壁的热流分布情况。在距液面约 0.3m 处，坯壳厚度存在一个极小值，这个极小值的出现与钢液流动规律密切相关，这是因为来自水口出口的钢液温度较高，造成了距液面约 0.3m 处冲击点附近凝固坯壳的熔化，从而坯壳厚度变薄。铸坯宽面 1/4 位置和窄面中间部分的坯壳厚度保持基本一致，而铸坯宽面中心的坯壳厚度在弯月面下 0.8 ~ 5m 范围内明显小于宽

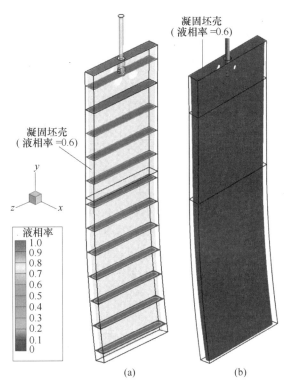

图 8-6　结晶器内的液相率分布 (a) 和液相率为 0.6 的等值面 (b)

面 1/4 位置坯壳厚度，其主要原因是下回流会在宽面中心形成向上的回流，此处的钢液流动较强，温度较高，所以出现凝固坯壳变薄现象。

通过整理计算数据，发现在实际结晶器出口处（即弯月面下 0.8m）坯壳厚度约为 13mm，二冷区垂直段出口处（即弯月面下 2.7m）为 26mm，计算域出口处（即弯月面下 6m）为 42mm。这种凝固规律及结晶器出口的坯壳厚度符合连铸冶金准则中对结晶器出口坯壳厚度的要求。通过以上的经验结果和模拟结果的分析对比，经验结果和模拟结果相近，说明现阶段的数值模拟模型能够正确反映实际生产过程。

图 8-8 所示为 LES 得到的凝固坯壳内的瞬时流场结果和水模型实验得到的实验结果。对比结果发现，凝固坯壳内的钢液流场仍然呈现不对称分布，且偏流的方向是时刻变化的。说明凝固过程对钢液偏流的影响较小。

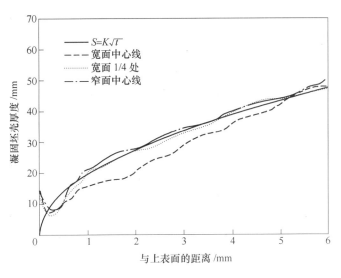

图 8-7 凝固坯壳的生长

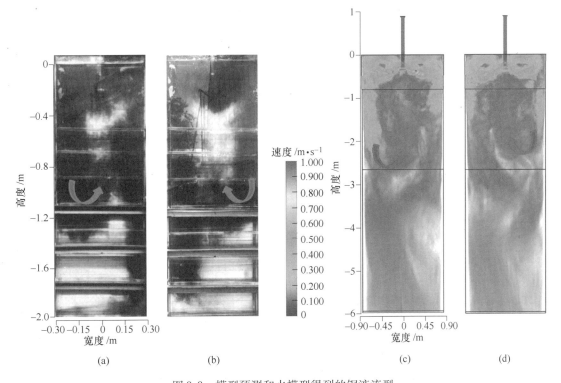

图 8-8 模型预测和水模型得到的钢液流型
（a）水模型 T_1 时刻；（b）水模型 T_2 时刻；（c）模型预测 95s；（d）模型预测 150s

图 8-9 所示为水口出口射流的速度监测数据，分别是射流区对称位置的监测点 （0，-0.3，-0.15）和（0，-0.3，0.15）。由图可知，速度存在较大的波动。两侧的 平均速度是不相等的。该结果说明了水口出口的射流是瞬变的、不对称的，其不稳定性造 成了偏流的发生。

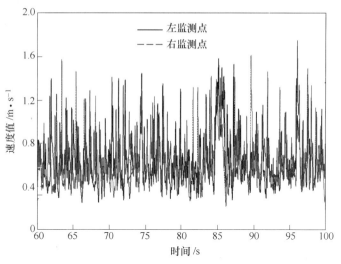

图 8-9　射流出口对称点上的瞬时速度监测

8.4　凝固坯壳内的瞬态流场

图 8-10 所示为结晶器宽面中心处凝固坯壳内的液相瞬时流场（$t = 100$ s），边界的深色区域代表凝固坯壳。由图可知，浸入式水口出口处的钢液射流呈现"阶梯状"，说明射流具有波动性。结晶器上回流的强度较大，会引起液面的波动加剧，下回流强度较弱，射流主要沿着窄边向下运动。

图 8-11 所示为同一时刻结晶器窄面中心处凝固坯壳内的液相瞬时流场。从图中可见，

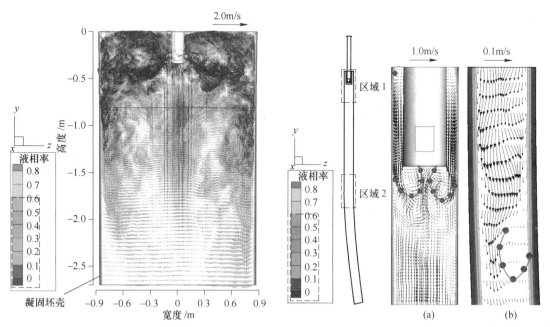

图 8-10　凝固坯壳内 Y-Z 截面的瞬时速度矢量

图 8-11　凝固坯壳内 X-Y 截面的瞬时速度矢量
（a）区域 1；（b）区域 2

在水口底部出现若干小漩涡，这些小漩涡的存在会侵蚀底部的耐火材料，引入耐火材料的夹杂物，也会携带钢液内部的气泡或夹杂物，当这些颗粒接触到水口底部，容易被耐火材料吸附。所以小漩涡的存在使水口附近的情况变得复杂。在二冷区的弯曲处，同样发现了不对称流动，不对称流动会形成漩涡，该漩涡的存在会携带气泡或夹杂物运动至内弧段，由于此处流动较弱，颗粒很容易被内弧侧的凝固前沿捕捉。

图 8-12 所示为结晶器横断面不同高度处的液相流场。由图可知，每个断面均可观察到随机分布的、不同尺寸的小漩涡，大量小涡团的存在使结晶器内的流场更加复杂。漩涡将产生促使钢液向下运动的吸力，对夹杂物的运动至关重要。

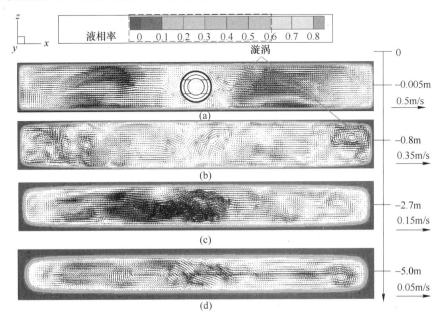

图 8-12　凝固坯壳内不同 X-Z 截面的瞬时速度矢量
（a）弯月面下 0.005m；（b）弯月面下 0.8m；（c）弯月面下 2.7m；（d）弯月面下 5.0m

8.5　氩气泡和夹杂物的瞬态运动及统计

8.5.1　瞬态运动分布

图 8-13 和图 8-14 所示分别为不同时刻粒径为 $50\mu m$ 的氩气泡和夹杂物在结晶器液相区内的分布。对比两图结果可知，同一粒径的氩气泡和氧化铝夹杂物具有类似的运动分布。在注入水口 1.5s 后，颗粒已随着射流冲出水口出口，进入结晶器内部；3s 后部分颗粒已运动至窄面附近，此时颗粒的分布是较为对称的；10s 后颗粒在上回流区的分布比较分散，部分颗粒随着射流沿窄面向下运动，并已表现出不对称分布；注入 30s 后，很多颗粒已从上表面逃逸或是被凝固坯壳捕捉，剩余的颗粒在结晶器内分散分布，且已运动至弯曲段；注入 100s 后，发现已有颗粒从计算域出口排出，这部分颗粒已很难再上浮至弯月面去除，它们将继续向下运动，直至被凝固坯壳捕捉。

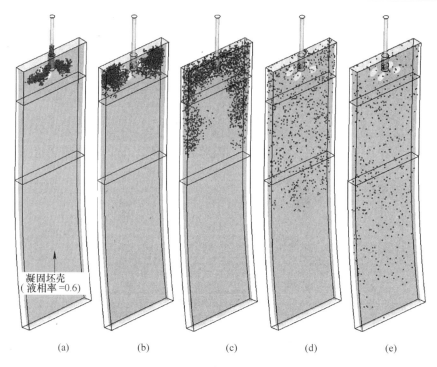

图 8-13　50μm 氩气泡在液相区内的分布

（a）1.5s；（b）3.0s；（c）10s；（d）30s；（e）100s

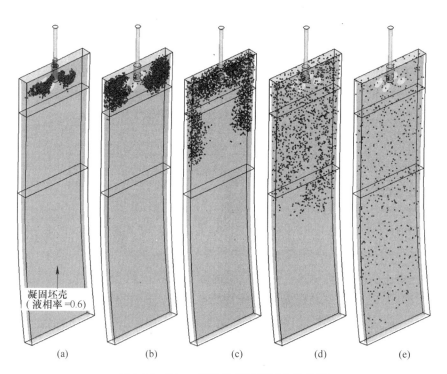

图 8-14　50μm 夹杂物在液相区内的分布

（a）1.5s；（b）3.0s；（c）10s；（d）30s；（e）100s

下面以粒径为 $50\mu m$ 的夹杂物为例,分析夹杂物在凝固坯壳上的捕捉位置。图 8-15 和图 8-16 所示为不同时刻夹杂物在凝固坯壳上的分布情况,两组图是对应的同一结果,分别为三维分布和二维分布。由图观察可知,随着时间的发展,越来越多的夹杂物会被凝固坯壳捕捉,且绝大多数分布在结晶器上部区域,较少夹杂物在二冷区被捕捉,其中只有 4.3% 的夹杂物在二冷区弯曲段被捕捉。

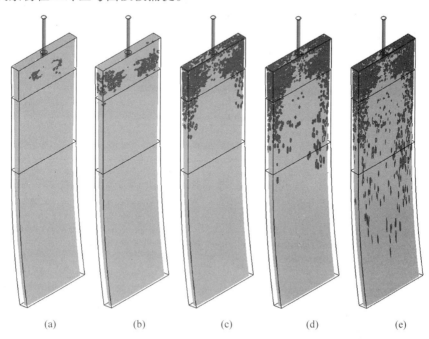

(a)   (b)   (c)   (d)   (e)

图 8-15 $50\mu m$ 夹杂物在凝固坯壳上的分布
(a) 1.5s; (b) 3.0s; (c) 10s; (d) 30s; (e) 100s

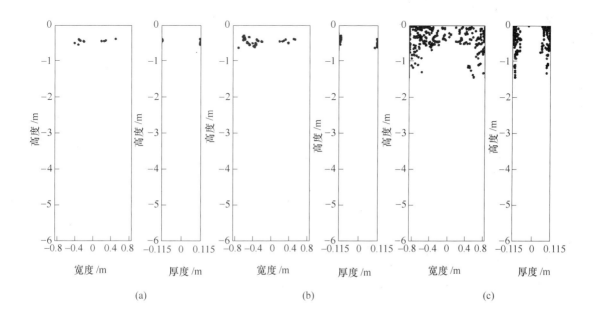

(a)   (b)   (c)

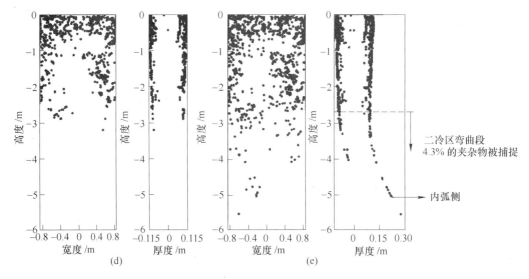

图 8-16　50μm 夹杂物在凝固坯壳上的瞬态分布

(a) 1.5s；(b) 3.0s；(c) 10s；(d) 30s；(e) 100s

　　为了进一步验证捕捉模型的准确性，将夹杂物捕捉位置的预测结果与前人的测量结果[29]进行对比，如图 8-17 所示。图 8-17（a）是粒径为 50μm 的夹杂物在整个计算域横截面上（投影）的分布情况，点 "·" 代表已被凝固坯壳捕捉，点 "■" 代表运动至计算域出口的夹杂物。结果发现仍有很多夹杂物能够运动至计算域出口，这部分夹杂物将在后续的凝固过程中被捕捉，且由于夹杂物粒子的自身浮力作用，捕捉的位置将更靠近内弧

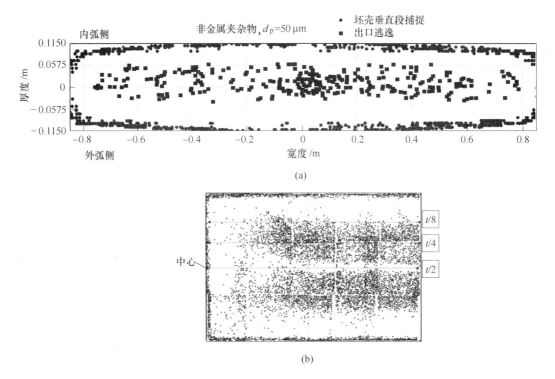

图 8-17　50μm 夹杂物在横截面上的捕捉分布（a）及与前人的测量结果（b）对比

侧，即向四分之一带靠近。图 8-17（b）是 Jaradeh 等人采用一种新的深刻蚀工艺获得了铝连铸坯内夹杂物在横截面（宽度的一半）的分布情况，可以看出夹杂物主要集中分布在皮下 13mm 内和厚度的 1/4 处附近，本模型的预测结果与之类似。但由于该铝连铸结晶器是直型，不带有弯曲段，因此夹杂物在厚度的两侧是比较对称的。而本研究的结晶器是直弧型，所以夹杂物在进入弯曲段后会向内弧侧运动。综上所述，本模型的准确性得以验证。

8.5.2 捕捉统计

图 8-18 所示为不同粒径气泡和夹杂物在结晶器内的运动捕捉统计。包括从上表面逃逸（见图 8-18（a））、被凝固坯壳捕捉（见图 8-18（b））、从计算域出口排出（见图 8-18（c））和直至计算时间截止仍滞留在结晶器液池内的粒子（见图 8-18（d））。由图 8-18（a）可知，大部分夹杂物粒子在进入水口 20s 后从上表面逃逸。夹杂物被凝固坯壳捕捉的集中时间为 3~20s 和 20~90s，说明部分夹杂物随着上回流射流很快的逸出（3~20s），部分夹杂物将进入下回流区域，停留一段时间后再上浮逸出（20~90s）。直至注入 65s 后，才发现有夹杂物粒子从计算域出口排出，并随着时间逐渐增加，而且出口排出率是较高的（见图 8-18（c））。经过 150s 后，发现仍有大量的夹杂物滞留，尤其是 5μm 夹杂物

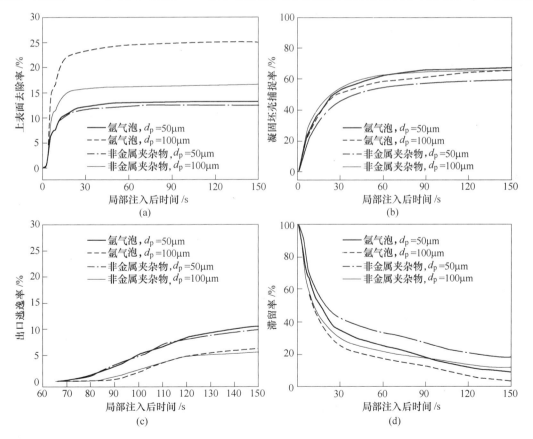

图 8-18 预测的夹杂物运动捕捉历史

（a）上表面去除率；（b）凝固坯壳捕捉率；（c）出口逃逸率；（d）滞留率

（约18%），这些夹杂物主要分布在计算域的弯曲段，也很难上浮去除，最有可能是被凝固坯壳捕捉。对比不同粒径夹杂物发现：随着粒径的增大，逃逸率逐渐增加，坯壳捕捉率、出口排出率和滞留率逐渐减小。

为了研究气泡和夹杂物在坯壳垂直方向上的分布情况，将整个计算域从上至下分成30个子区域，分别统计每个子区域内的气泡和夹杂物的捕捉率，结果如图8-19所示。由图可知，大部分气泡和夹杂物在弯月面下0.8m内被坯壳捕捉；部分气泡和夹杂物在弯月面下0.8~3.2m范围内被捕捉；很少气泡和夹杂物会在3.2m以下被捕捉，此时已进入弯曲段。对比不同粒径的气泡和夹杂物发现，粒径越大，越多的夹杂物会在越靠近弯月面的位置被捕捉，有趣的现象是，粒径越大的夹杂物在弯曲段被捕捉的越多，可能是因为浮力越大，使这些已经进入弯曲段的夹杂物更快地运动至内弧段凝固前沿，从而被坯壳捕捉。小夹杂物的浮力较小，运动较慢，会随着液态钢水运动至计算域出口。对比相同粒径的气泡和夹杂物发现，气泡更容易被结晶器上部的凝固坯壳捕捉，即捕捉位置更加靠近皮下，形成气孔缺陷。

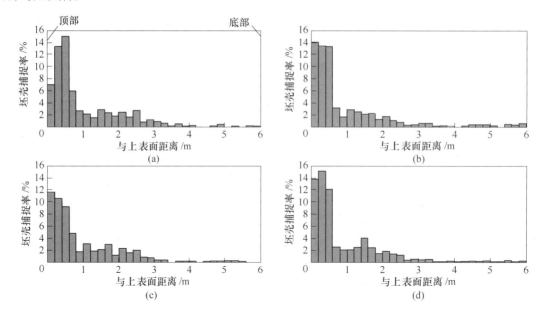

图8-19 预测的夹杂物在坯壳垂直方向上的捕捉位置

（a）50μm气泡；（b）100μm气泡；（c）50μm夹杂物；（d）100μm夹杂物

为了研究气泡和夹杂物在坯壳宽度方向上的分布情况，将整个计算域从左至右分成30个子区域，分别统计每个子区域内的气泡和夹杂物的捕捉率，结果如图8-20所示，横轴0.0处为浸入式水口所在位置。由图可知，气泡和夹杂物在凝固坯壳上的捕捉位置和捕捉率沿宽度方向关于水口是不对称的，而且相差较大，以50μm的气泡为例，两侧的捕捉率相差约28.7%。对比捕捉率的峰值发现，不同夹杂物被捕获的最大峰值位置全部位于结晶器的窄面，这也说明了钢液的冲击射流对夹杂物在靠近窄面区域的运动捕捉影响较大，另一个捕捉的峰值位置在距离水口0.4m的区域，即厚度的1/4位置，而在结晶器中心处的捕捉率较低。

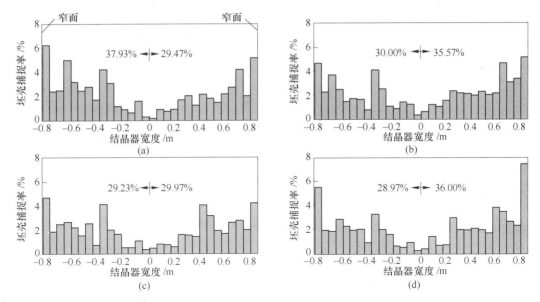

图 8-20 预测的夹杂物在坯壳宽度方向上的捕捉位置

(a) 50μm 气泡；(b) 100μm 气泡；(c) 50μm 夹杂物；(d) 100μm 夹杂物

为了研究气泡和夹杂物在坯壳厚度方向上的分布情况，将整个计算域从后至前（弯曲侧）分成 30 个子区域，分别统计每个子区域内的气泡和夹杂物的捕捉率，结果如图 8-21 所示，横轴 0.0000 处为浸入式水口所在位置。由图可知，气泡和夹杂物在凝固坯壳上的捕捉位置和捕捉率沿厚度方向关于水口是不对称的。绝大多数的气泡和夹杂物存在皮下 30mm 范围内，即在弯月面至弯月面下 3m 位置（刚进入弯曲段）内被坯壳捕捉。在进入

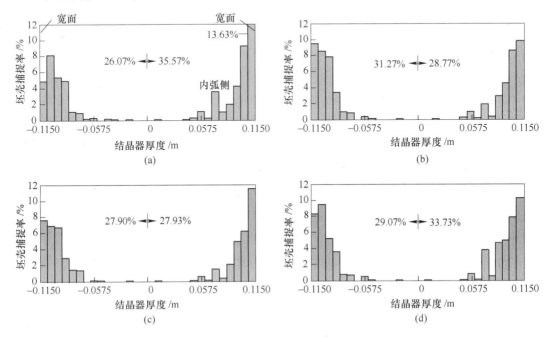

图 8-21 预测的夹杂物在坯壳厚度方向上的捕捉位置

(a) 50μm 气泡；(b) 100μm 气泡；(c) 50μm 夹杂物；(d) 100μm 夹杂物

弯曲段较深位置后，较少的夹杂物被此处的坯壳捕捉。

为了研究气泡和夹杂物在计算域出口处的分布情况，将整个计算域从后至前（弯曲侧）分成 30 个子区域，分别统计每个子区域内的气泡和夹杂物的捕捉率，结果如图 8-22 所示，横轴 0.0000 处为浸入式水口所在位置。由图可知，这些仍在液相区内运动的气泡和夹杂物会在自身浮力的作用下不断向内弧段运动，即大部分夹杂物处于内弧段，以 100μm 的气泡为例，只有 1% 分布在外弧段，5.37% 分布在内弧段，两者相差很大。而且假如计算域足够长，这些处于外弧段的夹杂物还会继续向内弧段运动，最终也会被内弧段的凝固坯壳捕捉。对比不同粒径的气泡和夹杂物发现，粒径越大靠近内弧段的气泡和夹杂物越多。

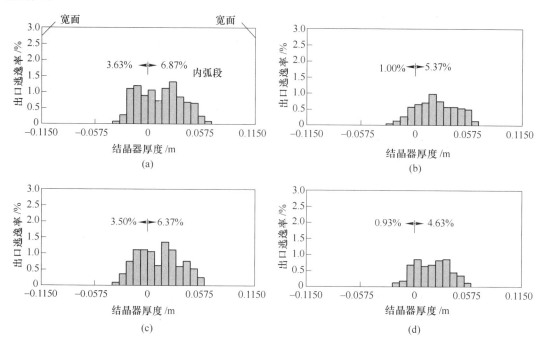

图 8-22　预测的夹杂物在计算域出口的逃逸位置
(a) 50μm 气泡；(b) 100μm 气泡；(c) 50μm 夹杂物；(d) 100μm 夹杂物

参 考 文 献

[1] Guthrie R I L. Fluid flows in metallurgy- friend or foe [J]. Metallurgical and Materials Transaction B, 2004, 35 (6): 417~437.

[2] Thomas B G, Sengupta J. The visualization of defect formation during casting processes [C]. JOM- e: Visualization: Defects in Casting Processes, 2006: 16~18.

[3] Tacke K H. Overview of particles and bubbles in continuously cast steel [J]. Journal of Iron and Steel Research International, 2011, 18 (sup-2): 211~219.

[4] Zhang L F, Thomas B G. State of the art in evaluation and control of steel cleanliness [J]. ISIJ International, 2003, 43 (3): 271~291.

[5] Wang L, Lee H G, Hayes P. Prediction of the optimum bubble size for inclusion removal from molten steel by flotation [J]. ISIJ International, 1996, 36 (1): 7~16.

［6］ Yang H L, He P, Zhai Y C. Removal behavior of inclusions in molten steel by bubble wake flow based on water model experiment ［J］. ISIJ International, 2014, 54 (3): 578～581.

［7］ Mukai K, Lin W. Behavior of non- metallic inclusions and bubbles in front of solidifying interface of liquid iron ［J］. Tetsu- to- Hagané, 1994, 80 (7): 41～46.

［8］ Shibata H, Yin H, Yoshinaga S. In- situ observation of engulfment and pushing of nonmetallic inclusions in steel melt by advancing melt/solid interface ［J］. ISIJ International, 1998, 38 (2): 149～156.

［9］ Ohno H, Miki Y. Effect of sulfur concentration on inclusion entrapment in solidifying shell ［J］. Tetsu- to- Hagané, 2013, 99 (3): 198～205.

［10］ Miki Y, Ohno H, Kishimoto Y, et al. Numerical simulation on inclusion and bubble entrapment in solidi- fied shell in model experiment and in mold of continuous caster with DC magnetic field ［J］. Tetsu- to- Hagané, 2011, 97 (8): 423～432.

［11］ 雷洪. 结晶器冶金学 ［M］. 北京: 冶金工业出版社, 2011.

［12］ Yamazaki M, Natsume Y, Harada H, et al. Numerical simulation of solidification structure formation dur- ing continuous casting in Fe-0. 7% C alloy using cellular automation method ［J］. ISIJ International, 2006, 46 (6): 903～908.

［13］ Lee S M, Kim S J, Lee H G. Surface tension and temperature effect on entrapment of bubbles and particles in continuous casting of steel ［J］. Journal of Iron and Steel Research International, 2011, 18 (sup- 2): 220～226.

［14］ 李宝宽, 赫冀成, 贾光霖, 等. 薄板坯连铸结晶器内钢液流场电磁制动的模拟研究 ［J］. 金属学 报, 1997, 33 (11): 1207～1214.

［15］ Li B K, Tsukihashi F. Numerical estimation of the effect of the magnetic field application on the motion of inclusion in continuous casting of steel ［J］. ISIJ International, 2003, 43 (6): 923～931.

［16］ Li B K, Okane T, Umeda T. Modeling of biased flow phenomena associated with effects of the static mag- netic field application and argon gas injection in slab continuous casting of steel ［J］. Metallurgical and Ma- terials Transaction B, 2001, 32B (6): 1053～1066.

［17］ Li B K, Okane T, Umeda T. Modeling of molten metal flow in a continuous casting process considering the effects of argon gas injection and static magnetic- field application ［J］. Metallurgical and Materials Transac- tion B, 2000, 31B (6): 1491～1503.

［18］ Javurek M, Gittler P, Rossler R, et al. Simulation of nonmetallic inclusions in a continuous casting strand ［J］. Steel Research International, 2005, 76 (1): 64～70.

［19］ Thomas B G, Yuan Q, Mahmood S, et al. Transport and entrapment of particles in steel continuous casting ［J］. Metallurgical and Materials Transaction B, 2014, 45 (1): 22～35.

［20］ Lee S M, Kim S J, Lee H G. Surface tension and temperature effect on entrapment of bubbles and particles in continuous casting of steel ［J］. Journal of Iron and Steel Research International, 2011, 18 (sup- 2): 220～226.

［21］ Voller V R, Cross M, Markatos N C. An enthalpy method for convection/diffusion phase change ［J］. International Journal for Numerical Methods in Engineering, 1987, 24 (1): 271～284.

［22］ Wu S F, Cheng S S, Cheng Z J. Characteristics of shell thickness in a slab continuous casting mold ［J］. International Journal of Minerals, Metallurgy and Materials, 2009, 16 (1): 25～31.

［23］ Kang K G, Ryou H S, Hur N K. Coupled turbulent flow, heat and solute transport in continuous casting processes with an electromagnetic brake ［J］. Numerical Heat Transfer, Part A: Applications, 2005, 48 (5): 461～481.

［24］ Lei H, Geng D Q, He J C. A continuum model of solidification and inclusion collision- growth in the slab continuous casting caster ［J］. ISIJ International, 2009, 49 (10): 1575 ~ 1582.

［25］ Savage J, Pritchard W H. The problem of rupture of the billet in the continuous casting of steel ［J］, Journal of Iron and Steel Institute, 1954, 178: 269 ~ 277.

［26］ Rubinow S I, Keller J. The transverse force on a spinning sphere moving in a viscous fluid ［J］. Journal of Fluid Mechanics, 1961, 11 (2): 447 ~ 459.

［27］ Sahoo P, Debroy T, Mcnallan M J. Surface tension of binary metal- surface active solute systems under conditions relevant to welding metallurgy ［J］. Metallurgical and Materials Transaction B, 1988, 19 (6): 483 ~ 491.

［28］ 樊俊飞, 吕朝阳. 连铸坯凝固终点测定 ［J］. 宝钢技术, 1997, 3: 18 ~ 22.

［29］ Jaradeh M M, Carlberg T. Analysis of distribution of nonmetallic inclusions in aluminum DC- cast billets and slabs ［J］. Metallurgical and Materials Transaction B, 2012, 43 (2): 82 ~ 91.

9 氩气-钢液两相瞬态非对称流动的大涡模拟

在铝镇静钢种连铸工艺中，为防止浇注水口结瘤，广泛采用吹氩技术。氩气泡能够防止浸入式水口阻塞，进入结晶器内能够搅拌钢液，均匀钢液的成分和温度，促进夹杂物上浮，改善铸坯的质量。但是吹氩也会带来负面的影响，在钢液湍流的作用下，氩气会被打碎成大大小小的多尺寸气泡，其中小氩气泡和黏附在其表面的非金属夹杂物一旦被凝固坯壳捕捉，就会造成铸坯缺陷。因此，研究连铸结晶器内氩气-钢液的两相瞬态湍流运动行为是保证钢坯质量的前提。

在气液两相流中存在气、液两相间的相互作用，因此两相流动问题较单相流动问题要复杂得多，两者在本质特征上有较大的不同。气液两相流体系的复杂多变量随机过程就是显著区别于单相流的特点之一。近年来，多相流动过程中各种流动参数的测量、相互影响和相互作用，以及通过系统参数的动力学特性预测多相流流型变化规律，对流动不稳定性的研究，已成为气液两相流动的重要研究内容。数值模拟求解气液两相流的方法主要分为两类：一类是 Euler-Lagrange 方法[1~5]，另一类是 Euler-Euler 方法[6~10]，详细的介绍见 2.3节。以上两种数值求解方法在计算结晶器内气液两相流中均得到了大量的应用。但由于两相流问题的复杂性，迄今为止还未建立一个统一接受的可用于所有流型和工况的模型。

LES 已成功地应用于结晶器内的单相流动计算，获得了结晶器内钢液的瞬态非对称流场特征[11~16]，但未发现利用 LES 方法研究结晶器内氩气-钢液两相流动的报道。在两相湍流流动中，液相湍流同气泡的相互作用是难以准确描述的现象。为了更好地模拟湍流，LES 方法是很好的选择，它将湍流分为大、小两种尺度。在气泡的流动过程中，大尺度湍流运动主要影响气泡的运动和弥散，小尺度湍流运动影响局部的气泡脉动。

9.1 Euler-Euler-LES 模型

针对结晶器内氩气—钢液的两相流动行为，并结合其工艺特点，可做如下假设[17,18]：
（1）结晶器内钢液流动为瞬态不可压缩黏性流动。
（2）结晶器液面设置为自由面，氩气完全由自由表面逸出。
（3）不考虑结晶器的传热和凝固过程，即忽略凝固坯壳对流动的影响。
（4）忽略结晶器振动对流动的影响。
（5）将结晶器液面视为平面，不考虑液面波动的影响。
（6）氩气泡尺寸均匀一致，不考虑气泡的聚并与破碎过程。

9.1.1 Euler-Euler 双流体模型

采用 Euler-Euler 双流体耦合模型研究连铸结晶器内钢液和氩气的两相流动，k 相的运动方程如下：

$$\frac{\partial(\alpha_k\rho_k)}{\partial t} + \nabla \cdot (\alpha_k\rho_k u_k) = 0 \qquad (9-1)$$

$$\frac{\partial(\alpha_k\rho_k u_k)}{\partial t} + \nabla \cdot (\alpha_k\rho_k u_k u_k) = -\nabla \cdot (\alpha_k\tau_k) - \alpha_k\nabla p + \alpha_k\rho_k g + F_k \qquad (9-2)$$

式中，α_k 为 k 相（代表气相 g 或液相 l）的体积分数；ρ_k 为 k 相的密度；u_k 为 k 相的速度；τ_k 为 k 相的应力；p 为压力；g 为重力加速度。

　　式（9-2）右侧的各项分别代表应力项、压力梯度项、重力项和相间作用力引起的动量交换项。方程中 k 相的速度 u_k 定义为：

$$u_k = \bar{u}_k + u'_k \qquad (9-3)$$

式中，在大多数计算模型中（Reynolds 时均模型），$\bar{u}_k$ 代表平均速度，u'_k 代表脉动速度，但在这些模型中脉动相也被平均化处理。当采用大涡模拟时，式（9-1）、式（9-2）被过滤函数过滤后，$\bar{u}_k$ 和 u'_k 分别为网格速度和亚网格速度，亚网格速度采用亚格子模型计算。

　　k 相方程的应力项为：

$$\tau_k = -\mu_{\text{eff},k}\left[\nabla u_k + (\nabla u_k)^T - \frac{2}{3}\delta_{ij}(\nabla \cdot u_k)\right] \qquad (9-4)$$

式中，δ_{ij} 为 Kronecher 符号；$\mu_{\text{eff},k}$ 为有效黏性，它由三部分构成，分别是分子黏性、湍流黏性和气泡诱导黏性。液体的有效黏性表示为：

$$\mu_{\text{eff},1} = \mu_{\text{L},1} + \mu_{\text{T},1} + \mu_{\text{BI},1} \qquad (9-5)$$

气体有效黏性与液体有效黏性存在如下关系[19]：

$$\mu_{\text{eff},g} = \frac{\rho_g}{\rho_1}\mu_{\text{eff},1} \qquad (9-6)$$

9.1.2　LES 模型

　　在气液两相流问题的实际求解中，选用什么湍流模型要根据具体问题来决定，选择的一般原则为：精度高、节省计算时间和具有通用性。与单相湍流相比，多相湍流的发展还不够完善，目前没有统一的多相湍流模型。在氩气-钢液两相流动过程中，由于氩气密度远小于钢液密度，可认为氩气运动是伴随钢液湍流脉动而产生的，因此钢液湍流运动的预测十分重要。

　　LES 方法可以捕捉液相的湍流脉动信息，而在两相流中气相和液相存在相互作用，液相的湍流脉动会影响气相的湍流脉动。而且压强在脉动速度分量间重新分配能量，所以 LES 方法可以捕捉气相对液相造成的湍流脉动压力，本节采用 Smagorinsky 模型计算液相湍流黏性 $\mu_{\text{T},1}$：

$$\mu_{\text{T},1} = \rho_1(C_S\Delta)^2\,|\,S\,| \qquad (9-7)$$

式中，C_S 为 Smagorinsky 常数，取为 0.1；S 为求解尺度下的应变率张量；过滤尺寸 $\Delta = (\Delta_i\Delta_j\Delta_k)^{1/3}$，即网格的大小。

9.1.3　气泡诱导湍流

　　在气液两相流中，气泡和液体都有较强的湍流脉动，两相流场中的流动特性与气泡及液相的湍流脉动密切相关，因此有必要全面考虑两相湍流脉动和相间相互作用。液相自身湍动和气泡相对运动引起的伪湍动是液相速度脉动的主要成因。气泡相对运动会对液相的湍流产生调制，受到调制的液相湍流反过来又会影响气泡的湍流脉动，进一步影响气液两相湍流运动。

为了考虑气泡对液相湍动的影响，此处采用附加黏度法，根据 Sato 模型[20]计算气泡引起的附加黏性系数，表达式为：

$$\mu_{BI,l} = \rho_l C_{\mu,BI} \alpha_g d_g \mid u_g - u_l \mid \tag{9-8}$$

式中，d_g 为气泡直径；$C_{\mu,BI}$ 为模型常数，取为 0.6。

9.1.4　相间作用力模型

封闭的相间作用力模型在气液两相流数值计算中发挥着重要的作用，总的相间作用力，包括与流动同向的纵向力（曳力、虚拟质量力）和垂直于流动方向的侧向力（侧升力、湍流离散力和壁面润滑力）。湍流离散力表示湍流对于气泡的弥散作用，只在 RANS 模拟时需要此力的模型，因为 RANS 模拟只计算了流场的平均信息，对于湍流随机脉动的作用需要通过此湍流弥散力来考虑。壁面润滑力只存在于近壁面区域，考虑到实验中发现较少气泡能够运动至结晶器壁面附近，所以目前的模型没有包含该力的作用。

两相间的动量交换通过相间作用力实现，包括：

$$F_k = F_{lg} = - F_{gl} = F_D + F_L + F_{VM} \tag{9-9}$$

式中，右侧的三项分别代表曳力、侧升力和虚拟质量力。

曳力定义为：

$$F_D = - \frac{3}{4} \alpha_g \rho_l \frac{C_D}{d_g} \mid u_g - u_l \mid (u_g - u_l) \tag{9-10}$$

定义相间 Reynolds 数 $Re_{lg} = \rho_l \mid u_g - u_l \mid d_g / \mu_l$，当它足够大的时候，曳力系数 C_D 是与 Reynolds 无关的量：

$$C_D = 0.44 \qquad 1000 \leqslant Re \leqslant 2 \times 10^5 \tag{9-11}$$

侧升力定义为：

$$F_L = \alpha_g \rho_l C_L (u_g - u_l) \times \nabla \times u_l \tag{9-12}$$

式中，C_L 为模型常数，取值为 0.5。

虚拟质量力定义为：

$$F_{VM} = \alpha_g \rho_l C_{VM} \left(\frac{Du_g}{Dt} - \frac{Du_l}{Dt} \right) \tag{9-13}$$

式中，C_{VM} 为虚拟质量系数，取值为 0.5；D/Dt 为随体导数。

9.1.5　数值细节

综上所述，发展了一种计算厚板坯连铸结晶器内氩气-钢液两相非稳态湍流流动的大涡模拟模型。该模型由 Euler-Euler 双流体模型和 LES 模型构成，并考虑了气泡诱导湍流机制模型和多种相间力模型。将水模型实验获得的气泡粒径作为初始条件输入。具体模型构成如图 9-1 所示[17]。

仍以前面建立的直弧型结晶器为研究对象，如图7-1所示，具体数值计算过程中的几何、物性和操作参数见表7-1，其中氩气的密度为 $0.56 kg/m^3$，黏度为 $7.42 \times 10^{-5} kg/(m \cdot s)$，氩气与钢液的表面张力为 $1.5 m^{-1}$。具体的边界条件为：

（1）钢液入口速度根据拉坯速度由质量守恒定律确定。

（2）自由液面为排气条件，氩气泡在此处允许逃逸，而钢液所有变量的法向梯度为零，法向速度为零。

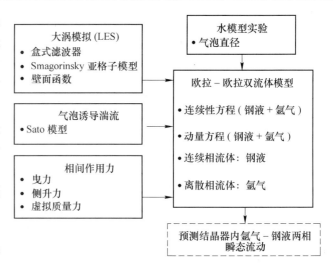

图 9-1　Euler- Euler- LES 模拟模型结构图[17]

（3）出口处流动充分发展，各物理量沿该截面的法向导数为零，其中气相的体积分数梯度为零。

（4）结晶器壁面采用无滑移边界条件。

假设氩气泡的入口位置与钢液相同，考虑到实际现场吹入的是标准状态下（常温常压）的"冷"氩气，进入水口后遇到高温钢液会发生膨胀，计算中所用的是受热膨胀后的气体流量，根据平均氩气体积分数进行给定[9]。

$$\overline{f_a} = \frac{\beta Q_a}{\beta Q_a + Q_l} \tag{9-14}$$

式中，Q_a 为标准状态下的氩气体积流量；Q_l 为钢液的体积流量；β 为由于温度和压力变化引起的气体膨胀系数，取值为5。

H. Bai 和 B. G. Thomas[21] 认为结晶器内的气泡粒径分布受吹气狭缝大小的影响较小，且由于钢液-氩气的表面张力系数约是水-空气的16倍，钢液-氩气的接触角为150°，是水-空气的3倍，再加上钢液的密度较大等原因，造成实际钢液-氩气系统的氩气泡平均粒径要大于水模型当中的气泡平均粒径，并预测氩气泡粒径约为水模型中空气泡粒径的1.5倍。考虑到很难测量实际结晶器内的氩气粒径分布，所以本章的数值计算采用该假设。根据水模型实验的测量数据[18]，此处数值计算采用的氩气泡粒径分布如图9-2所示。

由于 LES 达到动态稳定需要很长时间，为了减少计算量，求解分两部

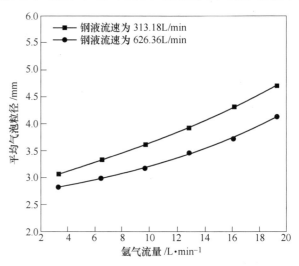

图9-2　数值计算采用的氩气泡粒径分布

分完成：首先，采用标准 k-ε 模型求解稳态下的气液两相流场，目的是为了获得一个稳定的初场；然后采用 LES 进行计算。气相采用零方程模型。求解过程中动量方程的压力项采用 SIMPLEC 算法。时间步长为 0.0005s，计算时间为 300s。

9.2　模型的验证

为了验证发展的 Euler-Euler-LES 数学模型对复杂工程问题的适用性，采用该模型对前人结晶器内典型瞬态流动进行数值模拟。并利用之前的实验测量结果进行对比验证，该模型的几何和操作参数见表 7-1 中模型 A[6]。实验中吹入的是氩气，体积流量为 13.2L/min，占据水口进口面积的 3%。模型的计算参数与之保持一致，其中气泡直径为 1mm。

图 9-3 所示为模型预测速度平均值与实验测量值对比结果，两组数据对应的位置分别

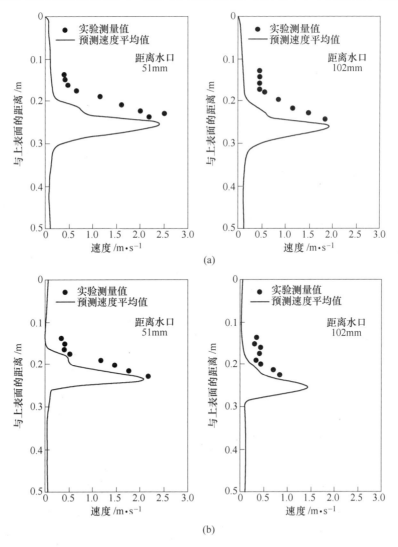

图 9-3　模型预测速度值与实验测量值[6]对比
（a）不吹气；（b）吹气（粒径=1mm，3%比例）

距离水口 51mm 和 102mm。图 9-3（a）为第 3 章发展的单相 LES 模型的预测结果与实验结果的对比；图 9-3（b）为本章发展的两相 LES 模型的预测结果与实验结果的对比，其中计算采用的气泡直径为 1mm，气体在水口进口所占的比例为 3%。计算中每隔 0.2s 记录一次数据，图中的数据为 20~30s 的平均值。由图可知，两个模型的预测值与实验测量值均吻合较好，射流区的速度值明显大于其余位置。将吹气与不吹气的结果进行对比，发现气体的存在减小了原来钢液射流的速度，即减弱了钢液射流的动能，距离水口越远，削弱作用越明显，而且气泡的浮力作用也抬升了射流。

9.3　氩气-钢液两相瞬态流动结果与分析

9.3.1　瞬时含气率分布

图 9-4 所示为水模型实验得到的结晶器内不同时刻气泡的瞬时分布，实验工况为：水流量和吹气量分别为 40.08L/min 和 3.34L/min，对应实际拉速为 1.6m/min。由图可知，在气泡运动过程中，较大的气泡由于受到的浮力大，在距离水口较近的地方上浮，因此上浮时间短且数目多；而小气泡在离水口较远的地方上浮，上浮时间长，此处气泡粒径较小且数目也较少；大部分气体在未达到窄边便逸出结晶器液面，整体的气泡呈扇形分布。对比不同时刻的结果发现，气泡在结晶器内的分布是瞬变的，包括粒径、位置、数密度等均不一致。在 t_1 和 t_2 时刻气泡仍保持扇形分布，但在 t_3 和 t_4 时刻分别在水口的左侧和右侧发生了"打嗝"现象，造成明显的不对称分布。气泡的瞬态分布结果说明了气泡的脉动运动，它将对钢液的运动产生较大影响。

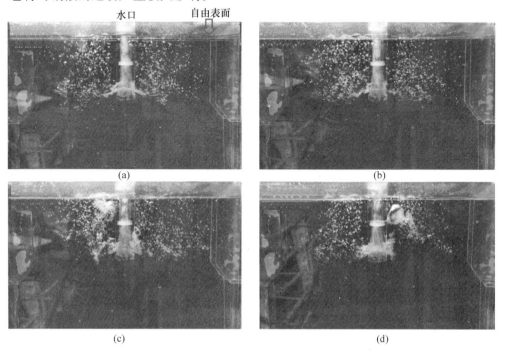

图 9-4　水模型实验获得瞬时气泡分布
(a) t_1；(b) t_2；(c) t_3；(d) t_4

　　图 9-5 所示为不同时刻结晶器上回流区的含气率云图分布，计算工况为：钢流量为626.36L/min，吹氩量为 6.45L/min，对应的拉速为 1.6m/min，计算采用的气泡直径为3mm。由图可知，气体在结晶器内的分布是不对称的，大部分气泡在靠近水口的位置上浮去除，较少气泡能够运动至窄面。观察气泡在水口出口附近的分布发现，氩气泡群的分布是脉动的、呈现阶梯状分布。与图 9-4（a）和图 9-4（b）的结果吻合较好，说明该模型能够较好地预测结晶器内相对稳定的气泡分布。但不能反映实验中观察到的"打嗝"现象，原因是因为打嗝现象是大量的气泡合并成巨大的气泡团，然后集中上浮造成的，而数学模型未考虑气泡的合并与破碎。

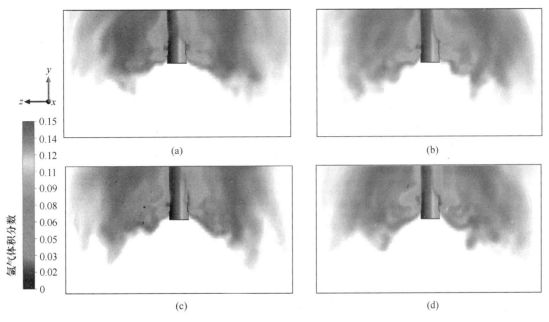

图 9-5 模型预测的瞬时含气率分布
（a）145s；（b）175s；（c）200s；（d）235s

　　图 9-6 所示为200s 时刻结晶器上回流区不同截面处的含气率分布，包括弯月面、主截面、水口与窄面的中心截面（左侧和右侧），计算工况同上。由图可知，气泡多在水口附近上浮，很少有气泡能够运动至窄面。通过观察气泡在弯月面的分布情况，发现了一个有趣的现象，即氩气泡在弯月面的排出位置呈现对角线分布。在水口左侧，氩气泡多分布在结晶器内弧侧，而在水口右侧，氩气泡多出现在外弧侧。然而观察弯月面以下的含气率分布情况，又发现相反的规律，即在水口左侧，氩气泡的分布更加靠近外弧侧，而在水口右侧，氩气泡多分布在内弧侧。这说明氩气泡在结晶器内的上浮过程是螺旋上浮，并不是垂直上浮。

　　计算过程中对不同位置的含气率进行了监测，结果如图 9-7 所示，分别是 $P_1(0, 0, -0.425)$、$P_2(0, 0, 0.425)$、$P_3(0, -0.336, -0.425)$ 和 $P_4(0, -0.336, 0.425)$ 位置的含气率数值，该数据采集于计算过程中，每 0.005s 记录一个数据。结果发现，含气率的分布是不对称的，而且波动较大。不同位置的含气率波动频率不同，弯月面处较小，射流中心处较大，说明气泡的运动直接受到钢液射流的影响。总之，气泡的运动是脉动的，考虑到两相间的相互作用，气泡的脉动将反过来影响钢液的运动。

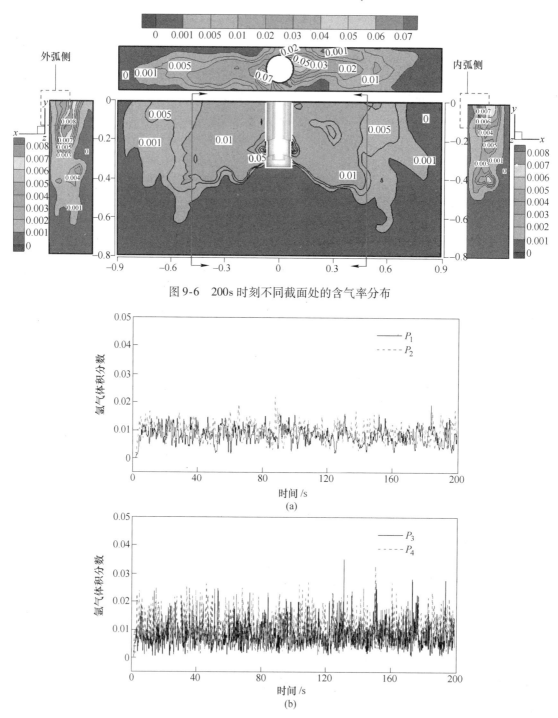

图 9-6　200s 时刻不同截面处的含气率分布

图 9-7　模型预测的含气率监测值

（a）弯月面；（b）弯月面下 336m 处

9.3.2　两相瞬态流场结构

图 9-8 和图 9-9 分别为在 235s 时刻结晶器内部不同截面上的速度矢量分布。由图可

知，整个结晶器流场在空间上呈现不对称、不均匀分布，存在明显的偏流。气泡出水口后便在浮力作用下上浮，气体的上浮带动水口周围钢液上升，打散了钢液原有的射流流股，使其更加分散。结晶器内仍有相当多随机分布、不同尺寸的小漩涡，大量小涡团的存在使结晶器内的流场更加复杂。该结果再次说明结晶器内的钢液湍流流动是不规则的，本章发展的两相 LES 模型能够分辨结晶器内的两相瞬态运动。

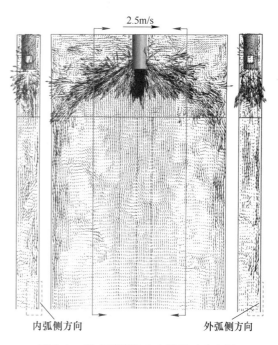

图 9-8 模型预测的垂直段瞬时速度场

图 9-10 所示为不同时刻结晶器上回流区的速度矢量分布。由图可知，以水口右侧流动为例，在 175s 时刻上回流呈现逆时针方向；而在 195s 时刻上回流却呈现顺时针方向。分析原因，可能有两方面：一是钢液射流摆动；二是大量氩气泡此时从水口右侧排出，其浮力改变了部分钢液射流的方向，使其直接冲击到弯月面。该结果说明结晶器内部的两相流场呈现明显的瞬变性。

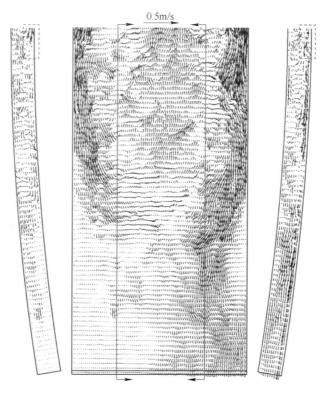

图 9-9 模型预测的弯曲段瞬时速度场

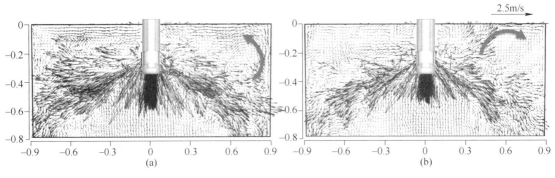

图 9-10　模型预测的上回流涡流结构

（a）逆时针 175s；（b）顺时针 190s

　　图 9-11 所示为弯月面和射流中心的速度监测数据，分别是弯月面对称位置的监测点 P_1、P_2 和射流区对称位置的监测点 P_3 和 P_4。该数据采集于计算过程中，每 0.005s 记录一个数据。由图可知，三个分量速度（u，v，w）均具有较大的波动。水口两侧的平均速度是不相等的，某些位置差值较大，例如弯月面处的两个水平速度分量（u 和 w）。该结果说明了即使在保证水口完全对中的情况下，水口两侧的钢液速度仍不可能一致，速度是

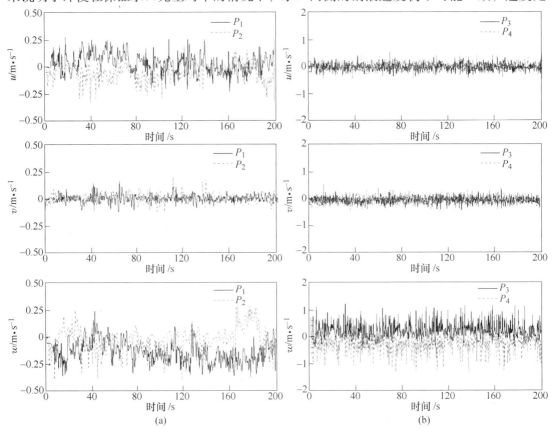

图 9-11　模型预测的钢液速度监测值

（a）弯月面；（b）弯月面下 336mm

脉动变化的，而且频率和波动的幅度也是不同的。

9.3.3　两相偏流流场

图 9-12 所示为不同时刻（同次实验）结晶器内部两相流场结构，吹氩流量为 1.67L/min。由图可知，偏流现象依然存在，吹氩并没有改变结晶器内钢液流场的不对称性。

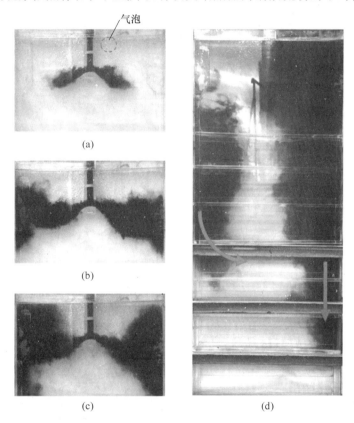

图 9-12　不同时刻捕捉的结晶器内部两相流型
(a) 0.8s；(b) 1.5s；(c) 4s；(d) 20s

图 9-13 所示为计算得到的不同时刻结晶器内部流型的发展变化，直接采用大涡模拟计算。工况为：钢液流量为 626.36L/min，吹氩量为 6.45L/min。结果发现，在前 30s，钢液流型的发展是比较对称的；到 40s 时刻，可以看到明显的左侧偏流；随后，偏流继续向计算域出口发展。与图 9-12 对比发现，流型的形状、发展过程及偏流特征均与水模型实验吻合较好。两者均表明吹气并没有抑制结晶器内的偏流现象，偏流时刻存在，这说明造成结晶器内钢液偏流的一个重要原因是钢液和气泡的湍流脉动。在揭示湍流特征上，LES 具有很大的优势，它能够捕捉到更多的两相流场信息，尤其是对两相速度脉动量的预测。

图 9-14 所示为结晶器内不同时刻、不同形式的钢液偏流流型。由图可见，在 95s 时刻，钢液呈现右侧偏流；经过 55s 后，即在 150s 时刻，钢液又呈现左侧偏流。观察偏流发生的位置可以发现，偏流发生在二冷区弯曲段附近（水模型为弯月面下 0.9m，实际模型为弯月面下 2.7m），这个结果说明二冷区弯曲段的弧形形状对结晶器内部流场的影响较大。通过不同时刻的结晶器内部流场分析可知，结晶器内的流场不仅在空间范围上存在湍

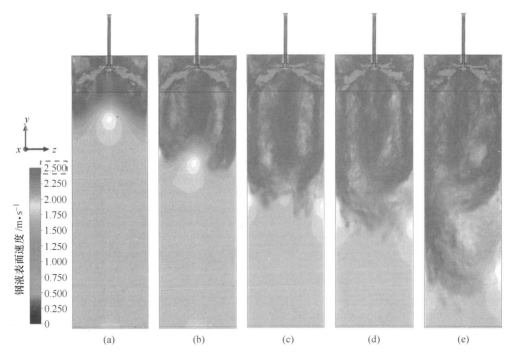

图 9-13 不同时刻结晶器内部流型的发展变化

(a) 5s; (b) 15s; (c) 30s; (d) 40s; (e) 75s

动性和不均匀性，还随时间发展变化。不对称流场具有不稳定性，偏流是绝对的，对称是暂时的、偶然的。通过观察水模型实验和监测计算流场发现，偏流的周期不明显。

9.3.4 上表面裸露点

流动稳定性对保证连铸坯质量至关重要。造成结晶器内流动不稳定性的一个来源是气体的吹入，不管是有目的的还是被迫的（密封不好）。吹气会造成弯月面的波动加剧，使渣层逐渐变得活跃，当水口吹氩量过大时，会造成水口附近渣层过于活跃而翻滚，从而出现卷渣、裸露甚至喷溅。原因是当吹气量较大时，大量氩气泡集中在水口附近上浮，对水口附近的液渣产生推动力，当推动力足够大时就会冲开液

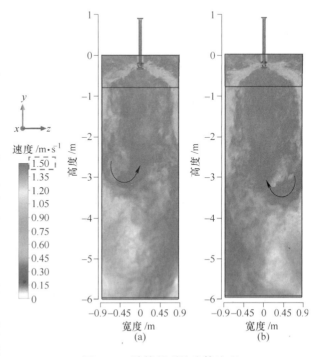

图 9-14 计算得到的流体流型

(a) 95s; (b) 150s

渣层，从而造成裸露，如图 9-15（a）所示，进而引起钢液二次氧化，形成铸坯缺陷。

在水模型实验中，可以观察到"打嗝"现象，如图9-15（b）所示。"打嗝"现象是由于大量气体在水口内聚集，达到一定量后，受到钢液的冲击作用，这些气体一下由水口排出，还未来得及散开即从水口附近上浮。这些气体足以吹开渣层，从而引起类似9-15（a）中所示的裸露现象。所以现场需严格监控进入水口的氩气量。

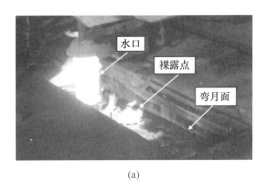

图9-15   工业现场（a）和水模型实验（b）得到的钢液裸露现象

图9-16所示为不同时刻弯月面中心线上的钢液垂直速度分布。由图可知，正负速度的存在说明弯月面的波动是明显的。弯月面附近的速度主要为正值，说明此处的钢液流动方向主要是向上的。在不同时刻、不同的位置会出现较大的速度峰值，如图中点①~④所示，在这些位置钢液就有可能冲开渣层，造成钢液的裸露。

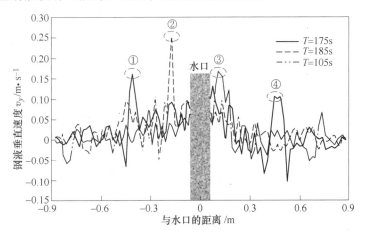

图9-16   弯月面中心线上钢液的垂直速度分布

9.4   拉速对两相流动的影响

在吹氩量不变的条件下，钢流量（拉速）的大小对结晶器内钢液的流动有着明显的影响，如图9-17所示。钢流量较小时，浸入式水口出口钢液射流强度小，气泡的穿透能力弱，气泡将在紧挨水口壁处逸出，如图9-17（a）所示，此时应严格控制吹氩量，避免钢液面裸露，影响铸坯质量。随着钢流量的增大，浸入式水口出口钢液射流强度增大，气泡的穿透能力强，将在钢液射流和自身浮力的作用下分布到结晶器上回流区，此时气泡分散较均匀，在较宽的液面区域逸出，如图 9-17（b）和（c）所示，此时气泡能够较好地搅拌钢液，且能促进夹杂物上浮去除，改善铸坯质量。

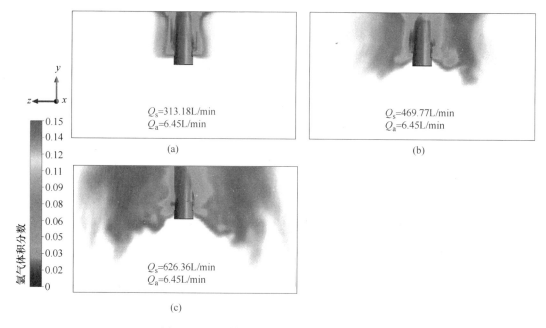

图 9-17　不同钢流量下的氩气体积分数分布
（a）313.18L/min；（b）469.77L/min；（c）626.36L/min

图 9-18 所示为同一吹氩量、不同钢流量条件下，计算过程中监测的弯月面中心点（P_1 和 P_2）上氩气体积分数数据。结果表明：钢流量的增加，增大了水口出口处钢液流股的速度，越来越多的氩气在钢液流股的夹带下能够运动到结晶器宽面的 1/4 位置（即监测点位置）。由图 9-18（a）可见，当吹氩量为 6.45L/min，钢流量从 313.18L/min 提高到 626.36L/min 时，中心点上的氩气平均体积分数由零增加到 0.01。可见钢流量对于气泡的弥散具有重要作用。随着拉速的增加，气泡水平弥散距离和冲击深度都明显增大。

图 9-19 所示为同一吹氩量、不同钢流量条件下结晶器内钢液的瞬时速度矢量分布。结果表明：气泡的行为将直接影响结晶器内钢液的流动行为。由图 9-19（a）可见，当钢流量较小时（313.18L/min），由于大部分气泡在浸入式水口附近上浮（见图 9-17（a）），抽引周围的钢液向上运动，再加上钢液本身的动量较小，因此造成一部分钢液直接冲击到水口附近的弯月面，形成与上回流方向相反的漩涡，钢液射流在结晶器窄面的冲击点上移，当气体的这种抽引作用很大时，会造成弯月面钢液的裸露，所以控制钢流量和吹氩量对保证板坯质量是至关重要的。随着钢流量的增加，气泡在结晶器宽面的分布更加均匀，且钢液本身的动量加大，所以氩气泡对钢液射流的抽引作用减弱，如图 9-19（b）和（c）所示。

图 9-20 所示为同一吹氩量、不同钢流量条件下，弯月面中心点上钢液速度的监测数据。此处采用钢液速度来表征结晶器液面的波动大小。结果表明：弯月面处的钢液速度波动较大，随着钢流量的增加，增大了水口出口处钢液流股的速度，越来越多的氩气在钢液流股的夹带下能够运动到结晶器深处。由图 9-20（a）可见，钢流量从 313.18L/min 提高到 626.36L/min 时，中心点上的钢液最大波动速度先增大后减小，这是因为增大钢流量使

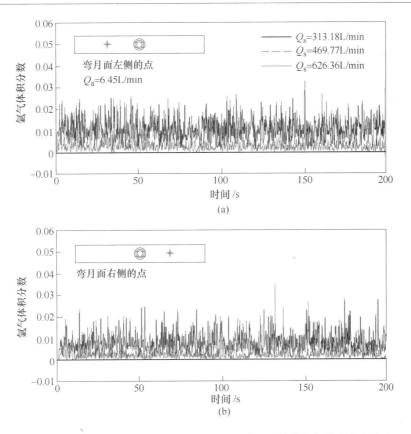

图 9-18　不同钢流量下监测点 P_1（a）和 P_2（b）处的氩气体积分数变化

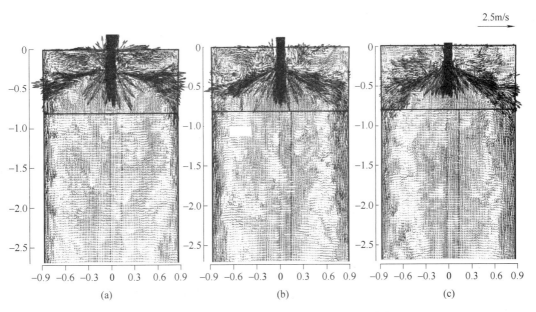

图 9-19　不同钢流量下钢液的瞬时速度矢量分布

（a）313.18L/min；（b）469.77L/min；（c）626.36L/min

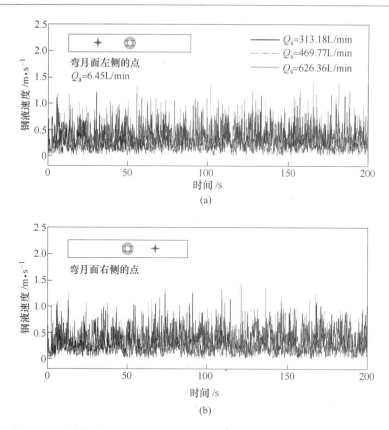

图 9-20　不同钢流量下监测点 P_1（a）和 P_2（b）处的钢液速度的变化

气泡在结晶器内的停留时间增加，增加了气泡与钢液的作用时间，所以气泡的浮力作用使钢液的动量减小。

9.5　吹气量对两相流动的影响

实际操作中吹氩量不宜过大，较少量的气体可以在结晶器内均匀分布，有利于生产高质量的铸坯，吹氩量大了反而会使结晶器液面波动加剧，出现卷渣、裸露甚至喷溅，影响铸坯质量。

图 9-21 所示为同一钢流量、不同吹氩量下的氩气体积分数分布。由图可知，当吹氩量较小时，结晶器内的气泡数量较少，含气率较低，气泡在结晶器内呈扇形分布。随着吹氩量的增加，结晶器内气泡的数量和尺寸均有增大趋势，更多的气泡开始向水口附近聚集上浮。有趣的现象是：当吹氩量由 3.23L/min 增加至 6.45L/min 时，气泡的冲击深度没有减小反而增大了，更多的气泡能够运动至窄面。其原因是：吹入水口内的氩气在钢液高的剪切作用下分解为大量小气泡，当吹气量增大时，水口空间内的气体体积分数增大，由于单位时间内的钢液体积流量不变，所以钢液的流速相对增加，从而能够携带气泡运动至更远的地方。当吹氩量进一步增加（12.91L/min），结晶器窄面的气泡数量又开始减少，气泡穿透深度变浅，大量气泡开始向水口附近聚集上浮。其原因是：当大量的气体进入结晶器时，钢液的射流强度不足以将气体完全打碎，会形成气体团，在水口附近直接上浮，而

且大量的气体会严重消耗钢液射流的能量，改变钢液的射流角度，使射流流股的冲击深度变浅，进而使气泡随流股运动较短距离即上浮。通过与图 9-17 对比发现，吹氩量对气泡运动的影响小于拉速对气泡行为的影响，特别是气泡在结晶器内的弥散程度。

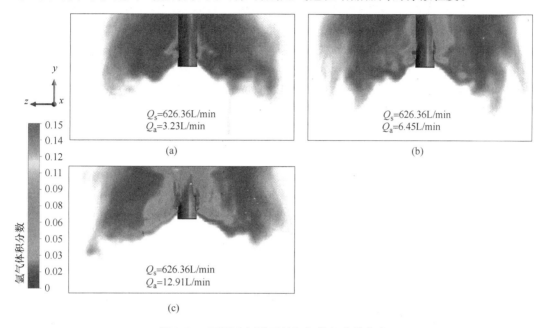

图 9-21　不同吹氩量下的氩气体积分数分布
（a）3.23L/min；（b）6.45L/min；（c）12.91L/min

图 9-22 所示为同一钢流量、不同吹氩量下监测点（P_1，P_2）处的氩气体积分数变化。随着吹氩量的增加，气泡所做的浮力功增加，对周围钢液的抽引作用增大，造成冲击深度减小。由图 9-22（b）可见，当钢流量为 626.36L/min，吹氩量从 3.23L/min 提高到 12.91L/min 时，中心点上的氩气平均体积分数由 0.004 增加到 0.012。左右对称两点的监测数据表明：氩气在上表面的排出位置关于结晶器中心是不对称的，且随时间的变化波动较大。

图 9-23 所示为同一钢流量、不同吹氩量条件下结晶器内钢液的瞬时速度矢量分布。结果表明，当吹氩量较小时（3.23L/min），气泡对钢液运动的影响较小，射流流股仍维持与单相流动类似的状态，随着吹氩量的增加，部分钢液会脱离原有流股，在气泡浮力的作用下向弯月面运动，如图 9-23（b）所示。当吹氩量不大于 6.45L/min 时，钢液射流流股在窄面的冲击点变化较小，说明射流流股的冲击强度变化较小。但当吹氩量进一步增大时，由于大部分气泡在浸入式水口附近上浮（见图 9-21（c）），抽引越来越多的钢液向上运动，消耗钢液射流流股的能量，使其在结晶器窄面的冲击点明显上移。随着吹氩量的增加，结晶器上回流的流动加强，但下回流的运动强度明显减弱。

图 9-24 所示为同一钢流量、不同吹氩量条件下弯月面中心点上钢液速度的监测数据。由图可知，在钢流量一定的条件下，增加吹氩量，气泡对周围钢液的抽引作用增大，上升的钢液在弯月面处引起的波动加剧，液面流速的波动明显增大。由图 9-24（b）可见，当钢流量为 626.36L/min，吹氩量从 3.23L/min 提高到 12.91L/min 时，中心点上钢液的最大波动速度能够达到2m/s，此时会使液面裸露和卷渣的几率增大。

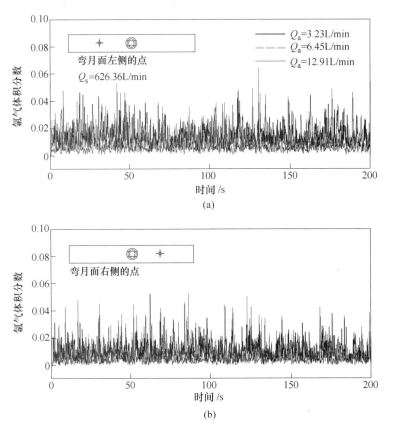

图 9-22 不同吹氩量下监测点 P_1（a）和 P_2（b）处的氩气体积分数变化

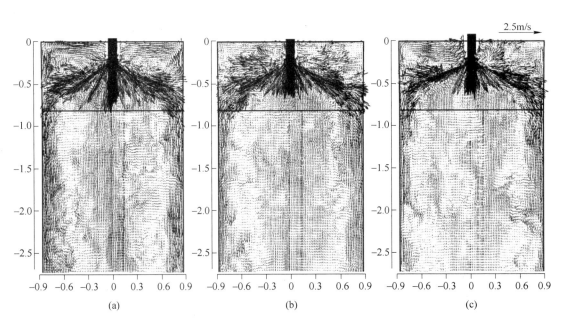

图 9-23 不同吹氩量下钢液的瞬时速度矢量分布

（a）3.23L/min；（b）6.45L/min；（c）12.91L/min

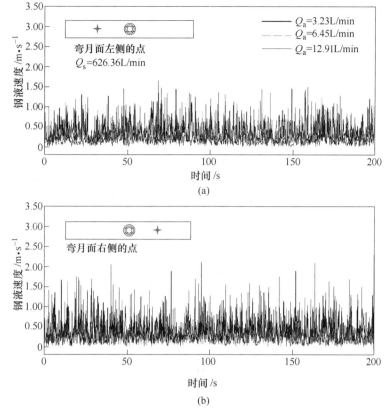

图 9-24 不同吹氩量下监测点 P_1（a）和 P_2（b）处的
钢液垂直速度分量的变化

参 考 文 献

［1］ Li B K. Metallurgical Application of Advanced Fluid Dynamics ［M］. Beijing：Metallurgical Industry Press，2003.

［2］ Li B K，Tsukihashi F. Numerical estimation of the effect of the magnetic field application on the motion of inclusion particles in slab continuous casting of steel ［J］. ISIJ International，2003，43（6）：923 ~ 931.

［3］ Yuan Q，Thomas B G，Vanka S P. Study of transient flow and particle transport in continuous steel caster molds：Part Ⅱ. Particle transport ［J］. Metallurgical and Materials Transaction B，2004，35（8）：703 ~ 714.

［4］ Zhang L F，Thomas B G. Numerical simulation on inclusion transport in continuous casting mold ［J］. Journal of University of Science and Technology Beijing，2006，13（4）：293 ~ 300.

［5］ Lei Z S，Chen C Y，Jin X X，et al. Numerical simulation of bubble behavior before inclined solidified front ［J］. ISIJ International，2013，53（5）：830 ~ 837.

［6］ Thomas B G，Huang X，Sussman R C. Simulation of argon gas flow effects in a continuous slab caster ［J］. Metallurgical and Materials Transaction B，1994，25（8）：527 ~ 547.

［7］ Javurek M，Gittler P，Rossler R，et al. Simulation of nonmetallic inclusions in a continuous casting strand ［J］. Steel Research International，2005，76（1）：64 ~ 70.

［8］ Kubo N，Ishii T，Kubota J，et al. Two- phase flow numerical simulation of molten steel and argon gas in a continuous casting mold [J]. ISIJ International, 2002, 42 (11): 1251~1258.

[9] Bai H, Thomas B G. Turbulent flow of liquid steel and argon bubbles in slide- gate tundish nozzles: Part
Ⅰ. Model development and validation [J]. Metallurgical and Materials Transaction B, 2001, 32 (4):
253~268.

[10] Kamal M, Sahai Y. Modeling of melt flow and surface stranding waves in a continuous casting mold [J].
Steel Research International, 2005, 76 (1): 44~52.

[11] 李宝宽, 刘中秋, 齐凤升, 等. 薄板坯连铸结晶器非稳态湍流大涡模拟研究 [J]. 金属学报,
2012, 48 (1): 23~32.

[12] Liu Z Q, Li B K, Jiang M F. Transient asymmetric flow and bubble transport inside a slab continuous- cast-
ing mold [J]. Metallurgical and Materials Transactions B, 2014, 45B: 675~697.

[13] Liu Z Q, Li B K, Zhang L, et al. Analysis of transient transport and entrapment of particle in continuous
casting mold [J]. ISIJ International, 2014, 54 (10): 2324~2333.

[14] Ramos- banderas A, Sanchez- perez R, Morales R D, et al. Mathematical simulation and physical model-
ing of unsteady fluid flows in a water model of a slab mold [J]. Metallurgical and Materials Transactions B,
2004, 35 (6): 449~460.

[15] Thomas B G, Yuan Q, Sivaramakrishnan S, et al. Comparison of four methods to evaluate fluid velocities
in a continuous slab casting mold [J]. ISIJ International, 2001, 41 (10): 1262~1271.

[16] Real C, Miranda R, Vilchis C, et al. Transient internal flow characterization of a bifurcated submerged en-
try nozzle [J]. ISIJ International, 2006, 46 (8): 1183~1191.

[17] Liu Z Q, Li B K, Jiang M F, et al. Modeling of transient two- phase flow in a continuous casting mold
using Euler- Euler large eddy simulation scheme [J]. ISIJ International, 2013, 53 (3): 484~492.

[18] 刘中秋, 李宝宽, 姜茂发, 等. 连铸结晶器内氩气/钢液两相非稳态湍流特性的大涡模拟研究
[J]. 金属学报, 2013, 49 (5): 513~522.

[19] Jakobsen H. On the modeling and simulation of bubble column reactors using a two- fluid model [D].
Norway: Norwegian Institute of Technology, 1993.

[20] Sato Y, Sadatomi M, Sekoguchi K. Momentum and heat transfer in two- phase bubbly flow [J], Interna-
tional Journal of Multiphase Flow, 1981, 7 (2): 167~177.

[21] Bai H, Thomas B G. Bubble formation during horizontal gas injection into downward flowing liquid [J].
Metallurgical and Materials Transaction B, 2001, 32 (12): 1143~1159.

10　结晶器内多尺寸泡状流的人口平衡模型

Euler- Euler 双流体模型适用于含气率较高的流动，目前大部分文献均采用单一气泡尺寸双流体模型（详见第9章），但它需要通过大量反复的物理实验来确定平均气泡尺寸，降低了数值模拟的预测能力，而且在高表观气速下，气泡尺寸分布很宽，此模型已不再适用。在气液两相运动过程中，气泡尺寸分布起着重要的作用，它决定着气泡的上升速度和平均停留时间，控制着含气率和气液接触面积。所以，为提高单一气泡尺寸双流体模型的预测精度，必须注意弥散相气泡的分布特征及微观行为（破碎、聚并、长大等），以准确描述相间相互作用。

人口平衡模型作为一种联系弥散相微观现象（破碎、聚并、长大等）和宏观属性（粒径、表面积等）的方法，已经成为研究离散系统的有效工具。它通过描述气泡聚合、破碎现象能够得到气液两相流动发展过程中弥散相气泡尺寸分布状态，因此耦合 Euler- Euler 双流体模型与人口平衡模型为解决气液两相流工程问题提供了简便有效的数值方法。近年来，基于人口平衡理论分组算法，发展了一种求解多气泡组质量传递的 MUSIG（multiple size group）模型，该模型根据系统中气泡尺寸范围，将气泡按照尺寸大小分成若干组，然后分别对各子气泡组建立气泡质量传递方程，通过气泡数密度和气泡尺寸的关系将人口平衡模型与双流体模型结合起来，可在较大范围内预测两相流场内的气泡尺寸分布。目前，MUSIG 模型基于自身的理论优势，在气液两相流研究领域引起了国内外学者的广泛关注，是目前气液两相流领域应用较为广泛的分组方法[1~7]。李祥东[6]采用 MUSIG 模型对竖直管内弹状气泡的形成过程进行了数值求解，其结果与实验数据具有良好的一致性。段欣悦[7]针对绝热竖管内气液两相流，在 MUSIG 模型基础上发展了由气泡诱导湍流机制模型与多相间力模型组成的双向动量传递机制模型，发现该模型适用于气液滑移速度较大、气泡聚并、破裂较密集的高含气率工况，具有较高的精度。但 MUSIG 模型在连铸领域的应用还未见诸报道。

在湍流流动条件下，结晶器内的气液两相流通常伴随着气泡聚并、破碎等复杂微观机制，造成单尺寸泡状流演化成大、小气泡共存的多尺寸泡状流，如图10-1所示，同时气泡尺寸

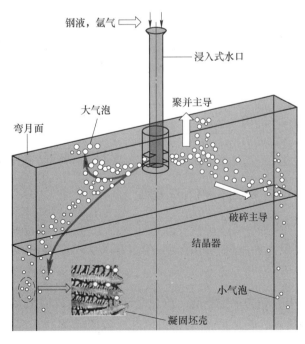

图10-1　结晶器内的多尺寸泡状流

改变又引发相间动量机制不平衡，形成复杂的运动流态。因此，准确预测多尺寸泡状流的形成、发展过程是连铸结晶器内气液两相流动的重要研究方向。

10.1　多组群质量传递模型数学建模

理论上，MUSIG 模型基于人口平衡模型和双流体模型，是一种求解多组群气泡聚并、破裂的 Euler- Euler 方法。该模型以 Euler- Euler 双流体模型为框架，由液相质量、动量传递方程和多组气体质量、动量传递方程构成，其中液体以连续相形式存在，气体以弥散相形式存在。两相间的动量交换通过相间作用力实现，包括曳力、浮升力、虚拟质量力、湍流离散力和壁面润滑力。整个求解框图如图 10-2 所示[8,9]。9.1 节已详细介绍了 Euler- Euler 双流体控制方程和相间动量传递模型，此处不再赘述，接下来主要介绍双流体 MUSIG 模型的细节。

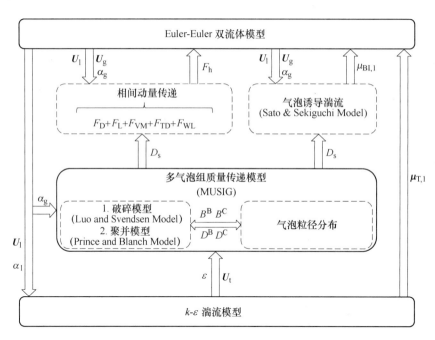

图 10-2　MUSIG 模型求解框图

10.1.1　双流体 MUSIG 模型

考虑由于气泡聚并、破碎等因素对气泡尺寸的影响，将弥散相气泡分布与微观行为（破碎、聚并等）相结合，建立适用于气液两相流系统的气泡数密度输运方程：

$$\frac{\partial}{\partial t}n_i + \nabla \cdot (\boldsymbol{u}_i n_i) = B_i^{C} + B_i^{B} - D_i^{C} - D_i^{B} \tag{10-1}$$

式中，n_i 为单位空间、单位时间内第 i 组气泡数量（气泡数密度）；$\boldsymbol{u}_i$ 为第 i 组气泡的运动速度；B_i^{C}、B_i^{B} 分别为由聚并、破碎导致的气泡数量增多的变化；D_i^{C}、D_i^{B} 分别为聚并、破碎造成的气泡数量减少的变化。

对于双流体模型，当计算区域内的气泡按直径划分为 N 组时，此时需要求解 N 套气相运动守恒方程。描述第 i 组气泡的质量守恒方程和动量守恒方程分别为：

$$\frac{\partial}{\partial t}(\rho_g \alpha_g f_{g,i}) + \nabla \cdot (\rho_g \alpha_g f_{g,i} \boldsymbol{u}_i) = S_i \tag{10-2}$$

$$\frac{\partial}{\partial t}(\rho_g \alpha_g \boldsymbol{u}_i) + \nabla \cdot (\rho_g \alpha_g \boldsymbol{u}_i \times \boldsymbol{u}_i) = \nabla \cdot \{\alpha_g \mu_g^{\text{eff}}[\nabla \boldsymbol{u}_i + (\nabla \boldsymbol{u}_i)^T]\} - \alpha_g \nabla p + \alpha_g \rho_g g + F_i \tag{10-3}$$

式中，α_g 为控制容积内的含气率（α_l 为液相率）；$f_{g,i}$ 为第 i 组气泡的体积分数（相对于整个气相），$f_{g,i} = \alpha_{g,i}/\alpha_g$；$\alpha_{g,i}$ 为第 i 组气泡在控制容积内的含气率；S_i 为由于聚并、破碎以及气泡长大等因素导致的质量传递率；F_i 为相间作用力。

模型中存在的关系与限制条件如下：

$$\begin{cases} \alpha_g = \sum_{i=1}^{N} \alpha_{g,i} \\ \alpha_g + \alpha_l = 1 \\ \sum_{i=1}^{N} f_{g,i} = 1 \end{cases} \tag{10-4}$$

气泡数密度 n_i 满足：

$$n_i V_i = \alpha_g f_{g,i} \tag{10-5}$$

式中，V_i 为第 i 组气泡中单个气泡的体积。

对比式（10-1）和式（10-2）可知：当式（10-1）乘以单个气泡的质量（$\rho_g V_i$）之后即与式（10-2）形式一致，由此建立了人口平衡原理与双流体控制方程之间的联系。即存在以下关系：

$$S_i = \rho_g V_i (B_i^C + B_i^B + D_i^C + D_i^B) \tag{10-6}$$

考虑到计算的经济性，假设控制体积内所有尺寸的气泡具有相同的运动速度（$\boldsymbol{u}_1 = \boldsymbol{u}_2 = \cdots = \boldsymbol{u}_b$），此时对于各气泡组仅需要求解一套动量方程，各组分气泡将求解各自独立的质量守恒方程。由此可见，纳入人口平衡原理的双流体 MUSIG 模型与传统双流体模型的不同之处在于气相质量守恒方程，而液相质量守恒方程和两相动量守恒方程并无变化。

为了完成对模型的封闭，基于气泡破碎、聚并引起的质量传递源项 S_i，由 Luo 和 Svendsen 破碎模型[10] 以及 Prince 和 Blanch 聚并模型[11] 完成。

10.1.2 气泡的破碎率

人口平衡模型能否较好地预测气泡尺寸分布，关键在于建立合理的气泡破碎和聚并模型。根据 Luo 和 Svendsen 破碎模型[10]，由于气泡破碎效应而产生 i 组气泡的总破碎率为：

$$P_i^B = B_i^B - D_i^B = \sum_{j=i+1}^{N} \Omega(V_j : V_i) n_j - n_i \sum_{k=1}^{N} \Omega_{ki} \tag{10-7}$$

根据 H. Luo 和 H. F. Svendsen 提出的建立在湍流各向同性和概率基础上的理论模型，从气泡组 j 到气泡组 i 的破碎率可模化为：

$$\Omega(V_j : V_i) = 0.923 F_B (1 - \alpha_g) \left(\frac{\varepsilon}{d_{g,j}^2}\right)^{1/3} \int_{\xi_{\min}}^{1} \frac{(1+\xi)^2}{\xi^{11/3}} \exp\left\{-\frac{12[f_{BV}^{2/3} + (1 - f_{BV}^{2/3}) - 1]\sigma}{\beta \rho_l \varepsilon^{2/3} d^{5/3} \xi^{11/3}}\right\} d\xi \tag{10-8}$$

式中，F_B 为破碎模型校准系数，取为 0.5；ε 为液相的动量耗散率；ξ 为湍流涡尺寸与气泡尺寸的比值，$\xi = \lambda/d_{g,j}$；积分下限 $\xi_{\min} = 11.4\eta/d_{g,j}$，其中 $\eta = (\nu^3/\varepsilon)^{1/4}$，$\nu$ 为液相的运动黏度；β 为模型常数，$\beta = 2$；f_{BV} 为 Stochastic 碰撞的体积分数。

10.1.3　气泡的聚并率

根据 Prince 和 Blanch 聚并模型[11]，两个气泡间聚合过程分为三个连续的步骤：两个气泡在流场作用下相互靠近、发生碰撞，气泡间滞留少量液体形成液膜；两个气泡在一定时间内保持接触状态，液膜中的液体逐渐流出，造成液膜逐渐变薄；当气泡间的液膜达到某一临界厚度时，基于不稳定机理，液膜破裂而导致气泡聚并。此处仅考虑湍流碰撞引起的聚合，第 i 组气泡的总聚合率 P_i^C 为：

$$P_i^C = B_i^C - D_i^C = \frac{1}{2}\sum_{j=1}^{i}\sum_{k=1}^{i}\eta_{jki}\chi_{jk}n_j n_k - \sum_{j=1}^{N}\chi_{jk}n_j n_k \tag{10-9}$$

式中，气泡组 j 和气泡组 k 聚合成气泡组 i 的质量分数 η_{jki}，表达式为：

$$\eta_{jki} = \begin{cases} \dfrac{(V_j + V_k) - V_{i-1}}{V_i - V_{i-1}} & V_{i-1} < V_j + V_k < V_i \\[3mm] \dfrac{V_{i+1} - (V_j + V_k)}{V_{i+1} - V_i} & V_i < V_j + V_k < V_{i+1} \\[3mm] 0 & \text{else} \end{cases} \tag{10-10}$$

第 j 组气泡与第 k 组气泡随机碰撞导致第 i 组气泡质量增加的几率 χ_{jk}，表达式为：

$$\chi_{jk} = F_C \frac{\pi}{4}(d_{g,j} + d_{g,k})^2(\boldsymbol{u}_{tj}^2 + \boldsymbol{u}_{tk}^2)^{0.5}\exp\left(-\frac{t_{jk}}{\tau_{jk}}\right) \tag{10-11}$$

式中，F_C 为聚合模型校准系数，取值为 1.0；$\boldsymbol{u}_t$ 为湍流速度，$\boldsymbol{u}_t = \sqrt{2}\varepsilon^{1/3}d_g^{1/3}$；碰撞效率由碰撞所需时间 $t_{jk} = [(d_{jk}/2)^3\rho_1/16\sigma]^{0.5}\ln(h_0/h_f)$ 和两气泡接触时间 $\tau_{jk} = (d_{jk}/2)^{2/3}/\varepsilon^{1/3}$ 所决定，其中 σ 为表面张力，$h_0 = 1\times10^{-4}$，为初始液膜厚度，$h_f = 1\times10^{-8}$，为临界液膜厚度，d_{jk} 为当量气泡直径，$d_{jk} = (2/d_j + 2/d_k)^{-1}$。

局部气泡 Sauter 平均粒径可通过 $f_{g,i}$ 和离散气泡尺寸 $d_{g,i}$ 的值得到：

$$D_S = \frac{1}{\sum_i (f_{g,i}/d_{g,i})} \tag{10-12}$$

MUSIG 模型的气泡分组及聚并、破碎模型的示意图如图 10-3 所示。

10.1.4　模型的封闭

双流体模型最关键的问题是建立相间作用模型封闭平均化后方程组中的未知项，包括相间作用力和湍动能修正。

10.1.4.1　相间作用力模型

微尺度气泡与主流间存在强烈的动量交换，所以封闭的相间作用力模型在气液两相流数值计算中发挥着重要的作用，总的相间作用力 F_i，包括与流动同向的纵向力（曳力 F_D、虚拟质量力 F_{VM}）和垂直于流动方向的侧向力（侧升力 F_L、湍流离散力 F_{TD} 和壁面润滑力 F_{WL}），气泡在结晶器流场内的受力分析如图 10-4 所示。总的相间

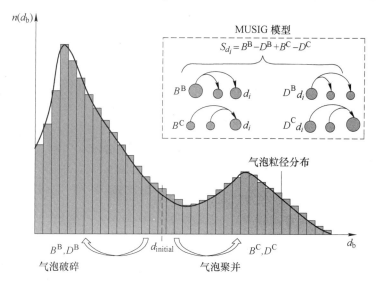

图 10-3　MUSIG 模型的气泡分组及聚并、破碎模型示意图

作用力表示为：

$$F_i = F_{lg} = -F_{gl} = F_D + F_{VM} + F_L + F_{TD} + F_{WL} \tag{10-13}$$

其中，曳力、侧升力和虚拟质量力依然采用第 9 章应用的模型，下面主要描述湍流离散力和壁面润滑力的作用。

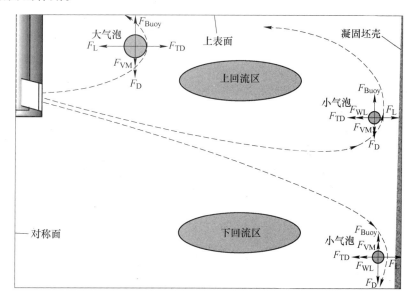

图 10-4　结晶器不同区域气泡的受力分析

与分子运动类似，气泡在湍流涡驱动下伴随液体湍流脉动进行随机运动，使气泡在湍流运动中均匀混合形成光滑的含气率分布。在此过程中，气泡受到的液相湍流脉动作用力为湍流离散力，该力是由液相湍流运动以及含气率径向分布梯度引起的，基于 Favre Averaged Drag 模型[12]，有：

$$F_{\mathrm{TD}} = C_{\mathrm{TD}} C_{\mathrm{D}} \frac{\nu_{\mathrm{t,g}}}{\sigma_{\mathrm{t,g}}} \left(\frac{\nabla \alpha_{\mathrm{l}}}{\alpha_{\mathrm{l}}} - \frac{\nabla \alpha_{\mathrm{g}}}{\alpha_{\mathrm{g}}} \right) \tag{10-14}$$

式中，C_{TD} 为湍流离散力系数，取值为 1.0。

　　由于壁面附近流场分布不均匀，气泡在壁面润滑力的作用下将脱离壁面，向液体主流区运动。该力只存在于近壁面区域。S. P. Antal 等人[13]根据壁面函数和气泡尺寸描述壁面润滑力为：

$$F_{\mathrm{WL}} = - C_{\mathrm{WL}} \alpha_{\mathrm{g}} \rho_{\mathrm{l}} \mid \boldsymbol{u}_{\mathrm{l}} - \boldsymbol{u}_{\mathrm{g}} \mid^2 \boldsymbol{n}_{\mathrm{w}} \tag{10-15}$$

式中，C_{WL} 为壁面润滑力系数；$\boldsymbol{n}_{\mathrm{w}}$ 为壁面向外的矢量。

10.1.4.2　湍动能修正

　　LES 方法已成功地应用于单一气泡尺寸两相流计算（详见第 9 章），该模型能够捕捉到流场中的瞬态湍流微观结构，适用于单尺寸或少尺寸气液两相流科学问题。但因其需要的网格量大、求解的方程数量多，所以计算量很大，并不适用于多尺寸气液两相流工程实际问题。因此，本节在两方程单相湍流模型基础上进行拓展，考虑到气泡诱导的湍流作用，发展适合多尺寸气液两相流计算的湍流模型。

　　标准 $k - \varepsilon$ 模型由于具有较好的经济性、稳定性等特点而被广泛用于求解气液两相湍流运动。其中液体的湍流黏度（$\mu_{\mathrm{T,l}}$）可以表示为湍动能 k 和湍动能耗散率 ε 的函数：

$$\mu_{\mathrm{T,l}} = C_{\mu} \rho \frac{k^2}{\varepsilon} \tag{10-16}$$

　　标准 $k - \varepsilon$ 模型忽略了分子黏性的影响，对液相湍流进行完全假设，建立了对湍动能 k 和湍动能耗散率 ε 的模化输运方程，如下：

$$\frac{\partial \rho_{\mathrm{l}} \alpha_{\mathrm{l}} k}{\partial t} + \nabla \cdot (\rho_{\mathrm{l}} \alpha_{\mathrm{l}} \boldsymbol{u}_{\mathrm{l}} k) = \nabla \cdot \left[\alpha_{\mathrm{l}} \left(\mu_{\mathrm{l}} + \frac{\mu_{\mathrm{T,l}}}{\sigma_k} \right) \cdot \nabla k \right] + \alpha_{\mathrm{l}} (G_k - \rho_{\mathrm{l}} \varepsilon) \tag{10-17}$$

$$\frac{\partial \rho_{\mathrm{l}} \alpha_{\mathrm{l}} \varepsilon}{\partial t} + \nabla \cdot (\alpha_{\mathrm{l}} \rho_{\mathrm{l}} \boldsymbol{u}_{\mathrm{l}} \varepsilon) = \nabla \cdot \left[\alpha_{\mathrm{l}} \left(\mu_{\mathrm{l}} + \frac{\mu_{\mathrm{T,l}}}{\sigma_{\varepsilon}} \right) \cdot \nabla \varepsilon \right] + \alpha_{\mathrm{l}} \frac{\varepsilon}{k} (C_{\varepsilon 1} G_k - C_{\varepsilon 2} \rho_{\mathrm{l}} \varepsilon) \tag{10-18}$$

式中，模型常数 $C_{\varepsilon 1} = 1.44$；$C_{\varepsilon 2} = 1.92$；$C_{\mu} = 0.09$；$\sigma_k = 1.00$；$\sigma_{\varepsilon} = 1.30$；$G_k$ 为湍动能生成量：

$$G_k = \mu_{\mathrm{T,l}} \left(\frac{\partial u_i}{\partial x_j} + \frac{\partial u_j}{\partial x_i} \right) \cdot \frac{\partial u_i}{\partial x_j} - \frac{2}{3} \cdot \frac{\partial u_k}{\partial x_k} \left(3 \mu_{\mathrm{T,l}} \frac{\partial u_k}{\partial x_k} + \rho k \right) \tag{10-19}$$

　　由于弥散气泡与液流间相互作用，流场湍流度也会受到影响。气泡尺寸较大时，气泡后尾迹区形成涡团使流场湍流度增强；气泡尺寸较小时则抑制湍流发展。为了考虑气泡对湍动能的影响，此处采用 Sato 模型[14]计算气泡引起的附加黏性系数：

$$\mu_{\mathrm{BI,l}} = \rho_{\mathrm{l}} C_{\mu,\mathrm{BI}} \alpha_{\mathrm{g}} d_{\mathrm{g}} \mid \boldsymbol{u}_{\mathrm{g}} - \boldsymbol{u}_{\mathrm{l}} \mid \tag{10-20}$$

式中，$C_{\mu,\mathrm{BI}}$ 为模型常数，取值为 0.6。

10.1.5　数值细节

　　考虑计算的经济性和结构的对称性，本节取四分之一模型进行计算，如图 10-5 所示。为了与水模型实验得到的数据进行对比，计算的模型尺寸为水模型的尺寸，具体数值计算过程中的几何、物性和操作参数见表 10-1。液体的入口为质量流量入口，根据拉坯速度由质量守恒定律确定；气体由上水口侧面进入，同为质量流量入口，考虑了由于高温引起的体积膨胀（密度减小），且进口气泡直径大小未知，本节选取气泡初始直径为单一粒径 1mm；自由液面为排气条件，气体在此处允许逃逸，而液体所有变量的法向梯度为零，法向速度为零；出口压力边界条件，各物理量沿该截面的法向导数为零，其中气相的体积分数梯度为零；结晶器壁面设置为无滑移边界。

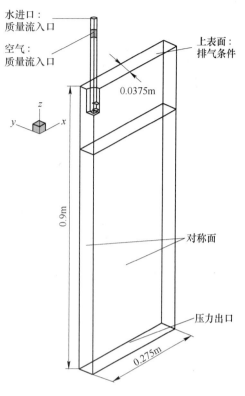

图 10-5　结晶器计算模型

　　为了组建弥散相气泡组群平衡方程，根据气泡尺寸范围按等尺寸形式将流场中的气泡分成 N 个组群，其离散尺寸节点及尺寸间距如下：

$$d_i = d_{\min} + \Delta d \left(i - \frac{1}{2} \right) \quad (10\text{-}21)$$

$$\Delta d = \frac{d_{\max} - d_{\min}}{N} \quad (10\text{-}22)$$

　　在本模型中，取 10 组离散子气泡，最小直径为零，最大直径根据水模型实验得到的动态直径为准。具体的分组情况见表 10-2。

表 10-1　数值模拟过程中的几何、物性和操作参数

参　数	取　值	参　数	取　值
浸入式水口内径/mm	20	结晶器高度/mm	900
浸入式水口长度/mm	305	水流量（即拉速）/L·min⁻¹	15 ~ 23
水口出口倾角/(°)	向下 15	吹气量/L·min⁻¹	0.8 ~ 2.4
水口出口高度/mm	20	水的密度/kg·m⁻³	1000
水口出口宽度/mm	17.5	空气的密度/kg·m⁻³	1.225
水口插入深度/mm	75	水的黏度/kg·(m·s)⁻¹	0.00573
结晶器宽度/mm	550	空气的黏度/kg·(m·s)⁻¹	1.99×10^{-5}
结晶器厚度/mm	75	水和空气的表面张力/N·m⁻¹	0.072

表 10-2　不同流动情况下 MUSIG 模型的参数设置

参　数	取　值					
水流量/L·min⁻¹	15	19	23	21		
吹气量/L·min⁻¹	1.6		0.8	1.6	2.4	
气泡尺寸范围/mm	0 ~ 3.1	0 ~ 2.8	0 ~ 2	0 ~ 2.1	0 ~ 2.45	0 ~ 2.7
组群数	10					
尺寸间距/mm	0.31	0.28	0.2	0.21	0.245	0.27

　　为了提高模型的通用性，本节以 ANSYS CFX 商业软件为计算平台，采用 CFX 控制语言（CEL）修正了模型当中的气泡聚并、破碎项和相间作用项。速度-压力耦合计算由 SIMPLE 完成，相间传输项耦合采用改进的相间滑移算法。采用六面体结构化网格，网格总数约 50 万。

　　采用数码相机（Canon 5D Ⅱ）记录不同流动条件下气泡的宏观含气率分布，结果如图 10-6 所示。由图可知，含气率分布的基本特征为：气泡分布不均匀，主要分布在结晶器上回流区靠近水口的扇形区域内；水口下方和结晶器下回流区的含气率很低。越靠近结晶器窄边的地方，气泡的尺寸越小、冲击深度越大，这部分气泡也最容易被凝固前沿捕捉，导致铸坯质量缺陷。

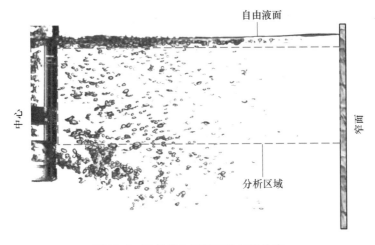

图 10-6　结晶器上回流区的气泡分布

10.2　气泡粒径对气液两相流动的影响

　　此处采用前面发展的单一气泡尺寸双流体模型，但为了方便与本章模型进行对比，采用标准 k-ε 模型取代 LES 进行计算。在该单一气泡尺寸模型中，结晶器内的气泡被假设为单一直径的组分（直径分别为 0.5mm，1.0mm，2.0mm 和 3.0mm），在整个流动过程中气泡不发生聚并和破碎。以实际钢液和氩气为工质，计算工况条件为：拉速 0.7m/min，吹氩量 10L/min。保证其他参数不变，只改变气泡直径，分析其对含气率分布和钢液流场的影响。

10.2.1　含气率分布

　　图 10-7 所示为单一尺寸模型预测的结晶器内的含气率分布。由图 10-7（a）可知，小气泡在钢液射流的携带下冲击的更远，在结晶器内的分布更加分散。随着气泡直径的增加，气泡的冲击深度减小，气泡的上浮位置越靠近水口，尤其对于直径为 3mm 的气泡，几乎全部在水口附近上浮，此时会对上表面渣层形成极大的冲击，造成钢液裸露，引起二次氧化。可见气泡的扩散速度直接依赖气泡直径，且直径大小对气泡运动分布的影响很大。气泡直径越小，气泡分布越广且越均匀，原因是小气泡更易受湍流脉动的影响。

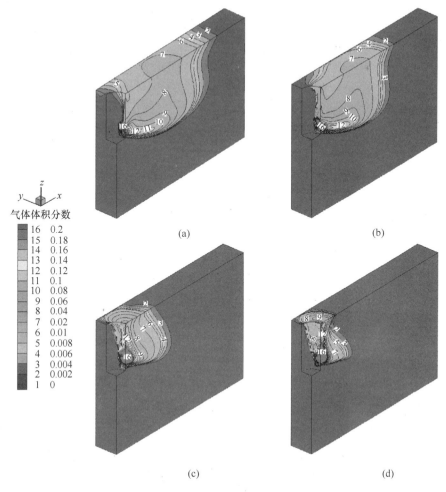

气体体积分数

16	0.2
15	0.18
14	0.16
13	0.14
12	0.12
11	0.1
10	0.08
9	0.06
8	0.04
7	0.02
6	0.01
5	0.008
4	0.006
3	0.004
2	0.002
1	0

(a)

(b)

(c)

(d)

图 10-7　单一尺寸模型预测的含气率分布
(a) 0.5mm；(b) 1.0mm；(c) 2.0mm；(d) 3.0mm

图 10-8 所示为不同气泡直径下沿上表面中心线上的含气率分布，其中横坐标为无量纲参数，代表距水口中心的距离（w）与整个结晶器厚度（t）之比。由图可知，当气泡直径为 3mm 时，气泡从上表面排出的峰值在 $w/t = 0.4$ 的位置，最远冲击到 $w/t = 0.75$ 处。当气泡直径为 2mm 时，气泡从上表面排出的峰值仍在 $w/t = 0.4$ 的位置，但最远冲击位置能够达到 $w/t = 1.25$ 处。随着气泡继续减小，上表面的排出位置发生了明显的变化，当气泡直径为 1mm 时，出现了两个峰值，分别位于 $w/t = 0.3$ 和 $w/t = 1.0$ 的位置，其最远冲击位置在 $w/t = 1.5$ 附近。当气泡直径为 0.5mm 时，又回到单峰值（$w/t = 1.5$）分布，其冲击位置能够达到 $w/t = 3.25$ 处，非常接近窄面。

10.2.2 钢液流型

图 10-9 所示为单一气泡尺寸模型预测得到的结晶器内部钢液流场分布。由图 10-9 (a) 可知，当无氩气进入结晶器时，从水口出口排出的钢液射流直接冲击到窄面，然后分成上、下两股射流，分别形成逆时针上回流和顺时针下回流。当吹入气泡的直径为 0.5mm

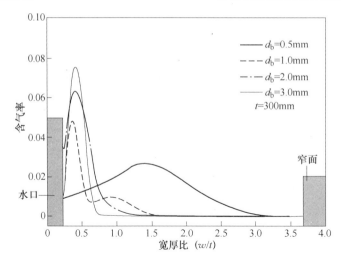

图 10-8   单一尺寸模型预测上表面中心线上的含气率分布

时（见图 10-9（b））发现：钢液在窄面的冲击点和下回流涡心的位置均明显上移；上回流变得十分复杂，部分钢液在气泡浮力的作用下脱离原来主射流股，转向上表面运动，在冲击到上表面后，分成两个流股，分别流向水口和窄面。图 10-9（c）为气泡直径为 1.0mm 时得到的钢液流型，水口附近的钢液在气泡的作用下出现旋转运动，该运动不利于夹杂物的上浮去除；在窄面存在逆时针的上回流，但强度较不吹气时减小。当气泡直径大于等于 2.0mm 时，如图 10-9（d）和（e）所示，由于大部分气泡从水口出口排出后直接在水口附近上浮，所以对钢液主流股的影响较小，但该情况会造成在水口附近钢液的裸露。

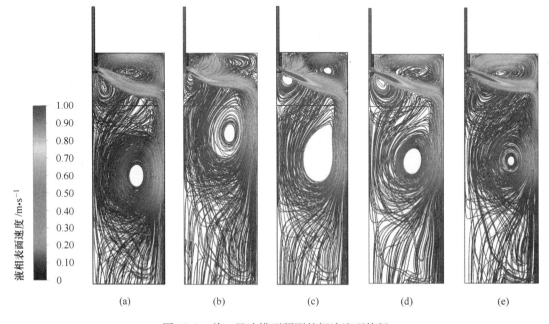

图 10-9   单一尺寸模型预测的钢液流型特征

（a）不吹气；（b）0.5mm；（c）1.0mm；（d）2.0mm；（e）3.0mm

图 10-10 所示为不同气泡粒径下沿上表面中心线钢液的水平速度分布。由图可知，当无气体进入结晶器时，只存在一个逆时针方向的上回流，表现为水平速度为负值，即由窄面指向水口。当气泡直径为 0.5mm 时，完全改变了原来的上回流形式，钢液在 $w/t=1.55$ 处冲击到上表面后，形成两股回流：靠近水口的逆时针回流和靠近窄面的顺时针回流。当气泡直径为 1.0mm 时，情况与 0.5mm 时正好相反，钢液在 $w/t=1.25$ 处冲击到上表面后，形成两股回流：靠近水口的顺时针回流和靠近窄面的逆时针回流。随着气泡直径继续增大，结晶器上部仍会出现两股回流，但冲击点位置向水口移动。

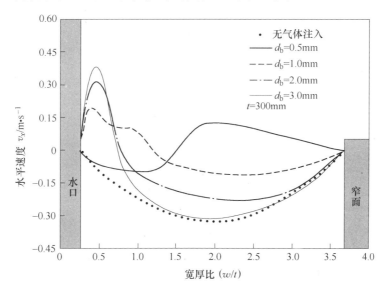

图 10-10 单一尺寸模型预测上表面中心线钢液的水平速度分布

综上所述，结晶器内气液两相流型的转变与气泡直径直接相关，当地气泡直径将直接或间接影响气液两相流参数的预测精度，原因是双流体模型中的很多参数都是当地气泡直径的函数。所以为了准确预测结晶器内的气液两相流动，双流体模型需要输入合理的气泡尺寸。

10.3　数值方法的考核

10.3.1　网格独立性考核

对于数值计算，网格是一个重要参数，它的多少决定了计算结果的准确度。但网格不可能无限制的加密，主要存在的问题有：网格越密，计算量越大，计算周期也越长，而计算资源总是有限的。其次，随着网格的加密，计算机浮点运算造成的舍入误差也会增大。因此为了节省计算资源并提高计算精度，采用六面体结构化网格对计算域进行网格划分，四种网格被采用进行网格独立性考核，分别为 Coarse-1、Coarse-2、Standard 和 Refined，对应的网格数为 140028、250502、499546 和 878492。

图 10-11（a）和（b）分别给出了当采用不同网格计算时，结晶器上表面中心线上的含气率和 Sauter 平均粒径分布。工况为：水流量 21L/min，吹气量为 1.6L/min。由图 10-11（a）可知，当采用 Coarse-1 和 Coarse-2 两种网格时，对水口附近含气率的预测值偏大；当采用 Standard 和 Refined 两种网格时，得到的预测含气率曲线差别很小。由图 10-11（b）可知，当采用 Coarse-1 和 Coarse-2 两种网格时，对窄面附近气泡平均直径的预测值偏大；当采用 Standard 和 Refined 两种网格时，得到的预测气泡平均直径曲线差别很小。说明 Standard 和 Refined 两种网格能获得网格无关性结果，都能通过网格独立性考核。但为了减少计算量，接下来采用 Standard 网格进行数值计算。

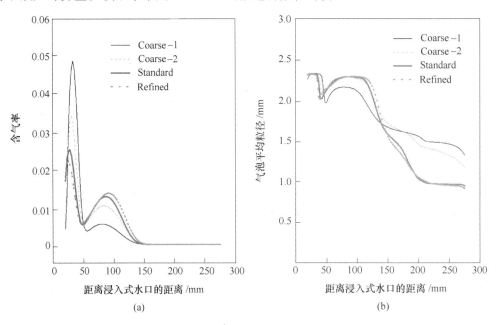

图 10-11　采用不同网格预测的含气率（a）和气泡的平均粒径（b）

10.3.2 · 弥散相子气泡组考核

采用 MUSIG 模型对多尺寸泡状流进行数值研究，需要对弥散相子气泡组进行合理设置。本节为了考虑子气泡组数量对预测结果的影响，分别以 0.49mm、0.245mm、0.1633mm、0.1225mm 为尺寸步长设置 5、10、15、20 组弥散相子气泡对同一工况（水流量 21L/min，吹气量为 1.6L/min）进行数值模拟。图 10-12 所示为 MUSIG 模型得到的不同弥散相子气泡组设置的结晶器上表面中心线上的含气率和气泡粒径分布结果。由图 10-12（a）所示，不同的子气泡组数设置得到的预测含气率曲线差别较小，只是在子气泡组数为 5 时含气率在拐点处的数值与其他组别的区别稍大。而不同子气泡组数设置预测的气泡粒径分布区别较大，5 组弥散相子气泡组数设置的 MUSIG 模型预测的气泡直径明显偏小，其余组别区别不大。说明 10 组以上的弥散相子气泡组能够准确地捕捉气泡在结晶器内的粒径分布。考虑到计算机的配置和计算耗时，选择 10 组弥散相子气泡作为计算对象。

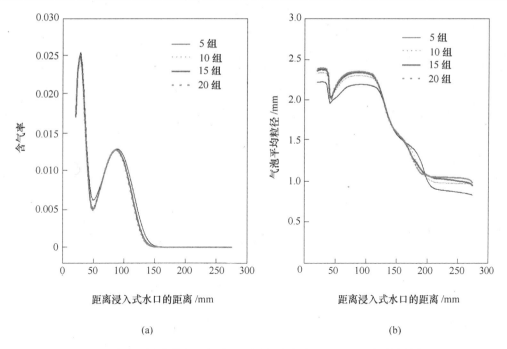

图 10-12　采用不同弥散相子气泡组预测的含气率（a）和气泡平均粒径（b）

10.4　多尺寸泡状流预测结果与分析

10.4.1　含气率分布

图 10-13（a）~（c）给出了同一吹气量、不同水流量下的含气率分布。由图可知，当水流量较小时，水口出口流股的冲击力较弱，气泡主要受自身浮力的作用，造成气泡的穿透深度较小，大部分气泡聚集在水口附近上浮，被流股带至窄面的气泡数目较少。随着水流量的增加，流股冲击力度增强，气泡的穿透深度较大，气泡受强流股的冲击向窄面运动，较大的气泡在向窄面运动的过程中不断上浮，而小气泡由于受到浮力较小而被流股带至窄面，此时气泡在结晶器上回流区的分布较为均匀。

图 10-13（d）~（f）给出了同一水流量、不同吹气量下的含气率分布。由图可知，当吹气量较小时，气泡在射流流股的带动下可以运动至距水口较远处，且分布较为分散。由于受浮力作用的气泡会对射流流股产生阻力，随着吹气量的增加，进入结晶器内的气泡数量增加，流股所受阻力增大，冲击力减弱，被流股带至窄面的气泡减少。但位于结晶器内总体的气泡数量是增加的，只是大部分气泡在水口附近上浮。

利用本章建立的 MUSIG 模型计算得到了不同流动条件下结晶器内的含气率分布，如图 10-14 所示。与图 10-13 对比发现，含气率的预测结果与水模型实验得到的结果吻合较好，随着水流量的增加，越来越多的气泡被流股带至靠近结晶器窄面，含气率在上回流区的分布更均匀，随着吹气量的增加，含气率增大，越来越多的气泡在靠近水口的位置上浮。

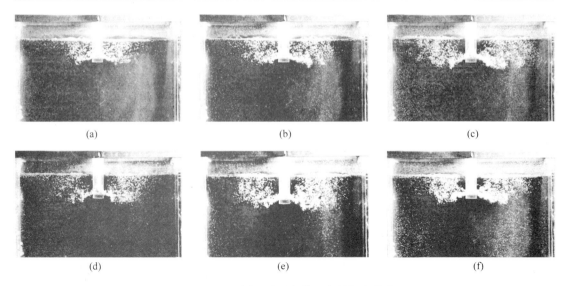

图 10-13　不同工况下水模型内的气泡分布

（a）水流量为 15L/min；（b）水流量为 19L/min；（c）水流量为 23L/min；

（d）吹气量为 0.8L/min；（e）吹气量为 1.6L/min；（f）吹气量为 2.4L/min

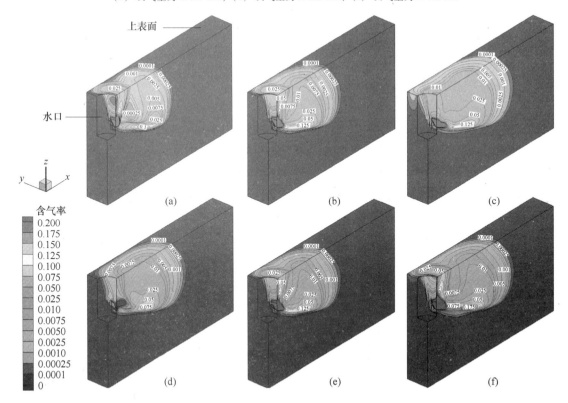

图 10-14　MUSIG 模型预测的不同工况下的含气率分布

（a）水流量为 15L/min；（b）水流量为 19L/min；（c）水流量为 23L/min；

（d）吹气量为 0.8L/min；（e）吹气量为 1.6L/min；（f）吹气量为 2.4L/min

　　为了定量地分析含气率的分布规律，图 10-15 给出了不同流动条件下结晶器上表面中心线上的含气率预测结果。结果发现：在吹气量一定的条件下，随着水流量的增加，气泡不断向窄面方向移动，在宽面方向的分布更加均匀。在水流量一定的条件下，随着吹气量的增加，含气率的峰值向水口移动，表明越来越多的气泡在水口附近上浮。

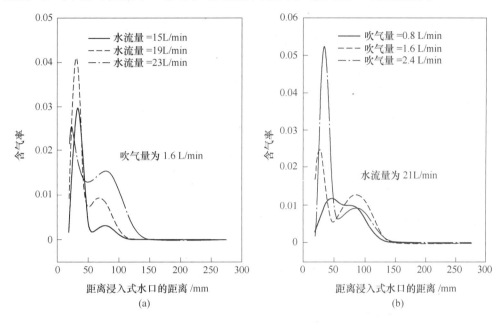

图 10-15　MUSIG 模型预测的中心线上的含气率
（a）不同水流量；（b）不同吹气量

10.4.2　流场分布

图 10-16 所示为水模型实验和 MUSIG 模型预测的结晶器内流场分布。水模型实验的工况条件为：水流量为 19L/min，吹气量为 1.6L/min。由水模型实验结果可知，部分射流自水口冲出后，在气泡的作用下将在水口附近向上冲击到上表面；剩下的主流股在冲击到窄面后形成上、下两个回流，如图 10-16（a）所示，所以在结晶器上回流会形成两股回流。数值计算采用与水模型相同的工况条件，结果发现：MUSIG 模型能够得到与水模实验更加吻合的结果，如图 10-16（b）所示。从该结果可以更加清晰地看出结晶器上部的两股回流。

图 10-17 所示为 MUSIG 模型预测的上表面中心线液体的水平速度分布。钢液在上表面的冲击点位于 $w/t = 1.8$ 处。速度的分布规律与气泡直径为 1.0mm 时的情况一致，钢液在冲击到上表面后，形成两股回流：靠近水口的顺

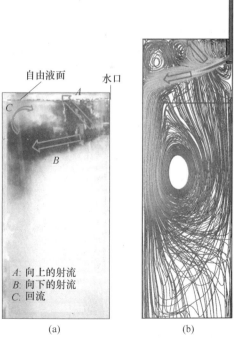

图 10-16　水模型实验（a）和 MUSIG 模型（b）预测的结晶器内流场

时针回流和靠近窄面的逆时针回流。但冲击点的位置较气泡直径为1.0mm时的情况靠近窄面，该预测结果与水模型的测量结果更加接近。

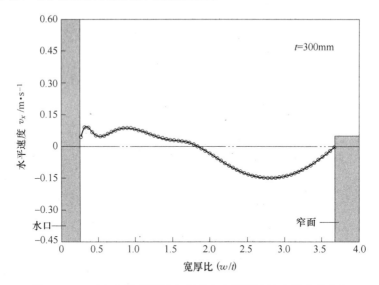

图10-17   MUSIG模型预测上表面中心线钢液的水平速度分布

10.4.3   Sauter平均粒径分布

通过与水模型实验得到的含气率和水流型对比，已经证明MUSIG能够更加准确地预测结晶器内的气液两相流动，那么MUSIG模型预测的气泡粒径分布是否正确呢？

图10-18所示为MUSIG模型预测的结晶器内的气泡粒径分布。由图可见，气泡进入结晶器后先在水口内合并，到达水口底部后由于射流对底部的冲击作用，大气泡被打碎成较小的气泡从水口出口处喷出。部分喷出的气泡在距离水口一定距离处又聚并成较大的气泡，直至从上表面排出。还有一部分没来得及聚并的小气泡随流体射流冲击较远。

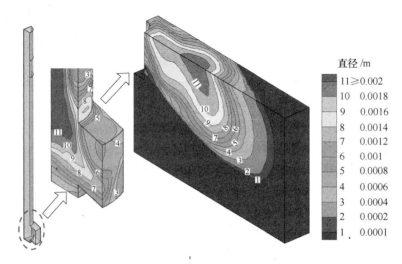

图10-18   MUSIG模型预测的结晶器内气泡粒径分布

湍流耗散率是影响气泡聚并和破碎过程的重要参数。在本模型中采用的破碎模型主要与液相的湍流耗散率相关，湍流耗散率增加时，气泡和湍流涡体的碰撞频率和湍流涡体湍动能都增加，因此气泡的破碎率增大。图 10-19 所示为水口和结晶器内湍流耗散率分布，由图可知，由于射流与底部的撞击作用，水口底部的湍流耗散率较大，湍流涡体动能增大，此处的气泡会发生较强烈的破碎现象。当气泡从水口出口冲出后，由于自身浮力的作用，大部分气泡将很快的上浮，湍流的作用使气泡间不断发生碰撞，而且不同尺寸气泡的上浮速度不同，因此也会增加气泡的碰撞几率，根据气泡湍流碰撞聚并机理，该过程中气泡聚并占主导作用，即气泡尺寸逐渐增大。且由于含气率增加（气泡数密度增大）同样使气泡的聚并速率增大。除了垂直方向的运动，气泡也会在钢液射流的带动下发生横向位移，在此运动过程中，气泡将受到液体剪切力的作用，所以气泡破碎占主导地位。随着气泡的减小，其冲击深度逐渐增加，直到气泡聚并和破碎作用达到平衡。

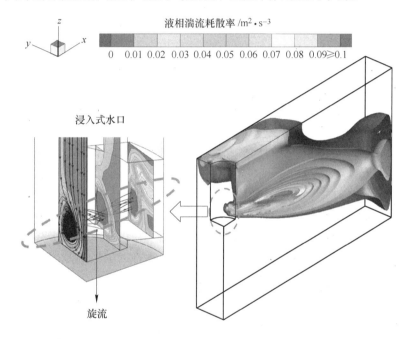

图 10-19 MUSIG 模型预测的水口和结晶器内湍流耗散率分布

图 10-20 所示为在同一吹气量条件下（1.6L/min），不同水流量得到的宽面方向上的气泡粒径分布结果，包括实验测量结果和 MUSIG 模型预测结果。通过与实验结果对比发现，在水流量较小时，MUSIG 模型预测的水口附近的气泡粒径较为准确，但在靠近窄面处存在一定误差，如图 10-20（a）所示。在大水流量下（见图 10-20（c）），MUSIG 模型预测的窄面附近的气泡粒径与测量结果吻合很好，但在水口附近偏大。不同水流量下的预测结果在结晶器中间部位均比较准确，能够反映实验结果。对比三者可以看出，当水流量较小，即液相湍动较弱、湍流耗散率较低时，气泡的破碎作用较弱，气泡聚并作用占主导，所以气泡在水口附近的直径较大，在结晶器内的分布较窄。随着水流量的增加，液相的湍流强度增大，气泡破碎和聚并速率均增大，因此气泡大小分布变宽，大气泡所占体积份额增加。整体的气泡粒径随着水流量的增大而减小。通过对比不同位置的气泡粒径分布（上

表面中心线、上表面下 25mm 中心线、上表面下 50mm 中心线）发现：气泡在上浮过程中，粒径的峰值位置向水口方向移动，这与实验得到的气泡分布状态一致，即呈现扇形分布。

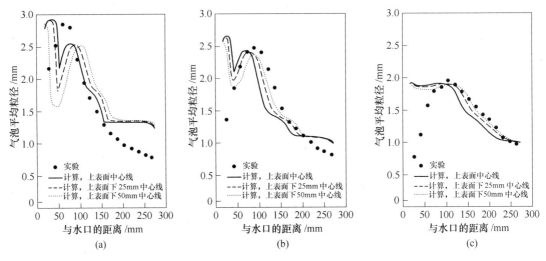

图 10-20   MUSIG 模型预测的不同水流量下的气泡粒径分布

（a）15L/min；（b）19L/min；（c）23L/min

图 10-21 所示为不同吹气量的计算结果与实验测量结果的对比，此时的水流量为 21L/min。从图 10-21（a）可以看出，在低吹气量下，结晶器内的含气率较低，气泡湍动速度和气泡数密度均较小，而气泡间距离较大，气泡的湍动不足以使气泡相互碰撞，因此由湍流涡体引起的气泡聚并作用减弱，所以气泡的粒径在垂直方向的增加较小。随着吹气量的增加，气泡个数增多，含气率增大，气泡湍动速度加大，由湍流涡体引起的气泡聚并作用增强，因而大气泡所占体积份额增加，气泡粒径在垂直方向的增加较大。通过与实验测量结果对比发现：在小吹气量下，MUSIG 模型较好地预测了整个结晶器宽面上的气泡粒径分

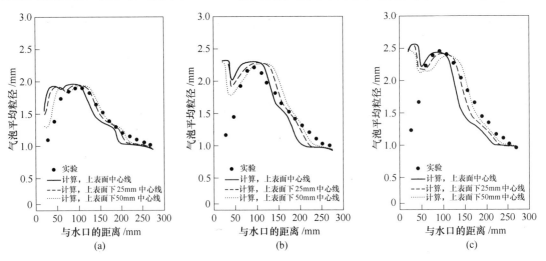

图 10-21   MUSIG 模型预测的不同吹气量下的气泡粒径分布

（a）0.8L/min；（b）1.6L/min；（c）2.4L/min

布，说明该模型对小吹气量的计算更加敏感。随着吹气量的增加，模型对水口附近的气泡粒径预测值偏大，原因可能是模型预测的此处含气率较大，但湍流耗散率较小（破碎率不足），所以气泡的聚并占主导地位，造成气泡变大。吹气量的增加还会造成液相的湍流耗散率减小，大部分湍流涡的动能不足以克服气泡表面张力，因此气泡破碎速率减小，气泡聚并作用增强。气泡大小分布沿横向变化较小，粒径的峰值增大，但位置变化较小。

综上所述，虽然本章发展的 MUSIG 模型对靠近水口处的粒径预测结果还不是十分令人满意，但在其他区域的预测结果能够与实验测量基本吻合，说明该 MUSIG 模型能够被用于预测结晶器内的多尺寸气液两相流动。

参 考 文 献

［1］Yeoh G H, Tu J Y. A unified model considering force balance for departing vapour bubbles and population balance in subcooled boiling flow ［J］. Nuclear Engineering and Design, 2005, 235: 1251～1265.

［2］Cheung S C P, Yeoh G H, Tu J Y. On the numerical study of isothermal vertical bubbly flow using two population balance approaches ［J］. Chemical Engineering Science, 2007, 62 (3): 4659～4674.

［3］Duan X Y, Cheung S C P, Yeoh G H, et al. Gas-liquid flows in medium and large vertical pipes ［J］. Chemical Engineering Science, 2011, 66: 872～883.

［4］Yeoh G H, Tu J Y. Numerical modeling of bubbly flows with and without heat and mass transfer ［J］. Applied Mathematical Model, 2006, 30: 1067～1095.

［5］Cheung S C P, Yeoh G H, Tu J Y. On the modeling of population balance in isothermal vertical bubbly flows-Average bubble number density approach ［J］. Chemical Engineering and Processing, 2007, 46: 742～756.

［6］李祥东. 竖直通道内液氮流动沸腾的双流体模型及沸腾两相流不稳定性研究 ［D］. 上海: 上海交通大学, 2007.

［7］段欣悦. 管内泡状跨流型全三维相间作用力耦合机制模型构建与数值研究 ［D］. 西安: 西安交通大学, 2012.

［8］Liu Z Q, Li L M, Li B K, et al. Population balance modeling of polydispersed bubbly flow in continuous-casting using multiple-size-group approach ［J］. Metallurgical and Materials Transactions B, 2015, 46 (1): 406～420.

［9］Liu Z Q, Qi F S, Li B K, et al. Multiple size group modeling of polydispersed bubbly flow in the mold: an analysis of turbulence and interfacial force models ［J］. Metallurgical and Materials Transactions B. 2015, 46 (2): 933～952.

［10］Luo H, Svendsen H F. Theoretical model for drop and bubble breakup in turbulent dispersions ［J］. AIChE Journal, 1996, 42 (5): 1225～1233.

［11］Prince M J, Blanch H W. Bubble coalescence and break-up in air-sparged bubble columns ［J］. AIChE Journal, 1990, 36 (10): 1485～1499.

［12］Ren Z M, Zhang Z Q, Deng K, et al. Experimental investigation of fluid flow in CC mold with electromagnetic field ［J］. Journal of Iron and Steel Research International, 2011, 18 (sup-2): 227～235.

［13］Antal S P, Lahey R T, Flaherty J E. Analysis of phase distribution in fully developed laminar bubble two-phase flow ［J］. International Journal of Multiphase Flow, 1991, 17: 635～652.

［14］Sato Y, Sadatomi M, Sekoguchi K. Momentum and heat transfer in two-phase bubbly flow ［J］. International Journal of Multiphase Flow, 1981, 7 (2): 167～177.

11　气液两相流相间动量传递
模型数值研究

目前，MUSIG 模型由于自身的理论优势，在多尺寸气液两相流研究领域引起了国内外学者的广泛关注。为了改进 MUSIG 模型的预测精度，E. Krepper 等人[1]考虑了气泡尺寸对相间动量传递的影响，根据气泡尺寸范围，建立不同组群的气、液动量传递方程，发展了求解多速度场分布的非均相 MUSIG 模型，如图 11-1 所示。均相 MUSIG 模型按气泡尺寸范围将气泡离散为若干组子气泡，并假设所有子气泡组的气泡共用一个速度场 u；而在非均相 MUSIG 模型中，按照速度场分布（u_1，u_2，u_3，$\cdots$，u_N）将气泡分成 N 种弥散相气体，且每种弥散相气体按气泡尺寸范围被离散为 M 个子气泡组。

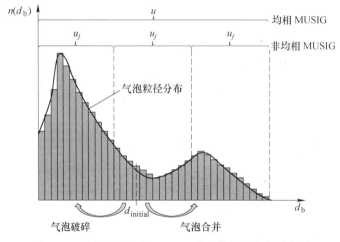

图 11-1　均相和非均相 MUSIG 模型的气泡分组示意图

E. Krepper 等人[1]采用非均相 MUSIG 模型与 Prince 和 Blanch 聚并模型、Luo 和 Svendsen 破碎模型相结合对核反应器竖管内多尺寸泡状流进行数值模拟，以 6mm 为界将弥散相子气泡组群分为两类（考虑到所受侧升力的不同），分别计算各组群的弥散相动量方程，并考虑了所有气泡间的聚并和破碎作用，发现模型预测结果与实验数据吻合较好。段欣悦[2]采用该模型对具有聚并主导趋势特征的多粒径气液泡状流进行数值模拟，仍以 6mm 为界将弥散相子气泡组群分为两类。通过与实验进行对比，发现该模型可以较准确地捕捉到多粒径泡状流中气泡尺寸变化趋势以及含气率分布特征转换。

11.1　非均相 MUSIG 模型的建立

11.1.1　非均相双流体 MUSIG 模型

在非均相 MUSIG 模型中，按照速度场分布（u_1，u_2，u_3，$\cdots$，u_N）将气泡分成 N 种

弥散相气体，且每种弥散相气体按气泡尺寸范围被离散为 M 个子气泡组。按照第 6 章采用的方法，将人口平衡模型和双流体模型相结合，得到描述第 $j \in [1, N]$ 类弥散相气泡的第 $i \in [1, M]$ 类子气泡组的质量守恒方程为：

$$\frac{\partial(\rho_g \alpha_j^g f_i)}{\partial t} + \nabla \cdot (\rho_g \boldsymbol{u}_j^g \alpha_j^g f_i) = S_i \tag{11-1}$$

式中，α_j^g 为控制体积内第 j 类弥散相气泡的含气率；f_i 为第 i 组子气泡在第 j 类弥散相气泡中的体积分数，$f_i = \alpha_{ij}^g / \alpha_j^g$；$\alpha_{ij}^g$ 为第 i 组子气泡在控制容积内的含气率；$\boldsymbol{u}_j^g$ 为第 j 类弥散相气泡的速度；S_i 为由于聚并、破碎以及气泡长大等因素导致的质量传递率。

模型中存在的关系与限制条件如下：

$$\begin{cases} \alpha^g = \sum\limits_{j=1}^{N} \alpha_j^g = \sum\limits_{j=1}^{N} \sum\limits_{i=1}^{M_j} \alpha_{ij}^g \\ \alpha_j^g = \sum\limits_{i=1}^{M_j} \alpha_i^g \\ \sum\limits_{i=1}^{M_j} f_i = 1 \end{cases} \tag{11-2}$$

气泡数密度 n_i 满足：

$$n_i V_i = f_i \alpha_j^g \tag{11-3}$$

式中，V_i 为第 i 组子气泡中单个气泡的体积。

质量传递率源项 S_i 可以表示为：

$$S_i = B_i^C + B_i^B - D_i^C - D_i^B \tag{11-4}$$

式中，B_i^C、B_i^B 分别为由聚并、破碎导致的第 i 组气泡质量增多的变化；D_i^C、D_i^B 分别为聚并、破碎造成的第 i 组气泡质量减少的变化。

式（11-4）中各项的表达式为：

$$B_i^B = \rho_g \alpha_j^g \sum_k \Omega(M_k, M_i) f_k \tag{11-5a}$$

$$B_i^C = \frac{1}{2}(\rho_g \alpha_j^g)^2 \sum_k \sum_k \eta_{kli} \Psi(M_k, M_l) \frac{M_k + M_l}{M_k M_l} f_k f_l \tag{11-5b}$$

$$D_i^B = \rho^g \alpha_j^g f_i \sum_k \Omega(M_i, M_k) \tag{11-5c}$$

$$D_i^C = (\rho_g \alpha_j^g)^2 \sum_k \Psi(M_i, M_k) \frac{1}{M_k} f_i f_k \tag{11-5d}$$

式中，$\Omega(M_k, M_i)$ 为第 k 组气泡破碎导致第 i 组气泡质量增加的比率；$\Psi(M_k, M_l)$ 为第 k 组气泡与第 l 组气泡随机碰撞导致第 i 组气泡质量增加的比率；$\Omega(M_i, M_k)$ 为第 i 组气泡破碎至第 k 组气泡，导致自身质量减少的比率；$\Psi(M_i, M_k)$ 为第 i 组气泡与第 k 组气泡随机碰撞导致自身质量减少的比率；η_{kli} 为第 k 组气泡与第 l 组气泡发生碰撞，合并为第 i 组气泡的质量分数，可表示为：

$$\eta_{kli} = \begin{cases} 1 & M_k + M_l > M_i \\ 0 & M_k + M_l \leqslant M_i \end{cases} \tag{11-6}$$

第 j 类弥散相气体的动量方程表示为：

$$\frac{\partial}{\partial t}(\rho_g \alpha_j^g \boldsymbol{u}_j) + \nabla \cdot (\rho_g \alpha_j^g \boldsymbol{u}_j \times \boldsymbol{u}_j) = \nabla \cdot \{\alpha_j^g \mu_g^{\text{eff}}[\nabla \boldsymbol{u}_j + (\nabla \boldsymbol{u}_j)^{\text{T}}]\} - \alpha_j^g \nabla p + \rho_g \alpha_j^g g + F_j$$

$$\tag{11-7}$$

式中，F_j 为相间作用力，由曳力、侧升力、虚拟质量力、湍流离散力和壁面润滑力构成。

以上方程构成了非均相 MUSIG 模型，其中涉及的气泡聚并和破碎模型在第 10 章中有详细的介绍，此处不再赘述。

11.1.2　封闭的相间动量传递模型

11.1.2.1　湍流模型

两方程模型是目前应用最广泛的湍流模型，这与其内在的物理本质有必然的联系。应用比较广泛的两方程模型有标准 k-ε 模型、基于重整化群理念的 RNG k-ε 模型、k-ω 模型及由 k-ω 模型发展而来的剪切应力输运模型（SST 模型）。前面已介绍过这些模型，此处不再赘述。

11.1.2.2　相间作用力模型

封闭的相间作用力模型在气液两相流数值计算中发挥着重要的作用，总的相间作用力 F_i 包括与流动同向的纵向力（曳力、虚拟质量力）和垂直于流动方向的侧向力（侧升力、湍流离散力和壁面润滑力）。各个模型的基本式见 2.3 节和 10.1 节的介绍，此处不再赘述。这些作用力不仅与局部的流动结构有关（液速、液速梯度、湍流参数等），而且与气泡尺寸有关，因此合理的相间作用力对气液两相流计算至关重要。表 11-1 给出了不同相间作用力模型及模型系数的比较。

11.1.3　数值细节

考虑计算的经济性和结构的对称性，本章继续取四分之一模型进行计算，如图 10-5 所示。具体数值计算过程中的几何、物性和操作参数见表 11-2。边界条件和初始条件与第 10 章一致。气泡诱导的湍流黏度依旧采用 Sato 模型计算。

非均相 MUSIG 模型按速度场将气泡分成两类，每类气泡取 10 组离散子气泡，并按均匀直径分组。考虑到实际钢液-氩气系统与水-空气系统之间存在较大的区别，主要在于温度梯度和表面张力。根据之前 H. Bai 和 B. G. Thomas 的工作[14]，预测实际钢液-氩气系统的氩气泡粒径约为水模型中空气泡粒径的 1.5 倍，所以本计算采用的氩气泡的取值也为水模型的 1.5 倍。具体的分组情况见表 11-3。

为了便于发展通用模型，所有数值模拟采用相同的组群数、气泡尺寸范围、尺寸间距和聚并、破碎校正因子。根据第 10 章的数值研究结果，本章仍采用校正因子 $F_C = 1.0$、$F_B = 0.5$ 修正非均相 MUSIG 模型的聚并、破碎源项。

表 11-1 不同相间作用力模型汇总

相间作用力	模型	相间作用力系数	相关参数
曳力	Schiller 和 Naumann (1933年)[3]	$C_D = \begin{cases} 24/Re_b & Re_b \leqslant 1 \\ \max\left[\dfrac{24}{Re_b}(1+0.15Re_b^{0.687}), 0.44\right] & 1 \leqslant Re_b \leqslant 1000 \\ 0.44 & 1000 \leqslant Re_b \leqslant 2\times10^5 \end{cases}$	$Re_b = \dfrac{\rho_l \mid u_l - u_g \mid d_b}{\mu_l}$
	Ishii 和 Zuber (1979年)[4]	$C_D = \begin{cases} \dfrac{24}{Re_b}(1+0.15Re_b^{0.687}) & 球形气泡, Eo < 0.15 \\ \dfrac{2Eo^{0.5}}{3}\left[\dfrac{1+17.67f(\alpha_g)^{6/7}}{18.67f(\alpha_g)}\right]^2 & 椭圆形气泡, 0.15 \leqslant Eo < 40 \\ \dfrac{8}{3}(1-\alpha_g)^2 & 帽状气泡, Eo \geqslant 40 \end{cases}$	$Eo = \dfrac{g\Delta\rho d_b^2}{\sigma}$ $f(\alpha_g) = \dfrac{\mu_l}{\mu_g}(1-\alpha_g)^{1/2}$
	Grace (1978年)[5]	$C_D = \dfrac{4}{3}\dfrac{\alpha_g g d_b}{U_T^2}\dfrac{\rho_l - \rho_b}{\rho_b}$	
	常数	$C_D = 0.44$	
侧升力	Saffman 和 Mei (1965年,1992年)[6,7]	$C_L = \begin{cases} 6.46(1-0.3314\beta^{1/2})\cdot e^{-0.1Re_b} + 0.3314\beta^{1/2} & Re_b < 40 \\ 6.46 \times 0.0524(\beta Re_b)^{1/2} & 40 \leqslant Re_b < 100 \end{cases}$	$Re_b = \dfrac{\rho_l \mid u_l - u_b \mid d_b}{\mu_l} \leqslant Re_\omega$ $Re_\omega = \dfrac{\rho_l \mid \nabla \times U_l \mid d_b^2}{\mu_l} \leqslant 1, \beta = \dfrac{Re_\omega}{2Re_b}$
	Legendre 和 Magnaudet (1998年)[8]	$C_L = \sqrt{\left(C_{L,low\,Re}\right)^2 + \left(C_{L,high\,Re}\right)^2}$ $C_{L,low\,Re} = \dfrac{15.3}{\pi^2(1+0.2\varepsilon_\infty^{-2})^{3/2}}(Re_b, Sr)^{-1/2}$ $C_{L,high\,Re} = \dfrac{1}{2}\dfrac{1+16Re_b^{-1}}{1+29Re_b^{-1}}$	$\varepsilon = \sqrt{\dfrac{2\beta}{Re_b}}, 0.1 \leqslant Re_b \leqslant 500, Sr = 2\beta \leqslant 1$

续表 11-1

相间作用力	模　型	相间作用力系数	相　关　参　数
侧升力	Tomiyama(2002年)[9]	$C_L = \begin{cases} \min\{0.288\tanh[0.121Re_b, f(Eo)]\} & Eo < 4 \\ f(Eo) = 0.00105Eo^3 - 0.0159Eo^2 - 0.0204Eo + 0.47 & 4 \le Eo \le 10 \\ -0.27 & 10 < Eo \end{cases}$	
	常数	$C_L = 0.8$	
虚拟质量力	常数	$F_{VM} = \alpha_g \rho_l C_{VM}\left(\dfrac{Du_g}{Dt} - \dfrac{Du_l}{Dt}\right)$	$C_{VM} = 0.1, 0.5, 1.0$
壁面润滑力	Antal(1991年)[10]	$C_W = \max\left\{0, \dfrac{C_{W1}}{d_b} + \dfrac{C_{W2}}{y_W}\right\}$	$C_{W1} = -0.01$ $C_{W2} = 0.05$ $y_W \le -(C_{W2}/C_{W1})d_b$
	Tomiyama(1998年)[11]	$C_W = C_W(Eo) \cdot \dfrac{d_b}{2}\left[\dfrac{1}{y_W^2} - \dfrac{1}{(d_b - y_W)^2}\right]$	$C_W(Eo) = \begin{cases} 0.47 & Eo < 1 \\ e^{-0.933Eo+0.179} & 1 \le Eo \le 5 \\ 0.00599Eo - 0.0187 & 5 < Eo \le 33 \\ 0.179 & 33 < Eo \end{cases}$
	Frank(2008年)[12]	$C_W = C_W(Eo) \cdot \max\left[0, \dfrac{1}{C_{WD}\,y_W}\left(\dfrac{1 - \dfrac{y_W}{C_{WC}d_b}}{\dfrac{y_W}{C_{WC}d_b}}\right)^{P-1}\right]$	$C_{WC} = 10, C_{WD} = 6.8, P = 1.7$
湍流离散力	Favre averaged drag force[13]	$F_{lg}^{TD} = C_{TD}C_D \dfrac{v_{t,g}}{\sigma_{t,g}}\left(\dfrac{\nabla\alpha_l}{\alpha_l} - \dfrac{\nabla\alpha_g}{\alpha_g}\right)$	$C_{TD} = 0.1, 0.5, 1.0$

表 11-2 实验和计算过程中的几何、物性和操作参数

参　　数	水-空气系统	钢液-氩气系统
浸入式水口内径/mm	20	80
水口出口倾角/(°)	向下 15	向下 15
水口出口的高度/mm	20	80
水口出口的宽度/mm	17.5	70
水口的插入深度/mm	75	300
结晶器的宽度/mm	550	2200
结晶器的厚度/mm	75	300
结晶器的高度/mm	900	4200
液体流量/L·min^{-1}	15~23（水，25℃）	480~736（钢液，1530℃）
吹气量/L·min^{-1}	0.8~2.4（空气，25℃）	98.6~295.8（氩气，1530℃）
液体的密度/kg·m^{-3}	1000	7020
气体的密度/kg·m^{-3}	1.225	0.56
液体的黏度/kg·(m·s)$^{-1}$	0.00573	0.0056
气体的黏度/kg·(m·s)$^{-1}$	1.99×10^{-5}	7.42×10^{-5}
表面张力/N·m^{-1}	0.072	1.5

表 11-3 非均相 MUSIG 模型中的气泡分组情况

项　　目	参　数	水-空气系统	钢液-氩气系统
1 号弥散相气泡	组群数	10	10
	气泡尺寸范围/mm	0~2	0~3
	气泡尺寸间距/mm	0.2	0.3
2 号弥散相气泡	组群数	10	10
	气泡尺寸范围/mm	2~4	3~6
	气泡尺寸间距/mm	0.2	0.3

11.2　湍流传递机制数值研究

　　气泡的聚并、破碎机制与液相的湍流运动密切相关，而湍流的本质表现为不规则性、有旋性、三维性、扩散性和耗散性。两相流场中的流动特性与气泡及液相的湍流脉动密切相关。气相的湍流是由其尾迹诱发的，而液相湍流则是由其自身速度梯度和气泡作用二者产生的。结晶器内的气液两相流动中的气泡和液相间的相互作用十分复杂，且都有较强的湍流脉动。整个流场的流动特性与气泡和液相的湍流密切相关，因此很有必要全面考虑相间湍流作用。

　　本节采用两方程湍流模型标准 k-ε、RNG k-ε、k-ω、SST 模型预测气液两相湍流运动。采用附加黏度法将 Sato 模型用于修正各个湍流模型中的液相湍流黏度（即气泡诱发的湍流黏度），对不同工况进行数值模拟，气泡粒径分布的预测结果如图 11-2 所示。其中图

11-2（a）~（c）分别为不同湍流模型对同一吹气量（1.6L/min），不同水流量工况下的气泡粒径分布（弯月面下 25mm 的中心线，0mm 位置是水口中心，275mm 位置为窄面）预测结果。由图 11-2（a）可知，k-ε 和 RNG k-ε 能够较准确地预测小水流量下（小拉速）气泡粒径的峰值分布，且 RNG k-ε 的预测峰值结果与测量值更接近，但所有模型（除 k-ε 模型外）均过度预测了水口附近和窄面附近的气泡直径。而图 11-2（b）和（c）表明 k-ε 模型预测气泡粒径分布优于其他模型，说明该模型模拟高液速气液两相流运动颇具优势。比较所有工况，发现 k-ω 和 SST 模型预测结果与测量值差别较大。

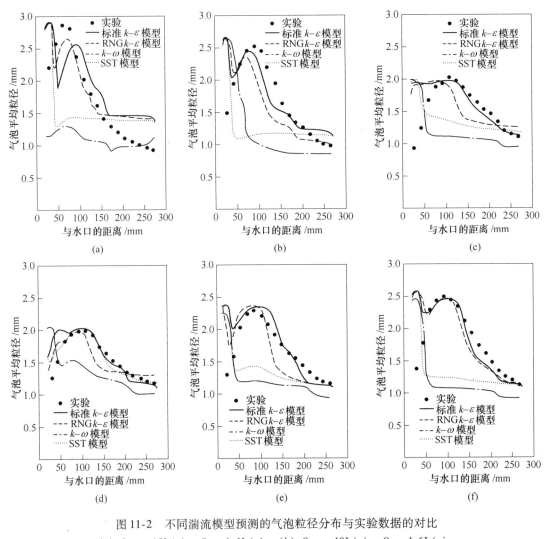

图 11-2　不同湍流模型预测的气泡粒径分布与实验数据的对比
（a）$Q_{\text{water}} = 15\text{L/min}$，$Q_{\text{air}} = 1.6\text{L/min}$；（b）$Q_{\text{water}} = 19\text{L/min}$，$Q_{\text{air}} = 1.6\text{L/min}$；
（c）$Q_{\text{water}} = 23\text{L/min}$，$Q_{\text{air}} = 1.6\text{L/min}$；（d）$Q_{\text{water}} = 21\text{L/min}$，$Q_{\text{air}} = 0.8\text{L/min}$；
（e）$Q_{\text{water}} = 21\text{L/min}$，$Q_{\text{air}} = 1.6\text{L/min}$；（f）$Q_{\text{water}} = 21\text{L/min}$，$Q_{\text{air}} = 2.4\text{L/min}$

图 11-2（d）~（f）分别为不同湍流模型对同一水流量（21L/min）、不同吹气量工况下的气泡粒径分布预测结果。发现 k-ε 模型能够准确地预测各个工况下的气泡粒径分布，说明 k-ε 模型模拟高、低含气率工况均有优势；RNG k-ε 模型对低含气率工况（小于等于

1.6L/min）的气泡粒径分布预测误差较大；k-ω 模型对所有工况的气泡粒径预测均存在较大误差；SST 模型比其他模型能够更准确地预测低含气率下（0.8L/min）的气泡粒径分布，说明 SST 模型模拟低含气率气液两相流动颇具优势。鉴于模型选择的原则是不仅要求计算精度要高、应用简单、节省计算时间，而且还要具有通用性，因此本章采用 k-ε 模型与 Sato 附加黏度模型相结合实现多尺寸泡状流数值模拟。由此可见，气相对液相的湍流修正相当重要，还需要进一步的深入研究。

11.3 相间作用力机制数值研究

11.3.1 曳力

曳力是气液相间动量传递最重要的作用力，在流动充分发展时基本与浮力平衡，对流场内液相湍流运动强度的影响较大。按照曳力的形成机制，可以分为表面曳力和形体曳力。其中表面曳力与流体物性相关，是由流体和气泡表面的摩擦所导致的曳力，主要由气泡表面积大小决定。形体曳力是由气泡周围不均匀的压力场造成的，主要取决于气泡的形状和位置。两种曳力均与 Re 数有关，通常在低 Re 数泡状流中，表面曳力对气泡运动起主导作用；当 Re 数达到某一临界值，发生流动分离现象，在气泡尾涡区发生湍流涡，此时形体曳力开始发挥作用；当 Re 数继续增大，气泡所受表面曳力可以忽略不计，形体曳力占主导作用。因此曳力的形成与发展受气泡形状、尺寸、流动状态以及流体物性等多种因素影响。工程上大都将表面曳力和形体曳力合在一起构成总曳力 F_D，近些年的研究均围绕曳力系数 C_D 展开。

关于 C_D 的研究很多，发展了诸多曳力模型。此处选用表 11-1 所示的曳力模型。其中 Schiller 和 Naumann 模型[3] 采用气泡雷诺数（Re_b）描述曳力的发展，在低雷诺数区（$Re_b \leqslant 1$），气泡在流动中所受黏性力占主导作用，C_D 根据 Stokes 定律计算；在雷诺数区（$1 \leqslant Re_b \leqslant 1000$），黏性力和惯性力均十分重要，$C_D$ 是 Re_b 的复杂函数；在雷诺数区（$1000 \leqslant Re_b \leqslant 2 \times 10^5$），惯性力占主导地位，$C_D$ 与 Re_b 无关。Ishii 和 Zuber 模型[4] 考虑了更多因素的影响，在低含气率流动中，当 Re_b 较小时，C_D 与 Schiller 和 Naumann 模型类似；当 Re_b 较大时，气泡处于惯性或变形区，C_D 与 Re_b 无关，而与气泡形状相关。在该区域气泡受表面张力控制而发生变形，随雷诺数增加将首先变形为椭球形，最终变形为帽形。对于椭球形气泡，C_D 近似为：$2Eo^{0.5}/3$（$Eo = g(\rho_1 - \rho_g) d_b^2 / \sigma$，它表征气泡所受浮力与表面张力之比）；对于帽形气泡，C_D 近似为 8/3。而且对于高含气率流动，该模型也考虑了密集气泡分布对曳力造成的影响。Grace 曳力系数模型[5] 适合于变形气泡流动体系 C_D 的确定，该 C_D 近似为一个常数，与气泡雷诺数无关，但与气泡的形状有关。所以在气液多相流中，当气泡存在多种形状（如球形、椭球形或胶囊形等）时推荐使用此模型。

为比较上述曳力模型对气液两相相间动量传递现象的预测能力，本节对不同水流量和吹气量下的气液两相流实验工况进行数值模拟。不同曳力模型预测的各工况下的气泡粒径分布，如图 11-3 所示。在本节的计算模型中，相间作用力模型还包括侧升力（$C_L = 0.8$）、虚拟质量力（$C_{VM}=0.5$）、FAD 湍流离散力（$C_{TD}=1.0$）和 Frank 壁面润滑力模型。由图 11-3（a）~（c）可知，在吹气量 $Q_{air}=1.6L/min$ 且水流量 $Q_{water}=15L/min$ 工况下，Ishii 和 Zuber 模型较好地预测了低水流量下的气泡粒径分布，而其他几种模型对窄面附近的气泡粒径预测过大。随着水流量的增加，气泡的峰值粒径减小，所有模型均能够较准确地预测气泡粒径的峰值及窄面附近气泡的粒径分布，但对水口附近的气泡粒径均预测过大。由图 11-3（d）~（f）可知，在水流量 $Q_{water}=21L/min$ 且吹气量 $Q_{air}=0.8L/min$ 工况下，所有模型均能够较准确地预测从水口至窄面区间的气泡粒径分布，随着吹气量的增加，气泡的峰值粒径增加，此时这些模型对水口附近气泡粒径的预测均较大，说明在这些模型对高含气率气液两相流的预测均不存在优势。通过本节的数值研究，对于选取的不同水流量、吹气量的气液两相流，Ishii 和 Zuber 模型优于 Grace、Schiller 和 Naumann 及常系数模型，尤其适用于低液速、低含气率工况。

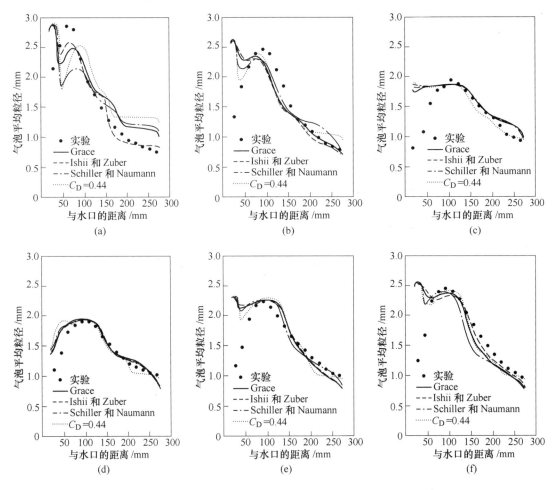

图 11-3　不同曳力系数模型预测的气泡粒径分布与实验数据的对比

（a）$Q_{water}=15L/min$，$Q_{air}=1.6L/min$；（b）$Q_{water}=19L/min$，$Q_{air}=1.6L/min$；

（c）$Q_{water}=23L/min$，$Q_{air}=1.6L/min$；（d）$Q_{water}=21L/min$，$Q_{air}=0.8L/min$；

（e）$Q_{water}=21L/min$，$Q_{air}=1.6L/min$；（f）$Q_{water}=21L/min$，$Q_{air}=2.4L/min$

11.3.2 侧升力

在气液两相流中，当气泡在有速度梯度的流场中运动时，会受到一个垂直于气泡与液相流场相对速度方向的力的作用，即侧升力。它对气泡的侧向运动十分重要，会影响气泡的侧向运动，决定含气率的分布特征。有关侧升力系数的研究很多，见表11-1。其中P. G. Saffman[6] 和 R. Mei[7] 根据液相速度梯度诱发旋转而造成的气泡周围压力不均匀分布，建立了高剪切率、低 Re_b 数气液两相流动中球形气泡的侧升力模型。在该模型中，侧升力系数 C_L 随 Re_b 的增大而减小。而根据前人的理论与实验研究，当 Re_b 超过某一临界值，侧升力将变为负值且主要与剪切率有关。基于此研究，D. Legendre 和 J. Magnaudet[8] 假设气泡与周围流体之间的剪切梯度为零，建立了线性剪切层中球形气泡的侧升力模型。该模型中的 C_L 在高雷诺数下是 Re_b 的函数，在低雷诺数下是 Re_b 和 Sr_b 的函数。此外，A. Tomiyama[9] 认为气泡变形对气泡侧向运动的影响很大，并通过实验发现气泡变形能够改变气液两相运动中气泡的侧向运动方向。进而通过耦合剪切作用和气泡变形等因素对气泡侧向运动行为的影响，采用局部 Eo 数修正了 C_L，建立了新的气液两相侧升力系数模型。根据上述研究内容，不同研究者对侧升力系数模型持不同的观点，可见在气液两相流中侧升力系数模型并不完善，还需要深入研究。

采用表11-1所示的四种侧升力系数模型对不同水流量、吹气量工况下的气液两相流实验进行数值模拟，预测的气泡粒径分布结果如图11-4所示。在本节的计算模型中，相间作用力模型还包括 Ishii Zuber 曳力、虚拟质量力（$C_{VM} = 0.5$）、FAD 湍流离散力（$C_{TD} = 1.0$）和 Frank 壁面润滑力模型。所有工况的计算结果表明，侧升力对气液两相流运动十分重要，当不考虑侧升力时，预测结果与实验数据存在很大误差。由图11-4（a）～（c）可知，在吹气量 $Q_{air} = 1.6 \text{L/min}$ 且水流量 $Q_{water} = 15 \text{L/min}$ 工况下，常系数模型（$C_L = 0.8$）能够较为准确地预测气泡的粒径分布，而其余模型预测的气泡粒径分布结果与实验值相差较大。随着水流量的增加，各模型对气泡粒径分布的预测精度相比低水流量工况提高，但水口附近的预测值偏高，其中常系数模型预测结果更接近气泡粒径分布曲线。比较图11-4（d）～（f）中不同模型对不同吹气量下的气泡粒径分布结果可知，常系数模型预测值更接近实验数据，其余模型的预测结果偏低（水口附近的预测值偏高）。随着吹气量的增加，其余模型的预测结果误差增大，说明这些模型在模拟高含气率的气液两相流中均不具有优势。因此，通过本节的模拟可以得到如下结论：侧升力对气液两相流的准确预测很重要；其中常系数模型（$C_L = 0.8$）对预测各工况下结晶器内的气液两相流具有较大优势。更加合理的侧升力系数模型还需要进一步研究。

11.3.3 虚拟质量力

当气泡相对于流体做加速运动时，不但气泡的速度越来越大，而且在气泡周围流体的速度也会增大。推动气泡运动的力不但会增加气泡本身的动能，也会增加流体的动能，因此这个力将大于加速气泡本身所需的动能，好像是气泡质量增加了一样，所以加速这部分增加质量的力就称为虚拟质量力。尤其当连续相的密度远大于弥散相的密度时，虚拟质量力的作用体现更加明显，需予以考虑。而在之前的很多结晶器两相流研究当中，虚拟质量力均被忽略。本节采用不同的虚拟质量力系数 $C_{VM} = 0.1$、0.5、1.0 对不同水流量、吹气

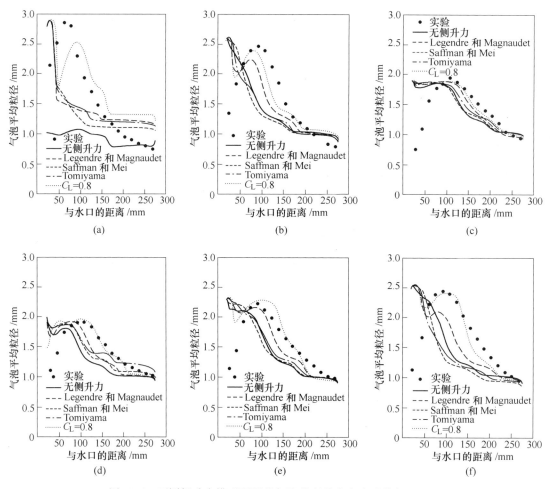

图 11-4　不同侧升力模型预测的气泡粒径分布与实验数据的对比

（a）$Q_{water}=15L/min$，$Q_{air}=1.6L/min$；（b）$Q_{water}=19L/min$，$Q_{air}=1.6L/min$；

（c）$Q_{water}=23L/min$，$Q_{air}=1.6L/min$；（d）$Q_{water}=21L/min$，$Q_{air}=0.8L/min$；

（e）$Q_{water}=21L/min$，$Q_{air}=1.6L/min$；（f）$Q_{water}=21L/min$，$Q_{air}=2.4L/min$

量工况下的气液两相流实验进行数值模拟，预测的气泡粒径分布结果如图 11-5 所示。在本节的计算模型中，相间作用力模型还包括 Ishii Zuber 曳力、常系数侧升力模型（$C_L=0.8$）、FAD 湍流离散力（$C_{TD}=1.0$）和 Frank 壁面润滑力模型。所有工况的预测结果表明：当不考虑虚拟质量力时气泡粒径的预测结果明显偏小，说明虚拟质量力在气液两相流计算中发挥重要作用，不能忽略。

图 11-5（a）～（c）给出了同一吹气量（$Q_{air}=1.6L/min$），不同水流量下的气泡粒径分布对比，结果发现：在低水流量下（见图 11-5（a）和（b）），虚拟质量力系数模型 $C_{VM}=0.1$ 和 $C_{VM}=0.5$ 能够较好地预测气泡粒径的峰值及整体分布，尤其是 $C_{VM}=0.5$，而 $C_{VM}=1$ 却对水口附近的值过度预测，对中间区域的气泡粒径预测值偏小；在高水流量下（即高液速），三种虚拟质量力系数模型均能够较好地预测气泡粒径分布，但在水口附近均存在过度预测现象。图 11-5（d）～（f）所示为同一水流量（$Q_{water}=21L/min$），不同吹气量下的气泡粒径分布对比，由图可知，在小吹气量下（$Q_{air}=0.8L/min$），虚拟质量力系数

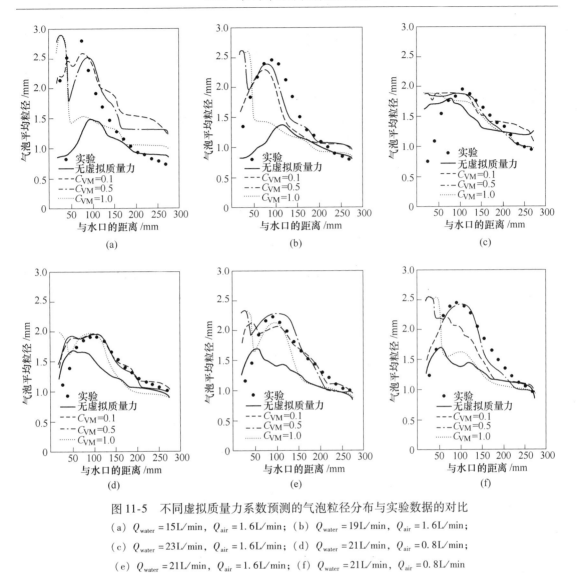

图 11-5 不同虚拟质量力系数预测的气泡粒径分布与实验数据的对比

(a) $Q_{water} = 15 L/min$，$Q_{air} = 1.6 L/min$；(b) $Q_{water} = 19 L/min$，$Q_{air} = 1.6 L/min$；

(c) $Q_{water} = 23 L/min$，$Q_{air} = 1.6 L/min$；(d) $Q_{water} = 21 L/min$，$Q_{air} = 0.8 L/min$；

(e) $Q_{water} = 21 L/min$，$Q_{air} = 1.6 L/min$；(f) $Q_{water} = 21 L/min$，$Q_{air} = 0.8 L/min$

模型 $C_{VM} = 0.1$ 和 $C_{VM} = 0.5$ 近乎完美地预测了气泡粒径整体分布；随着吹气量的增加，在水口附近三种系数模型仍会出现过度预测现象，而且系数越大，过度预测越明显。对比该组数据发现，不考虑虚拟质量力和小系数（$C_{VM} = 0.1$）质量力模型能够较好地预测水口附近（20～50mm）的气泡粒径分布。通过本节的数值研究，对于选取的不同水流量、吹气量的气液两相流，$C_{VM} = 0.5$ 常系数模型对所有工况的适应性最佳。

11.3.4 湍流离散力

在气液两相流中，弥散相气泡从高体积分数区域流向低体积分数区域时，在湍流的作用下，空间上会出现分散的效果，在控制方程中以湍流离散力的形式体现出来。该力描述的是气泡体积分数对气泡侧向运动的影响，反映了弥散相气泡在湍流连续相中的离散效应。弥散相气泡受湍流离散力作用会诱发液相的湍流运动：大气泡尾涡现象会增加液相剪切梯度，增强流场内的湍流运动；小气泡体积分数增大会减弱流场内的湍流运动。Favre

Averaged Drag 模型[13]是被广泛采用的湍流离散力模型，主要考虑了湍流导致的离散气泡分散运动，其湍流离散力系数通常为常数，见表 11-1。

采用不同的湍流离散力系数 $C_{TD} = 0.1$、0.5、1.0 对不同水流量、吹气量工况下的气液两相流实验进行数值模拟，预测的气泡粒径分布结果如图 11-6 所示。在本节的计算模型中，相间作用力模型还包括 Ishii Zuber 曳力、常系数侧升力模型（$C_L = 0.8$）、常系数虚拟质量力模型（$C_{VM} = 0.5$）和 Frank 壁面润滑力模型。所有工况的预测结果表明：当不考虑湍流离散力时气泡粒径的宏观分布无明显变化，但在局部位置存在预测值偏小的现象，说明湍流离散力在气液两相流计算中发挥一定作用，不能忽略。如图 11-6（a）所示，在低水流量、中等吹气量工况条件下，常系数 $C_{TD} = 0.1$ 模型较好地预测了气泡粒径的峰值，而系数为 0.5、1.0 的 Favre Averaged Drag 模型对峰值的预测偏低；三种常系数模型对结晶器窄面的气泡粒径预测值均偏高，这表明该模型对湍流强度较弱工况预测误差较大。随着水流量的增加，模型对窄面预测值的精度明显提高，但仍存在过度预测水口附近气泡粒径值的问题，如图 11-6（b）和（c）所示。对于小吹气量工况，如图 11-6（d）所示，所有

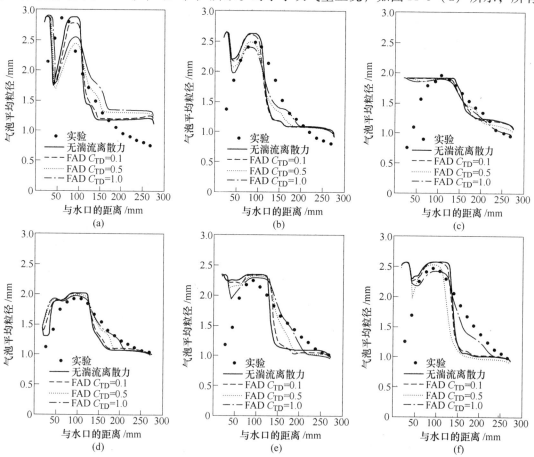

图 11-6 不同湍流离散力系数预测的气泡粒径分布与实验数据的对比

（a）$Q_{water} = 15L/min$，$Q_{air} = 1.6L/min$；（b）$Q_{water} = 19L/min$，$Q_{air} = 1.6L/min$；

（c）$Q_{water} = 23L/min$，$Q_{air} = 1.6L/min$；（d）$Q_{water} = 21L/min$，$Q_{air} = 0.8L/min$；

（e）$Q_{water} = 21L/min$，$Q_{air} = 1.6L/min$；（f）$Q_{water} = 21L/min$，$Q_{air} = 2.4L/min$

模型均能够较好地预测气泡粒径分布，说明该模型适合模拟低含气率工况。随着吹气量的增加，所有模型对气泡粒径峰值的预测结果较准确，但在水口附近出现较大误差。此外，在距离水口 140～230mm 区域，系数为 0.1 和 0.5 的 Favre Averaged Drag 模型的预测结果偏小，系数为 1.0 的模型预测结果较好，这表明系数为 1.0 的模型对模拟高含气率的气液两相流具有优势。通过本节的模拟可以得到如下结论：常系数模型（$C_{TD} = 1.0$）预测各工况下气液两相流具有较大优势。

11.3.5　壁面润滑力

在气液两相流中，当气泡距壁面很近但未与其接触时，会受到液相将其推向流动中心的作用力，称为壁面润滑力。该力具有推动气泡远离壁面的作用，使流动截面上各参数趋于一致，有展平径向含气率分布的趋势。目前常用的壁面润滑力系数模型包括：Antal 模型[10]、Tomiyama 模型[11] 和 Frank 模型[12]，见表 11-1。其中 S. P. Antal 等人[10]提出方向远离壁面的力的大小与远离壁面的距离成反比，该模型在近壁面边界层区域内有效。随后，A. Tomiyama[11]根据单一气泡在甘油中运动的实验测量数据改进了 Antal 模型，并拓宽了模型的预测工况范围，但是该模型只适合管流问题。为了打破上述模型的限制，T. Frank 根据 Tomiyama 模型推导了与管径无关的 Frank 壁面润滑力模型[12]。在该模型中，当剪切系数 $C_w(Eo)$ 与 Eo 数无关时，如果壁面距离大于气泡直径，$C_w(Eo) = 5$；如果有效阻尼系数与力的大小有关，$C_w(Eo) = 100$；当这两个条件同时成立，该模型简化为 Antal 模型。

采用上述三种壁面润滑力模型对不同水流量、吹气量工况下的气液两相流实验进行数值模拟，预测的气泡粒径分布结果如图 11-7 所示。在本节的计算模型中，相间作用力模型还包括 Ishii Zuber 曳力、常系数侧升力模型（$C_L = 0.8$）、常系数虚拟质量力模型（$C_{VM} = 0.5$）和 FAD 湍流离散力（$C_{TD} = 1.0$）。所有工况的预测结果表明：当不考虑壁面润滑力时气泡粒径的宏观分布与实验值吻合较好，说明在本模型中其余 4 个力的作用已能够较准确地预测结晶器内的气泡粒径分布。在低液速和中等含气率工况下（见图 11-7（a）和（b）），Frank 模型和 Tomiyama 模型的预测值误差较大，低估了壁面润滑力的大小，峰值的位置偏向水口，峰值的宽度较小，中间区域的气泡粒径值严重偏离实验值。对于高液速、低含气率工况（见图 11-7（c）和（d）），三种模型的预测值几乎一致，均能

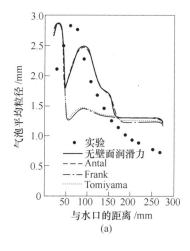

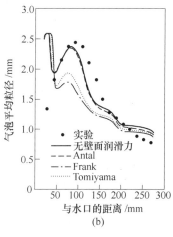

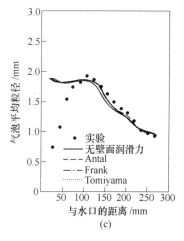

（a）　　　　　　　　　　（b）　　　　　　　　　　（c）

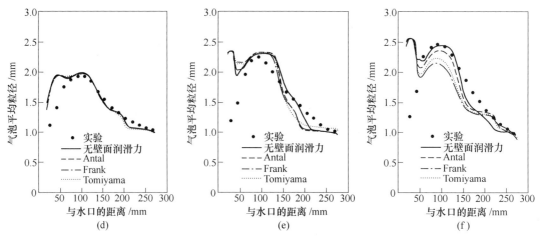

图 11-7　不同壁面润滑力模型预测的气泡粒径分布与实验数据的对比

（a）$Q_{water} = 15L/min$，$Q_{air} = 1.6L/min$；（b）$Q_{water} = 19L/min$，$Q_{air} = 1.6L/min$；

（c）$Q_{water} = 23L/min$，$Q_{air} = 1.6L/min$；（d）$Q_{water} = 21L/min$，$Q_{air} = 0.8L/min$；

（e）$Q_{water} = 21L/min$，$Q_{air} = 1.6L/min$；（f）$Q_{water} = 21L/min$，$Q_{air} = 2.4L/min$

够较好地预测气泡粒径分布，仅在水口附近过度预测。随着吹氩量的增加，三种模型的预测值又开始不同程度的偏离实验值，导致气泡分布的峰值减小，如图 11-7（f）所示。通过本节的模拟可以得到如下结论：壁面润滑力对本研究工况下的气泡粒径预测影响较小，可以忽略；反而如果采用不合理的壁面润滑力模型会影响模型的准确性。

综上所述，由于目前气液相间的动量传输模型还不完善，使得水口近壁区气泡粒径预测值一直高于实验值。所以，要建立一个能够准确描述多尺度湍流泡状流流动的数学模型，需要在理论和实验研究方面展开更深入的工作。

11.4　实际氩气泡粒径的预测

国内外研究者对吹氩结晶器内钢液的流动和氩气泡的运动做了大量的研究。但大部分学者均采用冷态实验或低熔点合金实验分析气泡的运动和粒径大小。而实际钢液系统内氩气泡的粒径由于受到钢液高温和高压的作用以及较大的表面张力作用，其粒径大小与水模型实验结果相差较大。氩气泡吹入到浸入式水口内，经钢水的高温加热，其体积会膨胀 5~6 倍。而且在运动的钢液中，氩气泡的大小并不是一成不变的，受到钢液湍流的作用，大气泡有可能破碎成若干个小气泡，小气泡也会碰撞而聚合成大气泡。但限于实际结晶器内高温钢液的不可测性及不可视性，目前还不能直接测量和观察氩气泡的运动及粒径大小。部分学者通过分析钢坯中的气泡缺陷大小，来分析氩气泡的粒径，其中 T. Miyake 等人认为板坯中的氩气泡粒径在 0.3~2mm 之间[15]；W. Damen 等人发现很少有气泡粒径大于 0.5mm，而 0.1mm 附近的气泡是很常见的[16]；P. Naveau 等人提出氩气泡的大小在 0.1~1mm 之间[17]。但实际大部分氩气泡从水口出来后从上表面排出，并不会被凝固坯壳捕捉，所以以上的研究内容只能说明在结晶器内产生了以上各尺寸的气泡，并不能反映实际氩气泡在整个结晶器内的粒径分布。目前对实际结晶器内氩气泡粒径的研究还主要集中在数值预测上，其中 B. G. Thomas 等人采用数值模拟预测了在浸入式水口内氩气泡的初始粒径大小，结果表明氩气泡的粒径是水模型内气泡粒径的 1.5 倍左右[14]。但很少发现关于整个结晶器内的氩气泡粒径分布的研究。

　　前面研究了两相湍流传递机制和相间作用力机制对水模型结晶器内的气泡粒径分布的影响，考核并验证了 MUSIG 模型在宽广工况范围内的适用性。此处采用标准 k-ε 模型与 Sato 附加湍流黏度模型，相间作用力模型包括 Ishii Zuber 曳力、常系数侧升力模型（$C_L = 0.8$）、常系数虚拟质量力模型（$C_{VM} = 0.5$）和常系数湍流离散力模型（$C_{TD} = 1.0$）。基于此模型，分别考察了钢流量（拉速）和吹氩量对氩气泡粒径的影响，流量分别与水模型的流量值对应，结果如图 11-8 和图 11-9 所示。

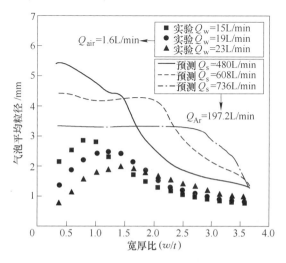 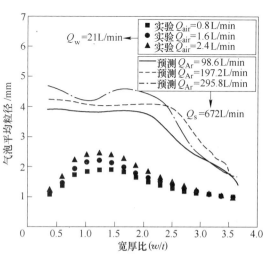

图 11-8　预测的氩气泡粒径分布与水模型　　　　图 11-9　预测的氩气泡粒径分布与水模型
　　　　实验数据的对比（钢流量的影响）　　　　　　　　　实验数据的对比（吹氩量的影响）

　　图 11-8 给出了不同钢流量下 MUSIG 模型预测的氩气泡粒径分布与水模型测量结果的对比，为弯月面中心线下 0.1m 处的计算数据。结果发现，预测的氩气泡粒径明显大于水模型的测量结果，以 $Q_s = 480\text{L/min}$ 的结果为例，预测的氩气泡最大粒径为 5.4mm；而对应水模型下（$Q_W = 15\text{L/min}$）的气泡粒径仅为 2.85mm，则实际钢液内氩气泡的粒径是水模型气泡粒径的 1.9 倍。原因可能是由于钢液-氩气系统的高表面张力，钢液-氩气系统的表面张力是水-空气系统的 16 倍。发现钢流量对氩气泡粒径分布的影响规律与水模型结果是一致的：随着钢流量的增加，氩气泡在结晶器宽度方向上的分布更加均匀，水口附近的氩气泡粒径减小，窄面附近的氩气泡粒径增大。原因是拉速的增加，使宽度方向上含气率的分布更加均匀，同等尺寸的气泡在较强钢液射流的带动下能够冲击的更深，更加靠近窄面。

　　图 11-9 所示为吹氩量对氩气泡粒径分布的影响。吹氩量越大，进入水口和结晶器内的气泡数越多，单位体积内的气泡数密度增大，从而增加了气泡的碰撞概率，有利于气泡的聚并，生成更大的气泡。但在钢流量不变的条件下，即钢液射流的强度一定，虽然更多的气泡对结晶器内上回流区的抬升作用更明显，但是其对气泡的上升逸出的位置却影响不大，即吹氩量对结晶器内气泡分布规律的影响较小，气泡粒径的分布趋势是一致的，由图

可知，粒径在整个结晶器宽度方向上的分布是比较均匀的，只是随着吹氩量的增加，整个宽面上的粒径有增大的趋势。

本节采用优化的双流体 MUSIG 模型对实际结晶器内的氩气泡粒径分布进行了预测，但详细的实验验证还有待深入，这是今后需要努力研究的方向。

11.5　问题与展望

由于结晶器内多物理场的复杂性，尚有很多问题需要进行更深入的研究，主要包括以下几个方面：

（1）亚格子模型的研究。大涡模拟的基本思想是对可解尺度湍流由方程直接数值求解，小尺度脉动对可解尺度的影响通过亚格子模型计算。希望大涡模拟的计算结果与过滤尺度无关，则需要亚格子模型具有一定的普适性。但目前发展的所有亚格子模型均假定流动为湍流、充分发展和各向同性，不能适应强各向异性湍流的计算。另外，在气液两相流中，气泡的脉动运动会对液相的湍流脉动产生影响（如气泡尾迹增大流体小尺度湍流），目前的亚格子模型中未考虑该项的作用。因此，在大涡模拟的实际应用中，适用于复杂各向异性湍流及多相湍流的亚格子模型还有待于从机理上进行更深入的研究。

（2）气泡聚并和破碎模型的研究。描述气泡聚并、破碎微观机制的合理数学模型是本章发展的双流体人口平衡模型的关键。然而气泡的聚并和破碎机理非常复杂，目前的聚并和破碎模型中仍有许多不确定的可调参数，尤其是气泡尺寸分布很宽以及不同气泡形状对气泡聚并和破碎的影响很难进行定量的描述。综合研究气泡形变因素与多聚并、破裂机制均有待进一步研究。这也是国际学术研究的难点之一。

（3）相间湍能修正的研究。气泡的聚并、破裂机制以及相间作用力机制均与两相湍流运动密切相关。然而目前对于气液两相湍流模型的研究并不成熟，仍主要关注液相湍流的计算，对于气相对液相湍流的影响一般通过附加黏度法或附加源项法进行修正。但该两种方法至今为止仍没有足够的理论和实验支持，需要进行更为深入的研究。

（4）变形气泡的研究。在气液两相运动过程中，流场静压力、液体的湍流作用以及气泡间的聚并破碎都可能造成气泡形状发生改变。这不仅会导致气泡自身界面面积改变，而且可能造成气泡内部与外部运动的物理机制变得更加复杂。然而目前发展的气泡聚并、破碎机制模型均建立在球形气泡假设基础上，对于高含气率下的气液两相运动（气泡变形较大）可能存在较大误差。因此，气泡变形机制有待于从机理上进行更深入的研究。

参 考 文 献

[1] Krepper E, Frank T, Zwart P J, et al. Inhomogeneous MUSIG model-a population balance approach for polydispersed bubbly flows [C]. International Conference "Nuclear Energy for New Europe 2005", Bled, Slovenia, 2005, 067: 1 ~ 14.

[2] 段欣悦. 管内泡状跨流型全三维相间作用力耦合机制模型构建与数值研究 [D]. 西安：西安交通大学，2012.

[3] Schiller L, Naumann A. Uber die grundlegenden Berechnungen bei der Schwekraftaubereitung [J]. Zeitschrift des Vereines Deutscher Ingenieure, 1933, 77 (12): 318 ~ 320.

［4］ Ishii M，Zuber N. Drag coefficient and relative velocity in bubbly，droplet or particulate flows ［J］. American Institute of Chemical Engineers Journal，1979，25：843～855.

［5］ Clift R，Grace J R，Weber M E. Bubbles，Drops and Particles ［M］. New York：Academic Press，1978.

［6］ Saffman P G. The lift on a small sphere in a slow shear flow ［J］. Journal of Fluid Mechanics，1965，22：385～400.

［7］ Mei R. An approximate expression for the shear lift force on spherical particle at finite Reynolds number ［J］. International Journal of Multiphase Flow，1992，18：145～147.

［8］ Legendre D，Magnaudet J. The lift force on a spherical bubble in a viscous linear shear flow ［J］. Journal of Fluid Mechanics，1998，368：81～126.

［9］ Tomiyama A. Transverse migration of single bubbles in simple shear flows ［J］. Chemical Engineering Science，2002，57：1849～1858.

［10］ Antal S P，Lahey R T，Flaherty J E. Analysis of phase distribution I fully developed laminar bubbly two-phase flow ［J］. International Journal of Multiphase Flow，1991，7：635～652.

［11］ Tomiyama A. Struggle with computational bubble dynamics ［C］. Third International Conference on Multiphase Flow，Lyon，France，1998.

［12］ Frank T，Zwart P J，Krepper E，et al. Validation of CFD models for mono and polydisperse air-water two-phase flows in pipes ［J］. Journal of Nuclear Engineering & Design，2008，238 (3)：647～659.

［13］ Burns A D，Frank T，Hamill I，et al. The farve averaged drag model for turbulent dispersion in Eulerian multi-phase flows ［C］//Proceeding of the Fifth International Conference on Multiphase Flow. Yokohama，Japan，2004.

［14］ Bai H，Thomas B G. Bubble formation during horizontal gas injection into downward flowing liquid ［J］. Metallurgical and Materials Transaction B，2001，32 (12)：1143～1159.

［15］ Miyake T，Morishita M，Nakata H，et al. Influence of sulphur constant and molten steel flow on entrapment of bubbles to solid/liquid interface ［J］. ISIJ International，2006，46 (12)：1817～1822.

［16］ Damen W，Abbel G，Gendt G. Argon bubbles in slabs，a non-homogeneous distribution ［J］. La Revue de Métallurgie-CIT，1997：745～759.

［17］ Naveau P，Visser H H，Galpin J M，et al. An investigation on the mechanism of gas bubbles/inclusions entrapment in the solidified steel shell ［C］. 5th European Continuous Casting Conference，Nice，France，2005：20～22.

索　引